卫星测绘系列专著

资源三号卫星数据几何处理方法

唐新明　张　过　祝小勇　等　著

科学出版社

北　京

内 容 简 介

本书是"卫星测绘系列专著"的第二册，书中针对我国资源三号卫星数据几何处理问题，介绍了资源三号卫星几何检校和数据处理方法，重点阐述资源三号卫星发射前后，如何应用多种处理技术实现1:5万比例尺立体测图精度。主要内容包括时间和坐标系统、事后定轨技术、精密姿态处理技术、卫星几何检校方法、卫星成像模型建立以及数据处理等。

本书紧密围绕卫星测绘关键技术展开，实用性强，可作为测绘、遥感、摄影测量专业及其他相关专业的工程技术人员研究参考书。

审图号：GS(2017)3095号

图书在版编目(CIP)数据

资源三号卫星数据几何处理方法/唐新明等著. —北京：科学出版社，2018.1

（卫星测绘系列专著）

ISBN 978-7-03-054034-8

Ⅰ. ①资… Ⅱ. ①唐… Ⅲ. ①遥感卫星–航天摄影测量 Ⅳ. ①V474.2

中国版本图书馆 CIP 数据核字(2017)第 180929 号

责任编辑：彭胜潮 赵 晶/责任校对：张小霞
责任印制：肖 兴/封面设计：黄华斌

科 学 出 版 社 出版

北京东黄城根北街 16 号
邮政编码：100717
http://www.sciencep.com

中国科学院印刷厂 印刷

科学出版社发行 各地新华书店经销

*

2018 年 1 月第 一 版 开本：787×1092 1/16
2018 年 1 月第一次印刷 印张：15 3/4
字数：373 000

定价：118.00 元

（如有印装质量问题，我社负责调换）

序　一

人类的活动 80% 和空间位置相关。随着对地观测技术水平的提高，人民的生活、政府的决策越来越依赖空间信息。现在，老百姓的出行很多都依靠导航电子地图，几乎各行各业都需要地理空间信息服务，政府的规划、管理和决策均离不开地理空间信息。在现代生活中，我们大家越来越需要精准的地理空间信息服务。

遥感影像是地理空间信息的基本组成部分。随着对地观测技术的不断发展，光学卫星影像的分辨率和精度不断提高。资源遥感卫星从 20 世纪 70 年代发展至今，以美国的陆地卫星为代表，空间分辨率从最初的 70 m 到目前的 0.31 m，短短 40 多年，分辨率提高了约 200 倍。具有代表性的有 Landsat-5 卫星，其分辨率为 30 m，IKONOS 卫星全色谱段分辨率 1 m，GeoEye 卫星全色谱段分辨率 0.41 m，WorldView-3 卫星全色谱段达到 0.31 m。目前，美国军方还有分辨率更高的卫星。影像无控制点的平面定位精度从 Landsat-5 的 400 m 左右，发展到 WorldView-3 的 2~3 m；高程精度从法国 SPOT 5 的 30 m 提高到美国 WorldView-3 的 3 m 左右。在有控制点的情况下，法国 SPOT 5 卫星的高程定位精度可以达到 5 m 左右，WorldView-3 则可以达到 1 m 以内。

除了光学遥感卫星之外，其他类型的遥感卫星也如雨后春笋般涌现，雷达卫星、激光测高卫星、重力卫星、电磁测量卫星等大批新型卫星发展迅猛，使得卫星遥感测绘能力不断提升。2000 年，美国发射的航天飞机搭载的 SRTM 系统，实现了双天线雷达干涉测量，短短的 11 天内对全球 80% 的陆地表面进行了高精度地形测绘，高程精度达到 16 m。目前德国的 TerraSAR-X 卫星与 TanDEM-X 构成卫星星座，提供格网尺寸 12 m、高程精度 4 m 的数字高程模型数据。美国的 ICESat 卫星采用激光测高仪获取地面高程点，高程精度可以达到 0.15 m。

我国的对地观测技术也取得了大力发展。1999 年发射首颗中巴地球资源卫星，其影像分辨率达到 20 m，定位精度在 1.4 km 左右；资源一号卫星 02B 星的分辨率达到 2.36 m，无控制点的定位精度达到 700 m。

卫星测绘对我国的测绘事业发展起着举足轻重的作用。但直到 20 世纪末、21 世纪初，我国的地形测绘主要还是依靠航空摄影测量，由于天气、空域等方面的影响，航空摄影测量的效率一直不是很高，每年完成的航空摄影测量的面积只占国土面积的 10% 左右，致使我国 1∶5 万地形图的更新周期在 10 年以上。在国民经济迅猛发展的时期，10~20 年的更新周期完全不能满足国家需求。和航空摄影测量相比，航天摄影测量可以不受地域和时间的限制，而且一次成像可以获得大范围的遥感影像，大大缩短成图周期。

我国对测绘卫星发展非常重视，从 20 世纪 90 年代就开展了相关方面研究。对卫星测绘来说，分辨率和定位精度是两个最重要的方面。到 21 世纪初，我国卫星影像的分辨率取得了较大突破，但卫星定位的精度还是不高。如何提高卫星影像的定位精度迫在眉睫。在国家测绘地理信息局的领导下，在国家国防科技工业局的鼎力支持下，我国开展了资源三号卫星的立项研制工作。资源三号卫星的核心是要解决卫星测图问题，能否测图的关键之一是卫星影像的定位精度和高程精度能否达到 1∶5 万比例尺的要求。该书作者及其团队围绕这一问题，开展了大量的理论探索和实践，对涉及卫星影像精度的问题进行了全方位的梳理；他们对影响卫星影像精度的几乎所有参数都进行了论证和分析，并完成大量实验。实践证明，他们的工作是卓有成效的。资源三号卫星已经在轨运行近五年，经过地面几何检校和数据处理之后，卫星影像的无控制点定位精度从开始的 25 m 提高到目前的 10 m，高程精度从开始的 15 m 提高到 5 m；在有控制点条件下，影像的平面精度为 3~5 m，高程精度为 2~3 m。卫星影像的定位精度比原先的设计有较大提高，整体上完成了资源三号卫星测绘技术上的突破，全面实现了 1∶5 万立体测图技术指标，获取大量的卫星影像，结束我国遥感卫星难以测图的历史，向国家交上了一份圆满的答卷，为我国的卫星测绘事业做出了重要贡献。

这套"卫星测绘系列专著"就是他们对这一工作的理论和技术总结。系列专著回顾了资源三号卫星的技术发展历程，开展了资源三号卫星的需求分析，在理论推导和仿真分析基础上，提出资源三号卫星的总体技术指标。系列专著的作者以满足高程精度要求为突破口，对卫星的几乎所有几何误差源进行了分析论证，包括卫星的轨道误差、姿态误差、CCD 安装误差以及成像模型误差等方面进行了深入地探讨，建立了资源三号卫星的轨道模型、姿态模型、CCD 指向角模型，提出了卫星几何检校的方法，构建了高精度的严密成像模型和有理函数模型，实现了国产 1∶5 万立体测图。在此基础上，他们还建立了资源三号卫星数据处理系统、影像数据库管理系统和分发服务系统，完成资源三号卫星应用系统的工程化，处理后的卫星影像已经广泛应用于测绘、国土、水利、农业、林业、城市建设、环境保护和科学研究等诸多方面，实现我国卫星应用从试验应用到应用服务型的转变。

2015 年，我国发布了国家空间基础设施中长期规划，提出要发展更高精度、更高水平的测绘遥感卫星，包括资源三号后续卫星、1∶1 万立体测图卫星、干涉测量卫星、重力测量卫星等，希望他们继续努力，不断创新，取得突破，谱写卫星测绘的新篇章，为实现卫星测绘强国梦而努力奋斗！

中国工程院院士

2016 年 9 月 7 日

序　二

　　岁月荏苒，光阴似箭。一眨眼，8 年过去了。2008 年资源三号卫星立项的情景还历历在目。如果从 2004 年开展资源三号卫星的前期论证算起，到现在已经有 12 年了。12 年前，我们国家卫星遥感事业正处于蓬勃发展的起步阶段。那时候，资源卫星已经发射了 01 星、02 星和 02B 星，环境减灾小卫星星座也已经起步。1999 年中巴地球资源卫星的发射，开创了我国资源卫星的先河，为我国的生态环境监测与保护提供了大量的遥感影像。2007 年资源卫星 02B 的发射，将我国卫星遥感的分辨率从 20 m 提高到 2.36 m，实现了我国高分辨率民用遥感的突破。

　　然而，当时我国卫星影像的定位精度不高，影像质量欠佳。国产卫星影像的无控制点定位精度和国外同类卫星相比存在较大差距，影像直接定位误差有时甚至超过 1 km，难以满足测绘等行业的精度要求。而法国的 SPOT 5 卫星影像的地面分辨率从原来的 10 m 提高到 2.5 m，影像无控定位精度达到 30 m 左右；美国的 IKONOS 卫星影像分辨率达到 1 m，无控定位精度达到 12 m 左右；这个精度可以直接满足 1:5 万地形图的测图和更新要求。GeoEye-1、WorldView-3 等卫星的分辨率更是达到分米级，无控定位精度在 10 m 以内。由于国外卫星的影像质量和精度大大优于国产卫星，长期以来，我国每年不得不花费数亿美元采购国外卫星影像数据。高精度卫星影像数据基本依赖进口，使得我国的国家安全、民族权益难以得到有效保障，高质量、高精度遥感数据的获取已经成为制约我国测绘地理信息发展的最大瓶颈。

　　卫星测绘的难点是精度，如何在距离地球 500 km 的太空实现 5 m 的高程精度，是一项巨大的挑战。我和本书作者一起，从卫星的天地一体化大总体设计开始，不断探索卫星影像高精度定位的理论和方法。对摄影测量来说，卫星测绘实际上是航空摄影测量学向航天摄影测量学的发展。这种发展，不仅仅是从原来的中心投影变成多中心投影，还涉及卫星及载荷的参数设计、卫星发射过程以及在轨运行时参数的变化。因此，在卫星的总体设计时，必须仔细推敲所有可能发生的情况。航天摄影测量还有一个显著特点，就是卫星发射上天后，所有参数只能通过地面方法去验证，不可能像航空摄影测量那样拿回实验室重新测量。另外，航天摄影测量需要考虑过度参数化的问题，因为地面和卫星相距遥远，卫星平台和相机的参数都集中在卫星本体内，过度的参数化会导致模型的不一致性。需要考虑的问题很多，需要试验的内容也很多，需要解决的事情则更多。

　　通过几年的努力，我们终于厘清了 1:5 万光学卫星立体测绘的技术途径，以及影响成像质量与测图精度的主要因素。这套"卫星测绘系列专著"实际上就是我国首颗立体测图卫星进行技术攻关的结晶。针对立体测图卫星需要解决的各种问题，作者从卫星的指标设计与论证开始，提出了卫星测图误差指标分解方法，解决了卫星与传感器精度指标设计的理论难题，论证了资源三号卫星影像高程精度达到 5 m 的技术方案，构建了资源三号卫星的总体技术指标体系。在此基础上，建立高分辨率光学遥感卫星辐射几何一体化仿真平台，构建星地闭环验证的卫星与传感器精度指标预估体系，解决了测绘卫星总体技术指标设计的仿真难题。针对卫星几何检校问题，提出了天地一体化几何检校技术和几何检校场建设方案，自主研制了高分辨率光学遥感卫星的几何检校系统，攻克了光学遥感卫星几何检校的技术难题，实现了我国高分辨率卫星几何检校技术的重大创新。针对卫星测图，提出了高精度的成像几何模型，实现了测绘卫星的高精度事后定姿和定轨，突破了航天摄影测量的大规模区域网平差技术、数字高程模型与数字正射影像高精度快速处理等核心技术，最终形成了基于资源三号卫星的1∶5万立体测图技术体系。

　　资源三号卫星上天后，有关部门对卫星的总体技术指标、仿真系统、几何检校等诸多技术进行了一系列验证，全面证明了该书方法的可行性和可用性。由于卫星系统的改进，有些指标比最初设计得更为先进。

　　资源三号卫星已经顺利在轨运行4年多，在基础测绘、国土资源、生态环境、防灾减灾等多个领域发挥了巨大作用，已经成为测绘及相关部门不可或缺的数据源。

　　希望能发射更多、更好的测绘卫星，解决数据覆盖不足的问题。同时，也希望大家再接再厉，攻克更高精度的光学测绘卫星，发展更多的其他测绘卫星，为我国攀登世界卫星测绘高峰而努力奋斗！

中国科学院院士

2016 年 7 月

前　　言

　　测绘是对自然地理要素或者地表人工设施的形状、大小、空间位置(包括经度、纬度和高程)及其相关信息等进行测定、采集、表述，以及对获取的数据、信息、成果进行处理和提供的活动，是一个技术密集型行业。20世纪末，人类在空间技术和信息技术领域取得了一系列重大突破，对测绘行业产生了新的变革，也正在全方位地影响着测绘的发展。对地观测系统的发展正深刻地改变着测绘产品的形式和地图更新的手段，卫星遥感数据已成为继航空摄影之后最重要的信息源之一，可被用于制作多种满足精度要求的测绘地理信息产品，为国民经济建设和社会发展、国家安全及人民生活等提供基础保障。

　　测绘卫星是遥感卫星的重要组成部分。一般来说，我们把能够制作测绘产品的、满足测绘精度要求的卫星称为测绘卫星，其主要特征是几何精度高，包括平面精度、高程精度及重力测量精度。按照工作方式划分，测绘卫星主要有5种类型，即高分辨率光学测图卫星、干涉雷达卫星、激光测高卫星、重力卫星和导航定位卫星。光学测绘卫星及雷达卫星可以用于多种比例尺地形图的测制；激光测高卫星主要用于获取全球高程点，甚至是直接获取数字高程模型；重力卫星主要用于反演地球重力场，提高高程基准精度；导航定位卫星主要用于获取地面物体的高精度平面和高程，为各种导航和定位提供服务。

　　测绘卫星是对地观测卫星中难度较大的卫星。卫星测绘的特点是高精度测量地球。除了要看清地球表面物体之外，还要满足可量测的要求。卫星测绘实际上是国家高新技术的标志。随着对地观测应用的进一步深入，各国都把测绘卫星的发展列为重点，并积极发展自主的测绘卫星。法国、美国、印度等国都制定了本国的高精度测绘卫星和卫星测绘的发展计划，已经发射了多颗高分辨率、高定位精度的卫星，并且其数据产品在包括中国在内的国家得到了推广应用。美国在全球卫星技术领域中处于优势地位，高分辨率卫星连续发射，并且还将不断增加，仅在商业应用方面，在轨分辨率优于1 m的卫星已经达到6颗，其中WorldView-3卫星分辨率高达0.31 m。美国卫星对地观测已根据不同的应用领域、应用尺度分工明确，形成了系列化、系统化和常态化的态势；同时美国卫星产业已经不单纯依靠政府出资，商业化卫星公司的运作模式较为成功。

　　相比而言，我国的测绘卫星还处于起步阶段，在卫星性能和星系运行体系上与国际先进水平尚存在一定差距，研制高分辨率立体测绘卫星的能力亟待加强。由于我国经济基础和工业基础还比较薄弱，基础工业水平，尤其是原材料、元器件和工艺技术等方面与发达国家尚有差距，并且发达国家对我国航天技术、航天材料等实行封锁和限制，致使我国超高、甚高分辨率测绘卫星，以及雷达测图卫星、重力测量卫星等的研制能力与美国、加拿大、法国、俄罗斯、德国等航天强国相比还有一定差距。过去，由于缺少高分辨率国产测绘卫星系统，我国卫星测绘长期处于零散状态，一直在利用国外高分辨率遥感卫星进行测图和资源调查。遥感数据源依赖于国外卫星，给我国测绘应用工作的顺利及时开展带来了极大限制，进一步深化发展具有我国自主知识产权的民用遥感卫星事业迫在眉睫。

党和国家领导人对测绘工作高度重视，李克强总理在视察国家测绘地理信息局时指出，要发展我国的立体测图卫星。国家测绘局于 2005 年编制的《测绘部门"十一五"航天规划(草案)》中建议启动测绘卫星计划，研制发射我国自主的高分辨率测绘系列卫星，建立自主版权的测绘卫星综合应用服务体系。《国务院办公厅关于促进地理信息产业发展的意见》(国办发〔2014〕2 号)指出："用 5 至 10 年时间，使我国地理信息获取能力明显提升，发展测绘应用卫星，形成光学、雷达、激光等遥感数据获取体系，加强遥感数据处理技术研发，进一步提高数据处理、分析能力"。国务院已经批复的《国家地理信息产业发展规划(2013~2020)》指出："要加快产业发展基础设施建设，加快我国卫星遥感基础设施建设，尤其是光学立体测图卫星、干涉雷达卫星、激光测高卫星等的建设"。我国是发展中国家，国民经济建设和社会发展迅速、变化频繁。为满足测绘部门和国民经济各部门对地理信息的需求，必须大力发展我国自主的测绘卫星，满足国家对地理信息的迫切需求。根据目前国内测绘卫星发展现状和国际遥感卫星发展趋势，以及国家基础测绘和地理信息产业发展的需求特点，我国测绘卫星的发展应在注重数据精度和保持连续稳定数据源的基础上，发展满足国民经济和社会发展、国家安全和人民生活需求的多种测绘卫星，服务政府、服务行业、服务大众。

在国家测绘地理信息局、国家国防科技工业局、国家发展和改革委员会、财政部以及国土资源部等多个部门的支持下，资源三号高分辨率立体测图卫星作为我国首颗民用测绘卫星，于 2008 年 3 月经国务院批准立项。卫星装载三线阵测绘相机，其中，正视全色相机分辨率 2.1 m，前后视相机 3.5 m，一台多光谱相机，分辨率为 5.8 m；卫星基高比为 0.89，轨道高度为 505km，回归周期为 59 天，重访周期为 5 天。卫星主要用于全国，乃至全世界高分辨率基础地理信息的获取，进行 1：5 万立体测绘和 1：2.5 万地图修测，以及国土资源详查、区域地质、矿产资源调查等。卫星影像还将在城市规划和建设、生态环境调查、农业、林业、交通、通信等各个行业发挥巨大作用，为国土资源、生态环境和防灾减灾等领域服务。

自资源三号卫星发射以来，截至 2015 年年底，已累计获取原始数据 6850 轨，原始数据总量为 1027.8 TB，影像数据为 176 万景。中国区域有效覆盖面积达 1121 万 km^2，已实现中国全国陆地国土面积 98.8%的有效覆盖。全球范围内有效覆盖面积达 7122.4 万 km^2，有效覆盖率接近 14%。资源三号卫星的成功应用，促使国外同类卫星影像及其产品的价格在国内大幅下降。

卫星测绘的难点是精度，如何在 500 km 的太空实现 5 m 的高程精度是一项巨大的挑战。在此之前，我国卫星影像在无控制点情况下的定位精度可以达到 300 m 左右，影像定位误差有时甚至超过 1 km，影像常常需要数十个、甚至上百个控制点才能进行较高精度的平面纠正，影像质量和国外相比存在较大差距；国产卫星影像基本不能测图，无法满足测绘等高精度需求。

实现 1：5 万立体测图是资源三号卫星重大而艰巨的使命。笔者和项目组其他同仁一起，在院士和专家的大力帮助下，在航天科技集团五院以及相关单位的支持下，开展了艰难的探索。经过 5 年左右的技术攻关，资源三号卫星终于突破我国卫星测绘的技术难题，建立起高精度光学卫星立体测图理论和技术体系，圆满实现了 1∶5 万高精度立体测图，填补了我国民用自主高分辨率卫星测绘的空白，实现了我国资源卫星从难以测图到立体测图的技术跨越，促进了航天摄影测量学的发展，推动了我国航天测绘的关键技术创新。资源三号卫星打破国外的技术封锁和数据垄断，实现我国 1∶5 万测绘从依赖国外卫星到使用国产卫星的根本性变革，使我国一举成为国际上少数几个掌握成套卫星测绘技术的国家，是我国测绘行业技术进步的划时代标志。

资源三号卫星几何数据处理的核心是航天摄影测量。过去，由于我国没有发射传输型测绘卫星，我国的航天摄影测量重点研究的是如何对国外已经处理好的传感器校正产品进行平差等处理，生成满足各种比例尺要求的地理信息产品。而在对航天摄影测量中，特别是卫星指标体系设计和与卫星传感器相关的几何处理研究不多。王任享院士提出了等效框幅的卫星设计方法，张祖勋院士提出了高精度影像匹配以及大区域网平差理论和方法，李德仁院士提出了发展我国测绘卫星的设想，刘先林院士建立的 JX3、JX4 摄影测量系统可直接用于卫星测图。胡莘、方勇等为测绘卫星的设计提出了不少建设性方案。

对航天摄影测量来说，我们不仅需要对卫星获取的影像进行平差、接边等数据处理，还需要对影响测绘精度的卫星参数进行总体设计和分析。卫星升空过程对卫星的几何参数将产生重要影响，卫星上天后，由于重力的释放，也使卫星的技术参数发生变化。为保证卫星的测绘精度达到要求，需要天地一体化的检校。这些问题是航天摄影测量与其他摄影测量的主要差别，也是航天摄影测量必须解决的难题。

"卫星测绘系列专著"实际上是摄影测量在航天领域的延伸，这种延伸不仅是从航空摄影测量到航天摄影测量的延伸，还包括卫星的精密定轨等大地测量学方面；是摄影测量在卫星指标设计、卫星精密定轨、卫星几何检校和数据处理方面对方法和技术的拓展。

本套系列专著是资源三号卫星测绘在理论、技术和实现方面的总结，共分三册。第一册是《资源三号卫星测绘技术总体设计》，主要分析卫星测绘误差的来源，研究卫星测绘的总体技术指标，从理论上推导卫星测图精度，并进行仿真分析，建立资源三号卫星影像仿真系统，并对模拟的影像进行测图精度验证。第二册是《资源三号卫星数据几何处理方法》，包括卫星轨道的数据处理、姿态的数据处理、成像模型的建立、卫星几何检校场建设方法和卫星几何检校方法，并对资源三号卫星实际的测图精度进行验证。第三册是《资源三号卫星影像产品及其应用》，重点阐述资源三号卫星各类各级产品的生产方法、流程，介绍资源三号卫星海量影像管理技术和服务系统构建技术，最后概括资源三号卫星影像产品的应用情况，包括在测绘地理信息、国土资源、农林水利、生态环境、城市建设、交通和防灾减灾等领域的应用情况。

本书是本套系列专著中的第二册，主要介绍资源三号卫星数据几何处理方法。第 1章绪论，由祝小勇、张过执笔。第 2 章时间与坐标系统，由赵春梅、陈振炜执笔。第 3章光学卫星成像几何模型，由唐新明、张过执笔。第 4 章卫星精密定轨方法，由赵春梅、赵其乐、张过执笔。第 5 章精密定姿技术，由唐新明、谢俊峰执笔。第 6 章几何检校场系统，由唐新明、祝小勇执笔。第 7 章光学卫星几何检校技术，由祝小勇、蒋永华执笔。全书由唐新明统稿，高小明和莫凡协助。

 资源三号卫星已经顺利运行五年, 本书的许多内容来自 2004 年开始的论证分析和卫星应用系统建设工程。由于本书时间跨度较长, 当时的认识不够全面, 虽然做了很多修改, 但书中疏漏之处在所难免, 请各位读者批评指正。

唐新明

2016 年 1 月 30 日

目 录

第1章 绪 论

1.1 光学卫星高精度几何处理的背景和意义

卫星遥感影像几何质量表达了影像表达地物形状和几何精度的能力，几何质量的优劣决定了遥感影像可量测的程度，直接影响遥感影像的应用能力和应用效率，关系到遥感卫星的功能以及所能带来的经济和社会效益。研究卫星影像的几何处理方法，提升卫星影像的几何质量，对充分发挥卫星的应用潜力具有重要意义。

自从 1957 年 10 月苏联将第一颗人造卫星 8K71A M1-10 送入太空以来，人类进入了对地观测的新时代(McDowell，2013)。由于卫星对地观测不受区域和国界的限制，可以长时间、周期性地对地球成像，为人类了解地球及其居住环境提供了新的手段和方法，因此，世界各国纷纷发射了大量的对地观测卫星，其中，以美国的 Landsat 系列卫星和法国的 SPOT(Satellite Pour l'Observation de la Terre)系列卫星尤为突出。美国在 1972 年 7 月发射 Landsat-1 至 2013 年 2 月发射 Landsat-8 的 40 年时间内，实现了全球不间断的观测，为制图、农业、地质、林业等提供了大量的影像数据。法国 1986 年 2 月发射 10 m 分辨率 SPOT 1，其出色的立体覆盖能力使得利用卫星影像进行摄影测量获取三维信息成为可能(Chevrel et al.，1981；Day and Muller，1988)。而 2012 年 9 月发射的新一代最高 1.5 m 分辨率的 SPOT 6 和即将发射的 SPOT 7 将组成星座模式，可提供更为灵活、高效的数据获取方式。1999 年 9 月 24 日成功发射的第一颗高分辨率商业卫星 IKONOS，是对地观测卫星中的划时代产品。IKONOS 影像空间分辨率达到 1 m，多光谱影像分辨率为 4 m，无控定位精度可满足 1∶10 000 比例尺地图更新的要求；当采用控制点时，其精度甚至可满足 1∶2 400 的制图要求(Dial，2003)。此后，GeoEye 公司发射了 GeoEye 1 卫星；DigitalGlobe 公司推出 QuickBird 以及 WorldView1-2 等亚米级卫星；ASTRIUM 公司发射了 Pleiades 1A 和 1B 星。2014 年发射了 WorldView-3、SPOT 7、CartoSat-3、Kompsat-3A 等一系列高分辨率光学卫星，高分辨率对地观测领域蓬勃发展。从上述卫星的发展历程可以看出，当前对地观测卫星是朝着更高的分辨率、更高的精度、更快的数据处理能力和更强的数据分析能力的方向发展(Navulur et al.，2013)。卫星影像的定位精度由早期的千米级(Wong，1975)逐步发展到 WorldView-1、2 的 3 m 定位精度(Dolloff，2010)，已经达到航空影像的定位精度水平(Jacobsen，2012)。

我国自 1999 年与巴西合作发射中巴地球资源卫星 CBERS-01(China-Brazil Earth Resource Satellite)以来，陆续发射了资源系列卫星，如 CBERS-02、CBERS-02B 星，资源三号卫星(李德仁等，2012；唐新明等，2012)，高分一号卫星(刘斐和吕大旻，2013)，天绘系列卫星等(王任享等，2012)，这些卫星均为高分辨率对地观测系统(high resolution earth observation system)的一部分。我国卫星的发展经历着从无到有、从有到好的发展历程，正在逐步赶超国际水平。国产卫星影像的定位精度从早期的千米级，逐步发展到 2012

资源三号卫星的 10 m，可达到国际上同类卫星的领先水平，总结资源三号卫星的几何处理技术，对其他国产卫星影像处理有着重要的借鉴意义。

1.2 光学卫星高精度几何处理的关键技术

光学遥感卫星主要采用线推扫式传感器这一动态成像系统，线阵列的 CCD（charge coupled device）每次获取一行影像，通过卫星平台相对地球的运动实现二维成像。卫星影像在成像过程中存在独特的几何误差，采用 Toutin 的分类方法（Toutin，2004），推扫式卫星遥感影像的误差源分为两类：影像获取系统引起的影像变形和被观测物引起的影像变形，如表 1.1 所示。

表 1.1　推扫式卫星遥感影像误差源分类

类别	子类别	误差源
影像获取系统	平台	平台运动速度的变化；平台姿态的变化
	传感器	传感器扫描速度的变化；扫描侧视角的变化
	测量设备	钟差或时间不同步
被观测物体	大气	折射
	地球	地球曲率；地球自转；地形因素等
	地图投影	大地体到椭球体以及椭球体到地图投影的变换

资源三号卫星是我国民用高分辨率立体测图卫星，为了解决国产卫星立体测图关键技术问题，我们从 1∶5 万测绘业务需求—卫星定制—应用处理的整体工程流程出发，研究了消除推扫式卫星遥感影像成像过程中造成影像定位精度和变形的主要因素，包括卫星的位置、姿态、相机参数等，系统地解决国产卫星影像的几何精度问题。这些高精度几何处理主要包含成像模型构建、精密定轨技术、精密定姿技术、几何检校技术等几个方面。本书基于资源三号卫星，针对影像成像过程中的系列几何问题，形成一整套光学卫星高精度几何处理技术。

1.2.1 成像几何模型

成像几何模型描述地面点三维空间坐标与相应像点二维坐标之间的数学关系。光学卫星成像几何模型是卫星几何处理的关键，一般来说，只有利用成像几何模型建立起影像像素坐标与地面坐标的对应关系，才能应用影像提取地物的几何信息。模型的精度将直接影响影像的定位精度和影像内部的几何精度。通常需要根据精度要求和有效的控制信息来选择合适的成像模型对影像进行处理（McGlone et al.，2004）。

成像几何模型一般分为两类：严密成像几何模型和广义成像几何模型。严密成像几何模型是从轨道模型、姿态模型、成像几何等方面出发来建立卫星遥感影像的构像模型，它与传感器紧密相关，不同类型的传感器需要建立不同的成像模型。而广义成像模型则不需要考虑传感器成像的物理意义，直接采用数学函数，如多项式、直接线性变换、仿射变换、平行光投影和有理多项式（RPC 模型）等形式描述地面点与相应像点之间的几何关系。由于广义成像模型不依赖于物理传感器和平台，因此广义成像模型更能适应传感器成像方式多样化的发展，并适用通用的测图软件。其中，RPC 模型是一种能获得和严密成像几何模型近似一致精度的形式简单的广义成像模型，一些摄影测量专家建议将 RPC 模型作为影像几何关系转换的标准。RPC 模型独立于传感器和平台（Paderes et al.，1989），可以建立地面任意坐标系统与影像空间的关系，如大地坐标系、地理坐标系、投影坐标系等。RPC 模型和投影模型非常相似，当给定适当数量的控制信息，RPC 模型可以获得很高的拟合精度（Madani，1999）。

1.2.2 精密定轨技术

卫星的位置作为光学卫星摄影测量外方位线元素，是指卫星成像摄影中心在空间坐标系下的三维位置关系。卫星轨道信息是卫星测绘的基础，卫星的定轨精度取决于测轨和定轨方法。

目前，高精度的低轨卫星跟踪手段主要有 DORIS（Dopper orbitography and radiopositioning integrated by satellite）、SLR（satellite laser ranging）、PRARE（precise range and range-rate equipment）和星载 GPS（global positioning system），这些观测技术在卫星定轨实践中都取得了较为可靠的结果。SLR 定轨技术已相当成熟，测量精度也相当高，不但可用于精密定轨，还能用于检核 GPS 定轨结果；缺点在于成本昂贵、设备笨重，观测覆盖区域有限，受天气影响严重。法国的 DORIS 系统出现得相对较晚，具有高精度、全天候、全自动和数据多等优点，已成功应用于 SPOT 2、TOPEX、SPOT 4 等卫星的精密定轨；但由于 DORIS 为地面观测，全球数据收集时间较慢，影响了定轨效率。德国的 PRAPRE 系统目前已用在 ERS-2 卫星上，其定位精度可达 5 cm 左右（Visser，2005），但其全球的测站较少，且成本昂贵，装载该系统的卫星并不多。GPS 由于其成本低、重量轻、低功耗、全天候、高精度、连续观测等优点，被越来越多地安装在精密对地观测的低轨卫星上，星载 GPS 已成为低轨卫星精密定轨的主要手段之一。

根据处理过程和估计方法的不同，卫星定轨方法可以分为批处理和序贯处理。顾名思义，批处理是将所有历元的观测数据组成一批，一次处理；而序贯处理则是每新增一个观测值，就处理一次。实践证明，这两种方法都可以得到高精度的定轨结果（Rim, 1992；Yunck et al., 1994；Bertiger et al., 2002）。

1.2.3 精密定姿技术

姿态数据作为卫星摄影测量外方位角元素，其测量精度对测图精度影响很大。在不考虑其他误差的情况下，假设数字高程模型（DEM）精确已知，利用投影光线与 DEM 相交获取卫星影像对应的地面坐标，对于轨道高度为 500 km 的卫星，1 角秒的姿态误差引起地面定位误差达到 2.5 m 左右。为提高遥感卫星的姿态稳定度和测量精度，卫星上一般装有高精度三轴姿态稳定系统。目前用于姿态测量的敏感器很多，如磁强计、地球敏感器、太阳敏感器、星敏、陀螺等(黄福铭，2003)，其优缺点见表 1.2。由于不同的敏感器测量精度和视场各异，姿态控制系统一般采用多种敏感器组合的方式(郑万波，2003)。由表 1.2 可以看出，绝对姿态敏感器中星敏精度最高，它可以获取卫星在惯性系下的绝对姿态，具有测量精度最高、视场指向不受限制、不受到偏差和漂移的影响等优点。陀螺获取卫星的惯性姿态角速度，具有更新频率快等特点。

表 1.2　几种姿态敏感器的性能及优缺点比较

类型	优点	缺点	精度范围
地球敏感器	适应于近地轨道，信号强，轮廓清晰，分析方便	需要扫描机构，需要防止太阳干扰，受外部因素影响大	$0.03°\sim0.1°$
太阳敏感器	信号强，功耗低，质量轻	有阴影区	$0.01°\sim0.15°$
星敏	精度高，自主性强，无移动部件	信号弱，结构复杂，成本高，要防止太阳干扰，星图识别算法复杂	$1''\sim20''$
磁强计	成本低，功耗低，对低轨道卫星灵敏度高	受轨道影响大，在星体内要进行磁清洁	$0.3°\sim3°$
陀螺	自主性强，不受轨道影响，在星体内容易实现	功率大，质量大，易于漂移，有高速旋转部件，易磨损	随机漂移范围：$0.005\sim1(°/h)$

国内外高分辨率测绘遥感卫星大多将星敏感器(以下简称星敏)和陀螺组合作为主要的定姿模式，目前已成功应用于 SPOT、GeoEye、IKONOS、WorldView、OrbView、资源三号等系列高分遥感卫星(Liu and Tong, 2008; GeoEye-1 Fact Sheet, 2010b; Hyung-Sup Jung et al., 2007；Shan and Islam , 2010；Iwata，2005)。例如，资源三号卫星采用星敏和陀螺组合作为主要的定姿器件，为了提高三轴姿态精度和相互备份，卫星上一般装有 3 个星敏和多个陀螺组件。

如何提高星敏/陀螺联合定姿精度，对提升高分辨率测绘遥感卫星几何精度至关重要。目前卫星影像处理所用到的姿态数据大多为星敏/陀螺在轨实时联合处理的结果。由于受到星上定姿设备限制，以及卫星对姿态的实时性、可靠性要求，处理精度将受到影响。将星敏和陀螺原始测量数据下传，可以充分利用地面较好的硬件条件、处理不受时间限制等特点，设计更优算法，进行地面事后处理，是一种提高姿态精度的途径。

1.2.4　几何检校技术

光学遥感卫星发射过程中的振动及卫星在太空中的应力释放均会引起几何关系(载荷安装、CCD 焦面排列和镜头畸变等)的改变。在轨几何检校利用地面控制数据消除卫星在轨成像中影响几何定位精度的系统误差，提高卫星影像的几何质量：通过外方位元素消除姿轨测量、载荷安装等系统偏差，提高无控定位精度；通过内方位元素检校消除镜头畸变影响，提高带控纠正精度。资源三号卫星采用数字检校场和专业测绘标志对搭载的四台相机进行在轨几何检校，提高影像的有控、无控几何精度。

1.3　光学卫星高精度几何处理的研究现状

1.3.1　成像几何模型研究现状

影像产品的模型精度将直接影响产品几何精度。按模型中参数的来源，可划分为两类：间接定位方式和直接定位方式。

早期卫星影像由于卫星的姿态、轨道测量精度不高，普遍采用间接定位方式，通过假设影像的外方位线元素和外方位角元素符合一定的模型，利用控制点直接求解模型参数。Konecny 假设卫星在一景数据获取时间范围内是匀速直线运动，且姿态保持不变，基于共线方程建立了严密成像几何模型(Konecny et al.，1987)。Gupta 和 Hartley(1997)也提出了类似的模型。Gugan 提出了动态轨道模型，卫星的沿轨向运动可以用两个轨道参数描述(真近点角和升交点为随时间线性变化)，以及估计到姿态随时间的漂移模型，共 14 个未知数组成共线方程(Gugan，1987)。Kratky 基于轨道参数获取外方位线元素，对姿态建立多项式模型；此外，加入了焦距和主点的约束(Kratky，1989)。Orun 和 Natarojan 顾及到俯仰角和沿轨向的位移，翻滚角和垂轨向的位移高度相关，提出了一种改化模型，针对 SPOT 影像取得了较好效果(Orun and Natarojan，1994)。法国的 Toutin 提出了 Toutin 模型，该模型同样基于共线方程，建立最终的地图坐标系与影像坐标系的对应关系，在建立严密模型后经过一系列的展开化简得到最终形式。德国慕尼黑工业大学 Ebner 等利用定向片的技术获取星载三线阵传感器的外方位元素，定向片之间的外方位元素采用拉格朗日多项式拟合，所有参数通过区域网平差的方式进行估计(Ebner et al.，1993)。王任享院士建立等效框幅式像片的光束法平差方案，并成功应用于天绘一号卫星(王任享等，2012)。

随着卫星姿态和轨道测量精度的进一步提升，越来越多的卫星采用直接定位方式，即通过星历参数的内插和姿态参数的内插模型进行定位(SPOTImage，2002)。Poli 提出了分段多项式函数(piecewise polynomial functions)的姿态、轨道模型的严密成像几何模型(Poli，2007)。Weser 等提出了通过样条函数建立轨道姿态模型的通用模型(Weser et al.，2008)。严密成像几何模型与传感器紧密相关，对于不同类型的传感器需要不同的成像模型。

由于各种新型航空和航天传感器的出现，对应用来说，为了处理这些新型传感器的数据，用户需要改变他们的软件，或者增加新的传感器成像模型到他们的系统中，这给用户带来诸多不便；另外，严密成像几何模型并非总能得到，因为严密成像几何模型的建立需要了解传感器物理特性以及卫星遥感影像的成像机理。由于种种原因，美国 Space Imaging 公司在提供 IKONOS 卫星影像时，并不提供上述信息，因而用户不可能建立该传感器的严密成像几何模型。有理多项式模型(RFM)，也称为 RPC(rational polynomial coefficients)模型，是一种通用传感器模型，因其出色的替代精度、更快的计算速度、通用的形式以及隐藏原始物理参数等特性，已在高分辨率线推扫式传感器中得到了广泛应用(Dowman and Dolloff, 2000)。RPC 的求解方式有两种:地形相关的求解方式和地形无关的求解方式(Tao and Hu, 2001)。地形相关的求解方式是利用大量控制点直接求解,类似于间接定位的方式,而地形无关的求解方式是通过直接定位模型建立虚拟控制格网进行求解。当前,几乎所有的商业软件,如 PCI Geomatica, ERDAS, ENVI, LH Systems SOCET Set 等都支持该模型。研究资源三号卫星的通用成像模型,是其影像业务化应用的基础。

1.3.2 精密定轨技术研究现状

最早进行星载 GPS 低轨卫星定轨研究的是 Lockheed Missiles 和 Space Division 组织(胡国荣,1999),他们对各种轨道情形研究之后认为,800 km 高度以下的卫星利用 GPS 导航效果类似于地面用户,800 km 以上、2000 km 以下的卫星利用 GPS 导航精度略有下降。真正将 GPS 用于卫星定轨的是美国于 1982 年发射的地球资源卫星 Landsat-4。近年来,随着 GPS 技术的广泛应用,利用卫星上搭载的星载 GPS 接收机进行低轨卫星的定轨成为一种常用的定轨方法。

星载 GPS 高精度的定轨能力首先在海洋测高卫星 Topex/Poseiden 上得到了证明(Yunck et al., 1994),其不仅搭载了双频星载 GPS 接收机,而且还安装了激光反射器和 DORIS 系统。采用星载 GPS 观测数据进行定轨得到的径向精度优于 3 cm,其精度已相当于采用 SLR+DORIS 定轨的精度(吴显兵,2004)。随后发射的一系列低轨卫星(如 CHAMP, GRACE A/B 等),均利用实测的星载 GPS 数据进行卫星定轨。国外的许多专家学者(如:Rothacher, 1992; Rim, 1992; Bertiger et al.,1994; Ashkenazi et al.,1997; Montenbr- uck and Gill, 2000; Bertiger et al., 2002; Švehla and Rothacher, 2003; Visser, 2005; 等),对星载 GPS 定轨做了大量工作,使星载 GPS 定轨理论方法到实际应用都更加成熟。

在国内,1993 年刘基余和王广运讨论了我国利用星载 GPS 对低轨卫星实时定轨的问题。1996 年,我国利用自行研制的 GPS 接收机首次在我国的返回式卫星上进行了搭载,并进行了星上定轨试验。2002 年,星载 GPS 接收机在"神州四号""无人飞船"上进行了搭载,由此正式标志着我国将星载 GPS 定轨作为低轨航天器定轨的一种方法。国内的一些专家学者(如:胡国荣,1999;季善标等,2000;刘经南等,2004;赵齐乐,2004;韩保民,2003;赵春梅,2004;吴显兵,2004;郑作亚,2005;刘红新,2006;吴江飞,2006;彭冬菊,2008;施闯等,2009;等),从不同方面对星载 GPS 定轨及多种观测技术联合定轨进行了相关理论方法的研究。我国于 2011 年 8 月 16 日发射的海洋动力环境监测卫星 HY-2,同时采用 GPS、SLR 和 DORIS 三种精密定轨手段,径向定轨精度能达到 5 cm 以内(赵罡等,2012;蒋兴伟等,2013;朱俊等,2013)。

资源三号卫星设计轨道高度为 500 km,受重力场模型误差的影响较大,为了保障资源三号卫星的轨道确定精度,卫星上不仅搭载了双频星载 GPS 接收机,而且还装载了激光反射器,其突出优点是可以对观测数据进行详细的分析和处理,易于发现和剔除数据中的粗差,并可以和 SLR 定轨方法相结合,保障较高定轨精度。

1.3.3　精密定姿技术研究现状

为了提高三轴姿态精度和定姿的可靠性，卫星上一般装有多个星敏和陀螺。美国 QuickBird-2 姿态采用星敏、陀螺和反力轮控制，姿态稳定度优于 5.7×10^{-4}°/s (Liu and Tong, 2008)。GeoEye-1 卫星采用三轴稳定平台，为了进一步提高姿态测量精度，星上装有双头星敏、IRU 和太阳敏感器，姿态颤振精度为 0.007″/s (RMS 25~2000Hz)（GeoEye-1 Fact Sheet, 2010b）。以色列 EROS-B 姿态系统相对于 EROS-A，新增加一个星敏，姿态精度更高。法国 SPOT 5 在姿态控制方面，采用了卫星星敏和多组陀螺仪对卫星姿态进行测算，利用星敏获得卫星在惯性系中的绝对姿态，以此对卫星姿态进行调整，确保卫星姿态平稳准确 (Jung et al., 2007)。印度 P5 星上采用星敏和陀螺控制姿态，姿态稳定度优于 5×10^{-5}°/s (Shan and Islam, 2010; Rao et al., 2002)。日本 ALOS 为了获得高精度的姿态信息，卫星载有前视、正视和后视三台星敏 (9″, 3σ)，正常情况下使用前视和后视星敏；当有月光等干扰时，使用正视星敏。此外，该星还装有惯性陀螺以及高精度的角度偏移测量传感器 ADS (angular displacement sensor)（RMS 0.012″），采用高精度的卫星姿态控制技术，确保姿态的控制精度达到 0.095° (3σ)，姿态稳定度在中继数传天线不驱动时可达到 1.9×10^{-4}/5s，中继数传天线驱动时为 3.9×10^{-4}/5s。这些卫星星上星敏/陀螺在轨定姿一般采用扩展卡尔曼滤波方法 (EKF)，以姿态运动学或姿态动力学方程为基础，构建系统状态方程，通过状态与误差协方差的递推，以及利用测量时刻的信息来更新，来估计状态的均值和方差，并使估计均方误差最小 (Iwata, 2012, 2005)。

我国在卫星姿态测量技术研究中起步较晚。资源一号卫星是我国第一代传输型对地观测卫星，卫星姿态控制主要用于保证卫星对地定向 (杨博和王密, 2013)。姿轨控制分系统采用了三轴稳定的轮控系统。测量部件由 2 个圆锥扫描红外地球敏感器、2 组正交安装的液浮速率积分陀螺仪 (6 个) 和 3 种太阳敏感器 (数字式 2 个、模拟式 3 个、0-1 式 2 个) 组成。在三轴稳定正常运行时，控制精度如下：姿态指向精度优于 0.3° (3σ)；姿态测量精度优于 0.15° (3σ)；姿态稳定度优于 0.001° (3σ)；姿态抖动量为 0.0001° (1σ)。资源一号 02 星为替代星，技术指标与第一颗星基本相同 (祝小勇等, 2009)。而后发射的资源一号 02B 星相对于前两颗星，技术进步较大。为了提高数据系统的几何定位精度，增加了国产红外地球敏感器和中等精度星敏等，使整星的姿态确定精度大幅提高，从而实现了图像几何定位精度由 2.5 km 提高到 1 km 左右。

资源三号卫星是我国首颗民用高分辨率三线阵立体测绘卫星。为了确保达到 1:5 万立体测图精度，资源三号卫星携带 3 个星敏以及 4 组陀螺 (Tang et al., 2015；Tang et al., 2013；唐新明等, 2012)。三个星敏互为备份，提高姿控系统的稳健性。此外，国产 APS 星敏首次下传原始星图 (2Hz) 和星敏/陀螺星上原始测量数据 (4Hz)，一方面可以与星上姿态互为备份，确保生产系统可靠性；另一方面，利用地面事后优化处理进一步提高国产星敏的姿态测量精度，应用于资源三号卫星应用系统中。

1.3.4　几何检校技术研究现状

1999 年 9 月 24 日，IKONOS 卫星通过雅典娜 II 火箭在美国加利福尼亚范登堡空军基地发射成功，它是世界上第一颗高分辨率商业卫星，它的发射标志着民用高分辨率遥感卫星时代的到来。IKONOS 卫星是单线阵的遥感卫星，但具有十分高的灵活性，可以侧摆任何角度成像，因此，它也具有获取立体影像的能力。在卫星发射成功后的 2000~2001 年，由美国国家宇航局(NASA)等单位组成的几何定标组采用几何检校的方法，利用 Lunar Lake, Railroad Valley, Dark Brooking, Denver 等检校场对 IKONOS 进行了几何检校，最终在无地面控制条件下达到平面 12 m(RMS)、高程 10 m(RMS)的定位精度。

2003 年 6 月 26 日发射的美国 OrbView-3 卫星，其全色相机空间分辨率能够达到 1 m。为达到其设计的高几何定位精度，工作组对其进行了系统的几何检校工作。利用美国得克萨斯州的几何检校场数据，通过联合卡尔曼滤波、卫星定轨、影像匹配及多传感器空中三角测量等关键技术，对相机视轴、相机焦距、姿轨误差等进行校准。利用不同视场方向获取的 15 个立体像对进行联合定标解算，单片无控制点平面定位精度达到 10 m(RMS)，立体像对平面定位精度达到 7.1 m(RMS)，高程精度达到 9.1 m(RMS)。

日本 ALOS 卫星的 PRISM(panchromatic remote-sensing instrument for stereo mapping)传感器，带有 3 个相机(forward, nadir and backward)，每个相机含 1 个线阵 CCD(多段拼接)，安置于相机焦平面上，顺轨方向可同时成像(同轨立体)。ALOS 标定小组开发了一套软件系统 SAT-PP(satellite image precision processing)，该软件采用整体检校技术，利用附加参数的自检校区域网平差方法，求解了 3 个相机总共 30 个附加参数。利用分布于日本、意大利、瑞士、南非等地的多个地面检校场进行在轨几何检校，最终无控平面定位精度可达到 8 m，高程定位精度达到 10 m。利用像素工厂(pixel factory)软件，制作出来的 DEM 存在 8Hz 和 93Hz 的畸变，分别影响 DEM 精度 3 m 和 1 m。分析 ALOS 的标定算法，不难发现，ALOS 可能存在内方位元素标定精度不够，也可能存在未模型化的不同频率的姿态跳变问题。

西安测绘研究所王任享院士从 20 世纪 70 年代就注意到高精度几何检校对于高分辨率卫星应用的重要性，提出了类似航空影像几何检校的方法——整体检校技术。中巴地球资源卫星一号 02 星(CBERS1-02)于 2003 年发射成功后，中国资源卫星应用中心组织了国内近 20 家单位对 CBERS1-02 卫星进行了在轨几何检校工作，最终达到平面 7 km 的定位精度(RMS)。而对于在 2004 年发射的中巴地球资源二号 03 星(CBERS2-03)，北京遥感信息研究所组织了包括武汉大学等国内近 10 家单位对 CBERS2-03 卫星影像进行了全面的辐射定标和在轨几何检校工作，平面精度达到 200 m(RMS)。祝小勇等(2009)利用 CBERS-02B 星 HR 相机的严密几何成像模型和地面控制点，对成像主光轴整体系统误差进行了检校，在俯仰、滚动、偏航 3 个旋转角度误差补偿后，将影像的几何定位精度从 860 个像素(RMS)提高到 216 个像素(RMS)。胡芬等(2010)提出采用平移、物方拼接等方法，解决三片 CCD 的内方位元素的问题，但只进行了模拟试验。

　　国内对在轨几何检校的相关研究工作开展较晚，与国外存在较大差距。虽对在轨外方位元素检校已有一定的工作基础，但检校后基本只能达到百米量级的精度，与国外差距甚大。而对于内方位元素检校方面，国内基本没有开展相关实际应用的工作。因此，研究国产星载光学卫星的在轨高精度几何检校，能改善国产影像几何定位精度，发掘卫星几何定位的潜力，避免卫星资源的巨大浪费，是提高我国卫星影像利用率的有效手段，确保真正发挥国产遥感影像对国民经济发展的促进作用，意义重大。

1.4　资源三号卫星几何处理综述

　　以前国产高分辨率卫星的无控制点定位精度和国外同类卫星的定位精度存在较大差距，如资源一号 02B 星定位精度 1 km、资源二号 03 星等卫星的定位精度 200 m，传感器内部几何检校几乎是空白。而国外卫星 SPOT 5、ALOS 等定位精度达到几十米，国外近年发射的更高分辨率的 GeoEye 和 WorldView 等卫星的无控制点定位精度在 10 m 以内。卫星成像几何模型、检校、定轨和定姿参数是高精度测图的关键。模型的严密性，检校参数、姿态和轨道的精确性都对测图精度起决定性作用。

　　在线阵推扫式多中心投影理论的基础上，本书提出资源三号卫星严密成像模型建立方法，建立高精度的有理函数模型(RPC)。针对卫星的姿态变化、TDI CCD 积分时间不连续、成像系统变化等不规则成像问题，首次提出虚拟重成像技术，构建理想线阵无畸变虚拟 CCD 成像模型，实现从基于实验室参数的严密成像模型到在轨运行严密成像模型的简化。构建虚拟控制点求解方式，实现 RPC 参数的高精度稳健估计求解，建立分子分母不相同的三阶有理函数模型。严密成像模型到有理函数模型的转换误差优于 0.0015 像元。

　　本书针对资源三号卫星下传的轨道、姿态、星敏和陀螺数据，构建了卫星事后定姿、事后定轨技术，提出了卫星和地面一体化联合精密定轨方法和卫星轨道系统误差标定方法，实现了资源三号高精度 GPS 事后定轨，三维定轨精度达到 3~4 cm；发展了双向卡尔曼滤波算法，研制了星敏相机偏置矩阵模型和星敏/陀螺联合定姿方法，资源三号卫星姿态后处理精度达到 1 角秒。

　　卫星几何检校是高精度测绘的瓶颈问题，一直是国外不太公开的核心技术。本书提出采用 1:2000 数字高程模型和数字正射影像，并辅以人工靶标进行国产光学卫星高精度几何检校的方法。构建广义指向角模型、多 CCD 拼接拟合和 CCD 线阵畸变综合处理等模型，实现内方位元素的精确标定；采用相位配准的方法，突破了资源三号卫星影像和高精度数字正射影像的亚像元匹配技术；提出了波尔兹曼曲线拟合人工靶标像点坐标的方法，提取精度达到 1/20 像素；针对卫星的上千个技术参数提出了对姿轨参数误差和设备安装误差分步求解的策略，解决了内外方位元素之间的强相关性问题；提出了多检校场、多类型控制点联合标定技术和方案，解决了外方位元素的动态变化问题。通过 8 年的不断探索，自主研制了高分辨率光学遥感卫星的几何检校系统，全面攻克我国光学遥感卫星几何检校的技术难题，建立了光学遥感卫星检校技术体系，实现我国高分辨率卫星几何检校技术的重大创新。利用华北等多个地区的高精度数字高程模型和数字正射影像以及人工靶标数据，对资源三号卫星影像进行了在轨几何检校。首次检校后，三线阵全色相机的内方位元素标定精度达到 0.25 像元以内，影像无控制点定位精度从检校前的 900 m 提高到 25 m。多次检校后影像的无控制点定位精度达到 10 m，影像直接定位精度提升了 90 倍。经过检校，资源三号卫星影像无控制点定位精度已超过法国 SPOT 5、日本 ALOS 和印度 P5 等卫星，居国际同类卫星的首位。

1.5　本书的主要内容和安排

本书着眼于国产光学影像的几何定位精度处理技术，梳理成像链路中影响几何定位精度的主要误差源，阐述了光学卫星影像高精度几何处理的基本原理和解决方法，使读者能在较短的时间内掌握光学卫星影像几何处理的基本理论、方法，并应用于工程实践中。

本书共分为 7 章，具体包含内容如下。

第 1 章绪论，简要总结国产卫星几何处理的现状，介绍涉及几何精度的关键环节：成像几何模型、精密定轨、精密定姿、几何检校的研究现状。

第 2 章时间系统和坐标系统，主要定义光学卫星几何处理过程中所采用的时间系统和坐标系，介绍各系统之间的转换方法。

第 3 章光学卫星成像几何模型，主要描述线阵推扫式传感器的成像几何特点，介绍成像几何模型正反变换的计算方法，构建适用于资源三号卫星原始影像的严密成像几何模型和 RFM，并介绍求解方法。

第 4 章卫星精密定轨方法，介绍星载 GPS 定轨原理和 SLR 联测方法，对资源三号卫星定轨数据进行评估、处理精度验证。

第 5 章精密定姿技术，基于国内外当前主流遥感卫星采用的星敏和陀螺精密定姿现状，主要阐述星敏定姿、陀螺定姿、星敏/陀螺联合定姿等相关知识，并分析资源三号卫星星敏和陀螺下传数据处理情况。

第 6 章几何检校场系统，介绍国内外检校场的现状，阐述资源三号几何检校场的建设方案和选址实验，提出专业测绘标志的设计方案。

第 7 章光学卫星几何检校技术，介绍检校模型构建、检校控制点获取、检校参数解算的方法，对资源三号卫星前、正、后、多光谱相机进行检校试验验证。针对资源三号卫星，从整体上对卫星数据的有控制和无控制精度进行验证。

第2章 时间系统和坐标系统

时间系统和坐标系统是光学卫星影像处理的基础,其作用主要是解决卫星影像处理过程中像方坐标到物方坐标的双向计算过程,是后续处理(如精密定轨、精密定姿、几何检校、摄影测量立体处理等)的基础。为了有助于读者理解,本章介绍光学卫星处理的时间系统、坐标系统、坐标转换等基础概念。

2.1 时 间 系 统

在空间科学技术研究中,时间和坐标参考系统是描述卫星运动、处理观测数据和解释处理结果的数学和物理基础。时间包含有"时刻"和"时间间隔"两个概念。所谓"时刻",即发生某一现象的瞬间。在天文学和卫星定位中,与所获数据对应的时刻也称为历元。而时间间隔,是指发生某一现象所经历的过程,是这一过程始末的时刻之差。

GPS 测量的本质是量测卫星信号从发射时刻到接收机接收时刻的传播时间,理所当然,时间是利用 GPS 进行定位和定轨的参考基准。在利用 GPS 进行定位和定轨时,三类时间系统经常使用,即世界时系统、原子时系统和动力学时系统。在轨道计算中,时间是独立变量,但是在计算不同的物理量时却使用不同的时间系统。例如,在计算卫星星下点轨迹时使用 UT1,在计算日、月和行星的坐标时使用动力学时 ET,输入的各种观测量的采样时间是 UTC 时或 GPS 时等。

2.1.1 世 界 时

世界时(universal time, UT)是以地球自转为基准建立的时间系统,由于观察地球自转运动时所选空间参考点不同,世界时系统又包括恒星时、平太阳时和世界时。

1. 恒星时

以春分点为参考点,由春分点的周日视运动所确定的时间,称为恒星时。

恒星时直接与地球旋转发生关系,同一瞬间不同测站的恒星时各异,所以恒星时具有地方性,有时也称为地方恒星时。地方恒星时是春分点相对于地方子午面的时角。对应于平春分点和真春分点,有地方平恒星时和地方真恒星时。格林尼治恒星时为春分点相对于格林尼治子午面的时角,有格林尼治平恒星时 GMST 和格林尼治真恒星时 GAST。GAST 和 GMST 之间的关系为

$$\text{GAST} = \text{GMST} + \delta\psi\cos\varepsilon \tag{2.1}$$

式中,$\delta\psi$ 为黄经章动;ε 为黄赤交角。

恒星时由于其不均匀性和不规则性，现在已不被当作时间尺度，而是作为地球上一点相对空间固定参考系角位置的度量。

2. 平太阳时

由于地球的公转轨道为椭圆，根据天体运动的开普勒定律，太阳的视运动速度是不均匀的。如果以真太阳作为观察地球自转运动的参考点，那将不符合建立时间系统的基本要求。为此，假设一个参考点的视运动速度等于真太阳周年运动的平均速度，且其在天球赤道上做周年视运动。这个假设的参考点在天文学中称为平太阳。平太阳连续两次经过本地子午圈的时间间隔为一个平太阳日，而一个平太阳日包含有 24 个平太阳小时，与恒星时一样，平太阳时也具有地方性。

3. 世界时

以平子夜为零时起算的格林尼治平太阳时称为世界时。

由于平太阳是个假想点，是观测不到的。因此，世界时实际上是通过观测恒星的周日运动，以恒星时为媒介得到的。由于地球自转的不均匀性和极移引起的地球子午线的变动，世界时的变化是不均匀的。根据对世界时采用的不同修正，又定义了三种不同的世界时。

UT0：通过测量恒星直接得出的世界时称为 UT0。

由于极移的影响，各地的子午线在变化，所以 UT0 与观测站的位置有关。经过极移修正之后，得到 UT1：

$$UT1 = UT0 + 极移修正$$

由于地球自转存在长期、周期和不规则变化，所以 UT1 也呈现上述变化。将周期性季节变化修正之后，就得到 UT2：

$$UT2 = UT1 - 周期变化项$$

显然，世界时经过极移改正后，仍含有地球自转速度变化的影响，而 UT2 虽经地球自转季节性变化的改正，但仍含有地球自转速度长期变化和不规则变化的影响，所以世界时 UT2 仍不是一个严格均匀的时间系统。

在三种世界时中，UT1 代表了地球的实际旋转，它定义了格林尼治平均天文子午面相对于平春分点的定向。在卫星定位计算中，UT1 主要用来计算格林尼治恒星时，建立地固系与惯性系之间的联系。

2.1.2　原　子　时

原子时（atomic time，AT）系统是以物质内部原子运动的特征为基础建立的时间系统。因为物质内部的原子跃迁，所辐射和吸收的电磁波频率具有很高的稳定性和复现性，所以，由此建立的原子时成为当今最理想的时间系统。

原子时的秒长定义为：位于海平面上的铯原子基态两个超精细能级，在零磁场中跃迁辐射振荡 9192631770 周所持续的时间，为一原子时秒。该原子时秒作为国际制秒(SI)的时间单位。

该定义严格确定了原子时的尺度，其原点由下式确定

$$AT = UT2 - 0.0039(s) \tag{2.2}$$

原子时出现后，得到迅速发展和广泛应用，许多国家建立了各自的地方原子时系统。但不同的地方原子时之间存在着差异。为此，国际上大约有 100 座原子钟，通过相互比对，并经数据处理推算出统一的原子时系统，称为国际原子时(international atomic time, IAT)。

2.1.3　力　学　时

由太阳系行星运动确定的时间系统称为力学时(dynamic time, DT)。根据运动方程所对应的参考点不同，力学时分为两种。

(1)太阳系质心力学时(TDB)，是相对于太阳系质心的运动方程所采用的时间参数，也用作岁差和章动模型的时间因数。

(2)地球质心力学时(TDT)，是相对于地球质心的运动方程所采用的时间参数。TDB 与 TDT 之间相差一个周期性相对论效应项。

在 GPS 定位与定轨中，地球质心力学时，作为一种严格均匀的时间尺度和独立的变量，被用于描述卫星的运动。地球质心力学时的基本单位是国际制秒(SI)，与原子时的尺度一致。国际天文学联合会(IAU)决定，于 1977 年 1 月 1 日原子时(IAT) 0 时与地球质心力学时的严格关系，定义如下：

$$TDT = IAT + 32.184(s) \tag{2.3}$$

若以 ΔT 表示地球质心力学时(TDT)与世界时(UT1)之间的时差，则由上式可得

$$\Delta T = TDT - UT1 = IAT - UT1 + 32.184(s) \tag{2.4}$$

该差值可通过国际原子时与世界时的比对而确定，通常载于天文年历中。

2.1.4　协调世界时

在许多应用部门，如天文大地测量、天文导航和空间飞行器的跟踪定位等部门，当前仍需要以地球自转为基础的世界时。但是，由于世界时 UT1 有长期变慢的趋势，国际原子时与世界时的差会越来越大。为了避免由此造成的不便，1972 年引入了协调世界时(coordinate universal time, UTC)。

UTC 的秒长与原子时相同，通过在 12 月 31 日或 6 月 30 日最后一秒在 UTC 中引入闰秒，使 UT1-UTC 的绝对值小于 0.9s。闰秒由国际地球自转服务组织(IERS)决定并

公布。

协调世界时与国际原子时之间的关系，由下式定义：

$$IAT = UTC + 1^s \times n \tag{2.5}$$

式中，n 为跳秒数，其值由 IERS 发布。

为了使用世界时的用户得到精度较高的 UT1 时刻，时间服务部门在发播协调时时号的同时，还给出 UT1 与 UTC 的差值。这样用户便可容易地由 UTC 得到相应的 UT1。

目前，几乎所有国家时号的发播，均以 UTC 为基准。时号发播的同步精度约为 ±0.2 ms。考虑到电离层折射的影响，在一个台站上接收世界各国的时号，其互差将不会超过 ±1 ms。

2.1.5 GPS 时间系统

为了精密导航和测量的需要，全球定位系统(GPS)建立了专用的时间系统，简写为 GPST，该系统由 GPS 主控站的原子时控制。

GPS 时属原子时系统，其秒长与原子时相同，但与国际原子时具有不同的原点。所以，GPST 与 IAT 在任一瞬间均有一常量偏差，其间关系为

$$IAT - GPST = 19(s) \tag{2.6}$$

GPS 时与协调时的时刻，规定与 1980 年 1 月 6 日 0 时相一致。其后随着时间的积累，两者之间的差别将表现为秒的整倍数。GPS 时和协调时之间的关系为

$$GPST = UTC + 1^s \times n - 19^s \tag{2.7}$$

式中，n 为跳秒数。

2.1.6 历 元 表 示

历元可以用民用日，即年、月、日、时、分、秒表示，也可以用儒略日(JD)或简化儒略日(MJD)表示。儒略日定义为从公元前 4713 年 1 月 1 日世界时 12 时起算到所论历元时刻的平太阳日数。简化儒略日等于儒略日减去 2400000.5 天。

在卫星定轨中，一般用儒略日(JD)或简化的儒略日(MJD)表示时间。为了保证有效位数，常将 JD 或 MJD 分成整数部分和小数部分。

在计算中，常遇到民用日和儒略日的互相换算。这里给出适用于 1900 年 3 月至 2100 年 2 月的换算公式。若年(Y)、月(M)、日(D)用整数表示，时(H)用实数表示，则儒略日为

$$\mathrm{JD} = \mathrm{INT}[365.25y] + \mathrm{INT}[30.6001(m+1)] + D + H/24 + 1720981.5 \qquad (2.8)$$

式中，INT[ ] 表示对实数值取整；y、m 通过下式计算得到

$$y = Y - 1, \ m = M + 12 \quad （当 M \leqslant 2 时）$$
$$y = Y, \ m = M \quad （当 M > 2 时）$$

由儒略日换算为民用日可按以下步骤计算。首先计算辅助数，设

$$a = \mathrm{INT}[\mathrm{JD} + 0.5]$$
$$b = a + 1537$$
$$c = \mathrm{INT}[(b - 122.1)/365.25]$$
$$d = \mathrm{INT}[365.25c]$$
$$e = \mathrm{INT}[(b - d)/30.6001]$$

然后计算民用日参数：

$$D = b - d - \mathrm{INT}[30.6001e] + \mathrm{FRAC}[\mathrm{JD} + 0.5]$$
$$M = e - 1 - 12\mathrm{INT}[e/14]$$
$$Y = c - 4715 - \mathrm{INT}[(7 + M)/10]$$

式中，FRAC[ ] 表示对取一个数的小数部分。在日期转换过程中，还可以得到一个星期的第几天：

$$N = \mathrm{mod}\,[\mathrm{INT}(\mathrm{JD} + 0.5), 7]$$

式中，$N = 0$ 表示星期一；$N = 1$ 表示星期二；依次类推。

在 GPS 定位或导航中，历元也用 GPS 星期加 GPS 秒表示，GPS 星期（WEEK）为从 1980 年 1 月 6 日 0 时到当前时刻的整星期数，GPS 秒（SEC）为从刚过去的星期日 0 时开始至当前时刻的秒数，由下式计算

$$\mathrm{WEEK} = \mathrm{INT}[(\mathrm{JD} - 2444244.5)/7]$$
$$\mathrm{SEC} = (\mathrm{JD} - 2444244.5 - 7 \times \mathrm{WEEK}) \times 86400 \qquad (2.9)$$

2.1.7　时间系统之间的转换关系

时间系统转换关系如图 2.1 所示。其中，$\Delta\mathrm{TID}$ 为 UT1 中由潮汐引起的短周期项改正，$\Delta\mathrm{rel}$ 为周期性相对论效应，TAI–UT1 根据 IERS 的时间公报内插求出，跳秒数也由 IERS 公布。

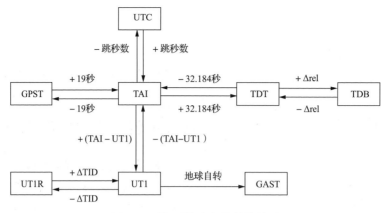

图 2.1　时间系统之间的转换关系

2.2　坐　标　系　统

构建推扫式卫星遥感影像的严密成像几何模型，需要建立各种坐标系统。在实际使用中，需要根据坐标系间的转换参数进行坐标系统的变换，来求出所使用的坐标系统的坐标。任何类型传感器的构像过程可通过一系列点的坐标转换来进行描述。下节将介绍本书中进行高精度几何处理过程中用到的一系列坐标系统。

2.2.1　影像坐标系

影像坐标系(image coordinate system)是一个二维坐标系。它以影像左上角像元的中心为原点，x 轴平行于扫描线方向，Y 轴垂直于扫描线方向，一般指向卫星的飞行方向，y 方向坐标值可由影像行数及该行影像的成像时间计算获得(张永生等，2001)。如图 2.2 所示。该坐标系以像素为单位。

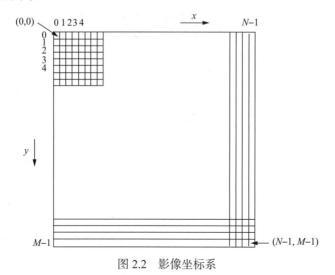

图 2.2　影像坐标系

2.2.2　相机坐标系

相机坐标系(camera coordinate system)以 CCD 线阵的投影中心为原点，三轴与卫星坐标系三轴平行，即 X 轴与影像的行方向平行，Y 轴与影像的列方向平行，Z 轴垂直于影像面(梁泽环，1990)。该坐标系中，影像上任意一个像点的 Z 坐标均为传感器主距的负值，即$-f$。该坐标系以米为单位，如图 2.3 所示。

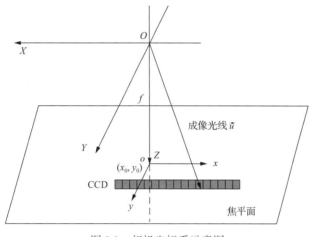

图 2.3　相机坐标系示意图

2.2.3　本体坐标系

本体坐标系(body coordinate system)以卫星的质心为原点，X 轴、Y 轴、Z 轴分别取卫星的 3 个主惯量轴。其中，X 轴沿着卫星横轴方向，Y 轴沿着纵轴指向卫星的飞行方向，Z 轴按右手规则确定(Gunter，1998)。该坐标系以米为单位。

卫星的内方位元素 Ψ_x, Ψ_y 定义在本体坐标系下。如图 2.4 所示，$O\text{-}XYZ$ 为卫星的本体坐标系，$o\text{-}xy$ 为像平面坐标系，$o'\text{-}x'y'$ 为影像投影在某一高程面上对应的平面坐标系，$\vec{V}$ 为卫星的运动方向。指向角 Ψ_x, Ψ_y 即为像平面上像点(x, y)所对应的成像光线与 x' 轴和 y' 轴的夹角，$\vec{u}(u_1, u_2, u_3)$ 为该时刻成像光线在本体坐标系下对应的矢量，根据三角函数，得出如下对应关系：

$$\begin{aligned} \psi_x &= -\arctan\frac{u_2}{u_3} \\ \psi_y &= \arctan\frac{u_1}{u_3} \end{aligned} \tag{2.10}$$

依照卫星设计，对于下视影像，其指向角 $\Psi_y \approx 0$；前视影像 $\Psi_y > 0$；后视影像 $\Psi_y < 0$。

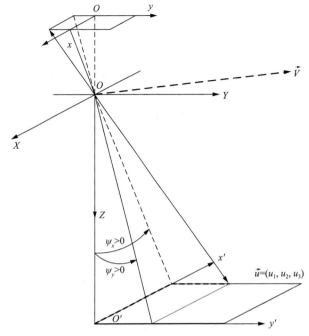

图 2.4　本体坐标系和指向角

2.2.4　空间固定惯性参考系

空间固定协议天球惯性参考系(conventional inertial system，CIS)的以地球质心为原点，Z 轴指向天球北极，X 轴指向春分点，Y 轴按照右手规则确定(Gunter，1998)，或称协议惯性坐标系。CIS 与地球自转无关，便于描述卫星的运动，一般卫星星历的计算都是在该坐标系下完成的，姿态角的测量也是在该坐标系下完成的。

由于地球绕太阳运动，春分点和北极点都在不断变化，因此，国际大地测量学协会(IAC)和国际天文学联合会(IAU)规定，以 2000 年 1 月 1 日 12 时的北极点、春分点为基准，建立 J2000 协议惯性坐标系，简称 J2000 坐标系。该坐标系以米为单位。

2.2.5　轨道坐标系

轨道坐标系(orbital coordinate system)的原点定义于卫星的质心，即当前时刻卫星质心所处的轨道位置，Z 轴位于轨道面内，指向地心方向，X 轴位于轨道面内，且垂直于卫星与地心的连线，和卫星运行速度矢量的夹角小于 90°，Y 轴垂直于轨道面，按照右手规则确定(Gunter，1998)。如图 2.5 所示。

$$\left.\begin{aligned}
\vec{Z}_{\text{sat}} &= -\frac{\vec{P}}{\left\|\vec{P}\right\|} \\
\vec{Y}_{\text{sat}} &= \vec{Z}_{\text{sat}} \times \frac{\vec{V}}{\left\|\vec{V}\right\|} \\
\vec{X}_{\text{sat}} &= \vec{Y}_{\text{sat}} \times \vec{Z}_{\text{sat}}
\end{aligned}\right\} \tag{2.11}$$

式(2.11)描述的是轨道坐标系中 3 个坐标轴之间的矢量关系。其中，$\vec{P}$ 为位置矢量，$\vec{V}$ 为速度矢量。

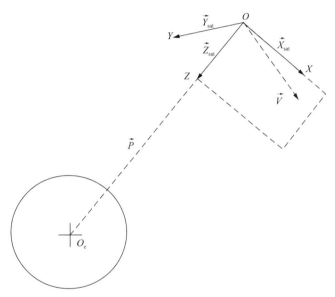

图 2.5　轨道坐标系示意图

2.2.6　地球固定地面参考系

地球固定地面参考系(conventional terrestrial system，CTS)用于描述地面点在地球上的位置。由于通常采用 WGS84 椭球基准，因此，CTS 常常又被理解为 WGS84 地心直角坐标系。该坐标系以地球质心为原点，Z 轴指向国际时间局 BIH(1984.0)定义的协议地极(CTP)方向，X 轴指向 BIH(1984.0)定义的零度子午面和协议地球赤道的交点，Y 轴指向 BIH(1984.0)定义的协议地球东向，且垂直于 X 轴方向，与 Z 轴、X 轴构成右手坐标系(Gunter，1998)。该坐标系以米为单位。

2000 中国大地坐标系(China geodetic coordinate system 2000，CGCS2000)是我国当前最新的国家大地坐标系。在定义上，CGCS2000 与 WGS84 是一致的，仅两者使用的参考椭球的扁率有微小差异。

2.2.7 星敏本体坐标系

原点：位于星敏内 CCD 面阵中心；

Z 轴：过原点，沿光轴中心指向遮光罩方向；

Y 轴：过原点，沿 CCD 列指向头部接插处方向；

X 轴：指向由右手法则确定。

2.2.8 陀螺组合件坐标系

原点：位于陀螺组合件安装面几何中心；

X 轴：过原点，由陀螺安装面指向陀螺组合件顶部；

Y 轴：过原点，由陀螺基准镜指向陀螺安装面几何中心方向；

Z 轴：指向由右手法则确定。

2.3 坐标转换

构建线阵推扫式光学卫星影像的严密成像几何模型，需要实现坐标系间的坐标转换(孙家㭊，1997)。除了常用的地球固定参考系、地理坐标系统和大地测量坐标系间的转换外，这里介绍其他相关坐标系间的转换关系。

2.3.1 影像坐标系与相机坐标系间的转换

对于相机的 CCD 阵列，可根据辅助数据和线性内插得到各像素 (X, Y) 在相机坐标系下的指向角 (ψ_X, ψ_Y)，其中，ψ_X 为垂直于轨道方向的指向角，ψ_Y 为沿轨道方向的指向角。建立影像坐标系与相机坐标系间的关系，可得到影像上像点在相机坐标系下的坐标为

$$\begin{bmatrix} X \\ Y \\ Z \end{bmatrix}_{\text{camera}} = \begin{pmatrix} -\tan(\psi_X) \\ \tan(\psi_Y) \\ -1 \end{pmatrix} \tag{2.12}$$

需要指出的是，资源三号卫星传感器校正产品星历数据所记载的探元指向角的值，直接就是定义在本体坐标系下的值。

2.3.2 相机坐标系与本体坐标系间的转换

由于相机坐标系与本体坐标系的原点定义不同，因此，它们之间的转换除了旋转之

外，还要考虑坐标原点的平移和坐标系的缩放，具体表达如下(李德仁和郑肇葆，1992)：

$$\begin{bmatrix} X \\ Y \\ Z \end{bmatrix}_{\text{body}} = m \cdot \boldsymbol{R}_{\text{camera}}^{\text{body}} \begin{bmatrix} X \\ Y \\ Z \end{bmatrix}_{\text{camera}} + \begin{bmatrix} d_x \\ d_y \\ d_z \end{bmatrix} \tag{2.13}$$

式中，$\boldsymbol{R}_{\text{camera}}^{\text{body}}$ 为相机坐标系到本体坐标系的旋转矩阵，一般是由地面测量得到的相机安置矩阵；m 为尺度因子；$[d_x \quad d_y \quad d_z]^{\text{T}}$ 表示相机坐标系原点相对于本体坐标系原点的平移量。

此外，还需考虑到 GPS 天线的偏移。附加 GPS 相位中心偏移量的表达如下：

$$\begin{bmatrix} X \\ Y \\ Z \end{bmatrix}_{\text{body}} = m \cdot \boldsymbol{R}_{\text{camera}}^{\text{body}} \begin{bmatrix} X \\ Y \\ Z \end{bmatrix}_{\text{camera}} + \begin{bmatrix} d_x \\ d_y \\ d_z \end{bmatrix} + \begin{bmatrix} D_x \\ D_y \\ D_z \end{bmatrix} \tag{2.14}$$

式中，$[D_x \quad D_y \quad D_z]^{\text{T}}$ 表示 GPS 天线的相位中心在本体坐标系下的 3 个偏移量。

2.3.3 本体坐标系与轨道坐标系间的转换

本体坐标系与轨道坐标系均以卫星的质心为原点，在理想下视成像的情况下，本体坐标系与轨道坐标系是重合的，然而卫星上天进入预定轨道之后，由于受到各种力矩的作用，这两个矩阵之间并不重合，会存在一定的旋转关系。而本体坐标系到轨道坐标系之间的这个旋转关系即代表卫星的姿态，根据空间位置容易得到

$$\begin{bmatrix} X \\ Y \\ Z \end{bmatrix}_{\text{orbit}} = \boldsymbol{R}_{\text{body}}^{\text{orbit}} \begin{bmatrix} X \\ Y \\ Z \end{bmatrix}_{\text{body}} \tag{2.15}$$

式中，$\boldsymbol{R}_{\text{body}}^{\text{orbit}} = \boldsymbol{R}_1(-\omega)\boldsymbol{R}_2(\varphi)\boldsymbol{R}_3(\kappa)$，为本体坐标系到轨道坐标系的旋转矩阵；$\omega, \varphi, \kappa$ 分别为相机的三个姿态角(Gunter，1998)，如图 2.6 所示。

具体用 ω, φ, κ 表示 $\boldsymbol{R}_{\text{body}}^{\text{orbit}}$ 为

$$\boldsymbol{R}_{\text{body}}^{\text{orbit}} = \begin{bmatrix} 1 & 0 & 0 \\ 0 & \cos(-\omega) & -\sin(-\omega) \\ 0 & \sin(-\omega) & \cos(-\omega) \end{bmatrix} \begin{bmatrix} \cos\varphi & 0 & -\sin\varphi \\ 0 & 1 & 0 \\ \sin\varphi & 0 & \cos\varphi \end{bmatrix} \begin{bmatrix} \cos\kappa & \sin\kappa & 0 \\ -\sin\kappa & \cos\kappa & 0 \\ 0 & 0 & 1 \end{bmatrix}$$

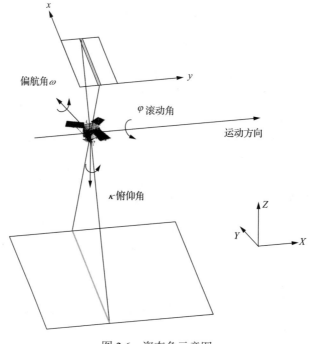

图 2.6　姿态角示意图

2.3.4　轨道坐标系与空间固定惯性参考系间的转换

轨道坐标系与空间固定惯性坐标系间的转换可以通过 3 个坐标轴的旋转及原点的平移来实现，且该转换建立了地面系统与卫星系统之间的对应关系。

$$
\begin{bmatrix} X - X_S \\ Y - Y_S \\ Z - Z_S \end{bmatrix}_{\text{CIS}} = \boldsymbol{R}_{\text{orbit}}^{\text{CIS}} \begin{bmatrix} X \\ Y \\ Z \end{bmatrix}_{\text{orbit}}
\tag{2.16}
$$

式中，$\boldsymbol{R}_{\text{orbit}}^{\text{CIS}} = \begin{bmatrix} (X_S)_X & (Y_S)_X & (Z_S)_X \\ (X_S)_Y & (Y_S)_Y & (Z_S)_Y \\ (X_S)_Z & (Y_S)_Z & (Z_S)_Z \end{bmatrix}_{\text{orbit}}$，为轨道坐标系到空间固定惯性参考系之间

坐标转换的旋转矩阵，且有

$$
\vec{X}_S = \frac{\vec{V}(t) \Lambda \vec{Z}_S}{\left\| \vec{V}(t) \Lambda \vec{Z}_S \right\|}
$$

$$
\vec{Y}_S = \vec{Z}_S \Lambda \vec{X}_S
$$

$$
\vec{Z}_S = \frac{\vec{P}(t)}{\left\| \vec{P}(t) \right\|}
$$

$$\vec{P}(t) = [X_S \quad Y_S \quad Z_S]^T$$

$$V(t) = [X_{v_S} \quad Y_{v_S} \quad Z_{v_S}]^T$$

式中，(X_s, Y_s, Z_s) 和 $(X_{v_S}, Y_{v_S}, Z_{v_S})$ 分别为卫星质心在空间固定惯性参考系中的位置与速度 (Gunter，1998)。

2.3.5　空间固定惯性参考系与地球固定参考系间的转换

空间固定惯性参考系(CIS)与地球固定参考系(CTS)之间的转换关系如下：

$$\begin{bmatrix} X \\ Y \\ Z \end{bmatrix}_{\text{CIS}} = \boldsymbol{R}_{\text{CTS}}^{\text{CIS}} \begin{bmatrix} X \\ Y \\ Z \end{bmatrix}_{\text{CTS}} \tag{2.17}$$

式中，$\boldsymbol{R}_{\text{CTS}}^{\text{CIS}} = \mathbf{PN}(t) \cdot \boldsymbol{R}(t) \cdot \boldsymbol{W}(t)$，为 CTS 到 CIS 的转换矩阵。其中，$\mathbf{PN}(t)$ 为岁差和章动矩阵；$\boldsymbol{R}(t)$ 为地球自转矩阵；$\boldsymbol{W}(t)$ 为极移矩阵，具体表达形式和计算方法参考 IERS Convention (2010) (IERS，2010)。

第3章 光学卫星成像几何模型

光学卫星成像几何模型是光学卫星影像处理的基础,在光学卫星影像地面处理中处于神经中枢的位置,其主要作用是构建影像系统几何模型,解决卫星影像处理过程中,像方坐标到物方坐标的双向计算方法,是后续应用处理,如几何纠正、摄影测量立体处理等的基础。为了有助于读者理解,本章介绍成像模型的正反计算算法,提出适用于资源三号的成像几何模型。最后在严密成像模型的基础上,介绍通用成像模型的表达形式和转换方法。

3.1 光学卫星成像方式

通过安装光学照相机或摄像机从卫星上对地进行摄影观测的卫星称为光学成像卫星;光学卫星主要利用目标和背景反射或辐射的电磁波差异来发现和识别目标。光学成像卫星具有多种类别,按卫星星载有效载荷种类,主要分为可见光、红外、多光谱等。

虽然某些现代光学卫星同时具有多种形式的侧视能力,包括滚动(roll)、俯仰(pitch)、偏航(yaw)等,目前滚动侧视仍是光学卫星的最主要方式,这种情况下,卫星只能对星下点目标进行观测。当卫星进行观测时,把卫星相机中心角和卫星与地球中心连线的夹角称为卫星侧视角。卫星能在一定的侧视角度范围内以任何侧视角度进行观测动作,把这个侧视角度范围称为最大观测角度,把最大能够覆盖观测的区域称为最大覆盖范围;每一个侧视角度下可以对一定角度范围内的区域进行观测,把这个可视角度范围称为视场角,把相应的观测区域称为观测条带,不同的侧视角度对应了不同的卫星观测条带,它们之间的关系如图 3.1 所示。

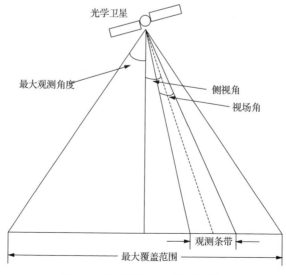

图 3.1 光学卫星对地观测过程

光学遥感器成像方式有画幅式、推扫式和全景式等，国内外采用最多的成像方式是CCD阵列推扫式成像。

3.1.1　摄影型传感器成像

摄影型遥感器主要由物镜、快门、光圈、暗盒(胶片)、机械传动装置等组成。曝光后的底片只是目标的潜影，经过处理后才能显示影像。这一类遥感器中常见的有框幅式相机、缝隙式相机、全景式相机。

(1)框幅式相机又称为画幅式相机。这类相机的成像原理与普通相机相同，摄影时光轴指向不变，在快门启闭的瞬间，镜头视场内的地物辐射信息一次性地通过镜头中心后在焦平面上成像。

(2)缝隙式相机又称为航带式或推扫式相机。摄影瞬间所获取的影像是与航向垂直，且与缝隙等宽的一条地面影像带。当卫星向前飞行时，在相机焦平面上与飞行方向垂直的狭隙中，出现连续变化的地面影像。当相机内的胶片不断地卷绕，且卷绕速度与地面影像在缝隙中的移动速度相同，就能得到连续的条带状航带摄影像片，如图3.2(a)所示。

(3)全景式相机又称为摇头相机或扫描相机。这种相机是利用焦平面上一条平行飞行方向的狭缝来限制瞬间视场的，在摄影瞬间得到的是地面上平行于航迹线的一条很窄的影像，当物镜沿垂直航线飞行摆动时，就得到一幅全景像片，如图3.2(b)所示。

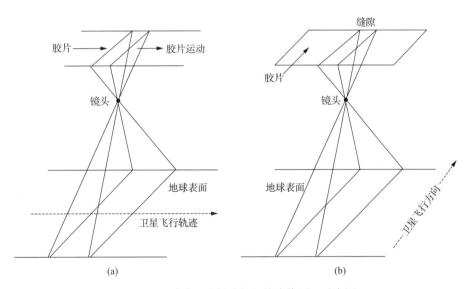

图 3.2　缝隙式和全景式相机的成像原理示意图

摄影式成像具有地面分辨率高、几何特征明显等特点，但也存在以下缺点：感光范围有限，胶片一般仅能记录波长在 1.1 μm 以内的电磁波辐射能量；情报时效性差，只有在回收胶卷并把照片洗印出来后才能进行判读，这样所得到的已是几天甚至是十几天前的情报，无法掌握最新情况；卫星工作寿命短，由于卫星所能携带的胶片数量有限，当胶片用完时，卫星的寿命即终结。目前，摄影式成像侦察方式已较少使用。

3.1.2 扫描型传感器成像

扫描型遥感器采用专门的光敏或热敏探测器把收集到的地物电磁波能量变成电信号记录下来，再把电信号进行数字化处理，变成数字信号，利用数字通信技术，把数字化的图像信息传回地面，从而实现情报信息的实时或近实时传输。常见的有光机扫描仪和推扫式扫描仪。

线阵推扫式成像传感器以时序方式逐行获取二维图像。成像方式如图 3.3 所示，通常先在影像面上形成一条线图像，之后随着卫星的推进运动，逐行扫描形成一幅二维影像。影像上每一行的像元在同一时刻为中心投影成像，整幅影像为多中心投影成像（袁修孝和张过，2003）。

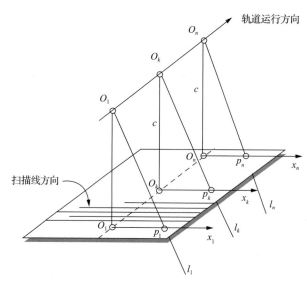

图 3.3 线阵推扫式成像几何关系

图中，P_k 为影像上任一像点，c 为传感器主距，x_k 为扫描线 k 上像点的 x 坐标，O_k 为扫描线 k 的投影中心，O_k 为扫描线 k 的主点，l_k 为扫描线 k 从投影中心 O_k 发出的光线。

3.2 光学卫星严密成像几何模型

3.2.1 严密成像几何模型概述

成像几何模型主要建立地物点的影像坐标和对应地面坐标之间的数学关系。对于任何一个传感器，其成像过程都可以通过一系列点坐标来描述。

为了对遥感影像进行几何处理，重建三维立体，并进行测量工作，就必须建立成像几何模型。通常而言，我们将相机内部的几何参数定义为内方位元素，而相机轨道和姿态定义为外方位元素，利用内外方位元素就可以构建共线方程(李德仁和郑肇葆，1992)。其中，内方位元素包括主点、主距、CCD 变形、镜头畸变等，但是镜头畸变和 CCD 变形一般难以区分。内方位元素在卫星发射前一般会进行实验室量测，但卫星在发射过程中相机承受了巨大的冲力以及在轨运行时，热环境的变化都将影响内方位元素的变化，故需要进行在轨几何检校。外方位元素主要包含轨道和姿态两个部分。轨道主要利用 GPS 接收机量测，为了精确获得成像时的轨道，可以利用双频 GPS 接收机。姿态数据主要利用星敏和陀螺，由于陀螺量测的相对精度较高，但是绝对精度较低，所以联合星敏进行定姿，获取高精度的姿态数据。

建立推扫式光学卫星严密成像几何模型需要利用坐标系统之间的转换，最终将影像坐标与地面点坐标联系起来。本节主要介绍利用检校后的内方位元素和偏置矩阵，以及星上下传数据建立各个 CCD 影像的严密成像几何模型。

3.2.2　观　测　数　据

卫星星历是描述卫星运动轨道的信息，也可以说卫星星历就是一组对应某一时刻的卫星轨道参数及其变率。有了卫星星历就可以计算出任意时刻的卫星位置及其速度。GPS 卫星星历分为预报星历和后处理星历。利用这些开放的辅助数据，通过一系列几何处理，可以构建严密成像几何模型。

1. 轨道观测数据

轨道观测数据是指卫星星历数据提供的若干个 GPS 天线相位中心的 WGS84 下的位置和速度(m/s)，如下为资源三号卫星一个 GPS 天线相位中心的位置和速度，在 UTC 时间系统以 1s 的间隔提供。

```
<point>
    <location>
            <X>-592838.500000000000000</X>
            <Y>4517487.600000000558794</Y>
            <Z>5146042.600000000558794</Z>
    </location>
    <velocity>
            <X>1075.779999999999973</X>
            <Y>5787.279999999999745</Y>
            <Z>-4945.750000000000000</Z>
    </velocity>
    <time>20130704124133.000000</time>
</point>
```

2. 姿态观测数据

卫星姿态有两种形式：一种是三轴欧拉角输出；另一种为四元数输出，其中三轴欧拉角指描述本体相对于轨道坐标系的关系，四元数描述本体坐标系相对于 J2000 坐标系之间的关系。欧拉角和四元数的描述参见第 5 章。

星敏和陀螺联合定姿输出，姿态测量坐标系相对于 J2000 坐标系的四元数以及角速度在姿态测量坐标系投影，在 UTC 时间系统以 0.25 秒的间隔提供。

如下为一组资源三号卫星数据中的姿态观测数据，数据记录了 2013-07-04T12:41:33.424925 时刻的姿态四元组信息。

```
<quaternion>
        <q₀>0.315755710952442</q₀>
        <q₁>-0.685682334609787</q₁>
        <q₂>-0.631358518942779</q₂>
        <q₃>0.177551365985053</q₃>
        <time>20130704124133.424925</time>
</quaternion>
```

3. 相机观测数据

首先以 CCD 线阵的中心点和物镜的后节点为视轴，测量出来每隔一定像元的实际光线和 CCD 阵列的中心点和物镜的后节点连线的夹角，然后由此确定主点的位置和主距。最后确定相机坐标系的 Z 轴，并规算每个像元对应的夹角。

4. GPS 天线安置矩阵

在 GPS 测量中，实际获得的 GPS 天线相位中心是其在 WGS84 坐标系的位置，而我们需要的是本体坐标系的坐标原点在 WGS84 坐标系的位置，因此需要采用 GPS 安置矩阵，将 GPS 天线相位中心在 WGS84 坐标系的位置转化为本体坐标系坐标原点在 WGS84 坐标系的位置。而地面标定仅仅能标定 GPS 天线相位中心在本体坐标系的 3 个偏移量 $[D_x \quad D_y \quad D_z]^T$，因此需要将这 3 个偏移量投影到 WGS84 坐标系下，才能建立 GPS 量测数值和本体坐标系的坐标原点在 WGS84 坐标系的坐标 $[X_0 \quad Y_0 \quad Z_0]^T_{WGS84}$ 的联系。

$$\begin{bmatrix} X_0 \\ Y_0 \\ Z_0 \end{bmatrix}_{WGS84} = \boldsymbol{R}_{J2000}^{WGS84} \boldsymbol{R}_{body}^{J2000} \begin{bmatrix} D_x \\ D_y \\ D_z \end{bmatrix} + \begin{bmatrix} X_{GPS} \\ Y_{GPS} \\ Z_{GPS} \end{bmatrix} \tag{3.1}$$

式 (3.1) 为 GPS 天线安置矩阵的表达式。其中，X_0、Y_0、Z_0 为本体坐标系的坐标原点在 WGS84 坐标系的坐标；X_{GPS}、Y_{GPS}、Z_{GPS} 为 GPS 天线相位中心，是其在 WGS84 坐标系的坐标；$\boldsymbol{R}_{body}^{J2000}$ 为本体坐标系到空间固定惯性参考系的转换矩阵；$\boldsymbol{R}_{J2000}^{WGS84}$ 为空间

固定惯性参考系到 WGS84 坐标的转换矩阵。

在这个安置矩阵中涉及两个误差：GPS 相位中心的标定误差；3 个偏移量的量测误差。

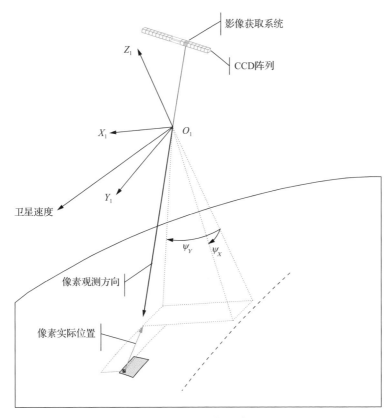

图 3.4　相机坐标示意图

5. 卫星姿态敏感器安置矩阵

在卫星星历上能提供旋转矩阵实际上指的是姿态敏感器坐标系相对于 J2000 的旋转矩阵，而我们需要的是本体坐标系相对于 J2000 坐标系的坐标旋转矩阵，因此，需要一个姿态敏感器的安置矩阵，将姿态敏感器本体相对于 J2000 的旋转矩阵转化为本体坐标系相对于 J2000 坐标系的坐标旋转矩阵。设敏感器相对于卫星本体的转化矩阵为 $\boldsymbol{R}_{\text{star}}^{\text{body}}$，则可以根据式(3.2)求出卫星本体相对于 J2000 的旋转矩阵：

$$\boldsymbol{R}_{\text{body}}^{\text{J2000}} = \boldsymbol{R}_{\text{star}}^{\text{J2000}} \left(\boldsymbol{R}_{\text{star}}^{\text{body}} \right)^{\text{T}} \tag{3.2}$$

6. 相机安置矩阵

相机安置矩阵表示每台相机的相机坐标系和本体坐标系所存在的三维相似变换关系，这个三维相似变换由 3 个平移量和 3 个旋转量构成。相机安置矩阵由地面测量获得，同时需要测量前后视相机相对于正视相机的关系，如下式表示：

$$\begin{bmatrix} X \\ Y \\ Z \end{bmatrix}_{body} = \begin{bmatrix} d_x \\ d_y \\ d_z \end{bmatrix} + \boldsymbol{R}_{camera}^{body} \begin{bmatrix} X \\ Y \\ Z \end{bmatrix}_{camera} \tag{3.3}$$

式中，$\boldsymbol{R}_{camera}^{body}$ 表示相机坐标系相对于本体坐标系的坐标旋转关系(包含前后视相对于中视的夹角)，其中，主量是前后视相对与中视的夹角。$\begin{bmatrix} d_x & d_y & d_z \end{bmatrix}^T$ 表示相机坐标系原点相对于本体坐标系的原点平移。在这个相机安置矩阵中涉及了 3 个误差量，分别是：3 个平移量的精度，3 个旋转量的精度，地面标定精度。

3.2.3　轨道、姿态与视角内插

对于推扫式传感器来说，所获得卫星遥感影像中的任意一行独立对应不同的卫星轨道和卫星姿态参数。由于星历所获得的轨道、姿态、视角等可利用观测数据都是不连续的，而在建立光学推扫式传感器成像几何模型中，需要获得任意时刻的参数。这就需要对星历数据进行插值，从而获得任意时刻的轨道模型和姿态模型。下节将说明三类卫星参数的内插方法。

1. 轨道内插

为了获得任意时刻的卫星参数，一般采用多项式轨道描述法、轨道根数描述和插值等方法获得。常用的内插方法有拉格朗日多项式内插、三次样条内插、三角多项式内插、切比雪夫多项式内插等。这里采用拉格朗日插值算法，公式如下：

$$\vec{P}(t) = \sum_{j=1}^{n} \frac{\vec{P}(t_j) \times \prod_{\substack{i=1 \\ i \neq j}}^{n} (t - t_i)}{\prod_{\substack{i=1 \\ i \neq j}}^{n} (t_j - t_i)} \tag{3.4}$$

$$\vec{V}(t) = \sum_{j=1}^{n} \frac{\vec{V}(t_j) \times \prod_{\substack{i=1 \\ i \neq j}}^{n} (t - t_i)}{\prod_{\substack{i=1 \\ i \neq j}}^{n} (t_j - t_i)} \tag{3.5}$$

式中，$\vec{P}(t_i)$ 为卫星位置；$\vec{V}(t_i)$ 为是卫星速度；t_i、t_j 为卫星位置和速度对应的时间。

2. 姿态内插

对于四元数内插，采用球面线性内插获得任意时刻的姿态四元数：

$$q = q_0 c_0 + q_1 c_1 \tag{3.6}$$

式中，$c_0 = \dfrac{\sin\big(\theta\big(1-(t-t_0)/(t_1-t_0)\big)\big)}{\sin\theta}$；　$c_1 = \dfrac{\sin\big(\theta(t-t_0)/(t_1-t_0)\big)}{\sin\theta}$；　$q_0 \cdot q_1 = \cos\theta$。

欧拉角姿态线性内插模型如下：

$$a_p(t) = a_p(t) + \big(a_p(t_{i+1}) - a_p(t_i)\big) \times \frac{t-t_i}{t_{i+1}-t_i} \tag{3.7}$$

$$a_r(t) = a_r(t) + \big(a_r(t_{i+1}) - a_r(t_i)\big) \times \frac{t-t_i}{t_{i+1}-t_i} \tag{3.8}$$

$$a_y(t) = a_y(t) + \big(a_y(t_{i+1}) - a_y(t_i)\big) \times \frac{t-t_i}{t_{i+1}-t_i} \tag{3.9}$$

式中，$a_p(t)$、$a_r(t)$、$a_y(t)$ 分别是 t 时刻 3 个轴的姿态角；t_i 是星历记载的 t 的前一个时刻。

3. CCD 探元指向角内插

如果地物对应的像素 p 不是整数，按照线性内插确定该像素在相机坐标系的指向，公式如下：

$$\psi(p) = \psi(i) + \big(\psi(p_{i+1}) - \psi(p_i)\big) \times \frac{p-p_i}{p_{i+1}-p_i} \quad (p_i < p < p_{i+1}) \tag{3.10}$$

式中，p_i 和 p_{i+1} 分别是非整数 p 的前后两个整数。

3.2.4　严密成像几何模型构建

线阵推扫式光学卫星影像的严密成像几何模型是用于建立影像坐标系和地球固定参考系(CTS)之间的转换关系(孙家抦等，1997)。本书所采用的 CIS 坐标系为 J2000 坐标系，CTS 坐标系为 WGS84 坐标系，结合前面的介绍可以得到严密成像几何模型的表达如下：

$$\begin{bmatrix} X \\ Y \\ Z \end{bmatrix}_{\text{WGS84}} = \begin{bmatrix} X_{\text{GPS}} \\ Y_{\text{GPS}} \\ Z_{\text{GPS}} \end{bmatrix} + \boldsymbol{R}_{\text{orbit}}^{\text{WGS84}} \boldsymbol{R}_{\text{body}}^{\text{orbit}} \left[m \cdot \boldsymbol{R}_{\text{camera}}^{\text{body}} \begin{bmatrix} -\tan(\psi_X) \\ \tan(\psi_Y) \\ -1 \end{bmatrix} + \begin{bmatrix} d_x \\ d_y \\ d_z \end{bmatrix} + \begin{bmatrix} D_x \\ D_y \\ D_z \end{bmatrix} \right] \tag{3.11}$$

式中，m 为尺度因子；$\begin{bmatrix} X & Y & Z \end{bmatrix}^{\mathrm{T}}_{\mathrm{WGS84}}$ 表示地面点在 WGS84 坐标系下的三维笛卡儿坐标；$\begin{bmatrix} X_{\mathrm{GPS}} & Y_{\mathrm{GPS}} & Z_{\mathrm{GPS}} \end{bmatrix}^{\mathrm{T}}_{\mathrm{WGS84}}$ 表示 GPS 天线的相位中心在 WGS84 坐标系下的坐标；$\begin{bmatrix} d_x & d_y & d_z \end{bmatrix}^{\mathrm{T}}$ 表示相机坐标系原点相对于本体坐标系原点的平移量；$\begin{bmatrix} D_x & D_y & D_z \end{bmatrix}^{\mathrm{T}}$ 表示 GPS 天线的相位中心在本体坐标系下的 3 个偏移量；(ψ_X, ψ_Y) 表示像素在相机坐标系下的指向角；式中，$\boldsymbol{R}_{\mathrm{orbit}}^{\mathrm{WGS84}} = \begin{bmatrix} (X_2)_X & (Y_2)_X & (Z_2)_X \\ (X_2)_Y & (Y_2)_Y & (Z_2)_Y \\ (X_2)_Z & (Y_2)_Z & (Z_2)_Z \end{bmatrix} = \boldsymbol{R}_1(-\omega)\boldsymbol{R}_2(\varphi)\boldsymbol{R}_3(\kappa)$，其中 X_s, Y_s, Z_s 和 $X_{v_s}, Y_{v_s}, Z_{v_s}$ 为卫星质心在 CIS 坐标系中的位置和速度，$P(t) = \begin{bmatrix} X_s & Y_s & Z_s \end{bmatrix}^{\mathrm{T}}$，$V(t) = \begin{bmatrix} X_{v_s} & Y_{v_s} & Z_{v_s} \end{bmatrix}^{\mathrm{T}}$，$Z_2 = \dfrac{P(t)}{\|P(t)\|}$，$X_2 = \dfrac{V(t)\Lambda Z_2}{\|V(t)\Lambda Z_2\|}$，$Y_2 = Z_2 \Lambda X_2$。

$\boldsymbol{R}_{\mathrm{orbit}}^{\mathrm{WGS84}} \boldsymbol{R}_{\mathrm{body}}^{\mathrm{orbit}} = \boldsymbol{R}_{\mathrm{J2000}}^{\mathrm{WGS84}} \boldsymbol{R}_{\mathrm{body}}^{\mathrm{J2000}}$，$\boldsymbol{R}_{\mathrm{J2000}}^{\mathrm{WGS84}}$ 表示在某一像元成像时刻由 J2000 坐标系到 WGS84 坐标系的旋转矩阵，$\boldsymbol{R}_{\mathrm{body}}^{\mathrm{J2000}}$ 表示在某一成像时刻本体坐标系相对于 J2000 坐标系的转换矩阵，由星敏和陀螺提供的数据求得。通过四元数 q_1, q_2, q_3, q_4 构成旋转矩阵如下：

$$\boldsymbol{R}_{\mathrm{body}}^{\mathrm{J2000}} = \begin{bmatrix} q_1^2 - q_2^2 - q_3^2 + q_4^2 & 2(q_1q_2 + q_3q_4) & 2(q_1q_3 - q_2q_4) \\ 2(q_1q_2 - q_3q_4) & -q_1^2 + q_2^2 - q_3^2 + q_4^2 & 2(q_2q_3 + q_1q_4) \\ 2(q_1q_3 + q_2q_4) & 2(q_2q_3 - q_1q_4) & -q_1^2 - q_2^2 + q_3^2 + q_4^2 \end{bmatrix}$$

$\boldsymbol{R}_{\mathrm{camera}}^{\mathrm{body}}$ 表示相机坐标系到本体坐标系的旋转矩阵。

实际操作过程中，我们定义的指向角是定义在本体坐标系下的 (ψ_x, ψ_y)，再直接由本体坐标系转换到 J2000 坐标系，因此，式 (3.11) 可以简化为如下形式：

$$\begin{bmatrix} X \\ Y \\ Z \end{bmatrix}_{\mathrm{WGS84}} = \begin{bmatrix} X_{\mathrm{GPS}} \\ Y_{\mathrm{GPS}} \\ Z_{\mathrm{GPS}} \end{bmatrix}_{\mathrm{WGS84}} + \boldsymbol{R}_{\mathrm{J2000}}^{\mathrm{WGS84}} \cdot \boldsymbol{R}_{\mathrm{body}}^{\mathrm{J2000}} \cdot \begin{pmatrix} -\tan(\psi_y) \\ \tan(\psi_x) \\ -1 \end{pmatrix} \tag{3.12}$$

由式 (3.11) 和式 (3.12) 不难看出，严密成像几何模型是利用卫星的运动矢量、姿态、相机指向角建立起影像坐标与地固坐标之间的坐标转换式，其中需要的卫星基本运动矢量、卫星各成像时刻的姿态参数以及指向角均需从影像的辅助文件中获取。

由于严密成像几何模型建立了卫星影像与物方地面间的几何关系，因此具有很广的使用范围，如单(多)片空间后方交会、多片空间前方交会、数字微分纠正、区域网平差的基本误差方程等。

3.2.5　严密成像几何模型的正反计算

根据原始的轨道数据、姿态数据和选择地球的参数以及地图投影方式，可以进行模型的正反计算。所谓正计算就是从原始影像和每个像素对应的高程数据到一定地图投影的计算；反计算是指某一地面点在一定地图投影的平面位置及其高程数据到原始影像像素坐标的计算，对于单线阵推扫式传感器而言，在实际工程中，反计算的方法通常是基于正计算迭代解算进行的。

1. 正计算

如图 3.5 所示，卫星坐标系统转换模块就是建立影像上 l 行上 p 像素在 WGS84 坐标系下 $(X,Y,Z)^{\mathrm{T}}$ 之间的坐标转换关系 $(X,Y,Z)^{\mathrm{T}} = \text{sensor\_model\_func}(l,p,h)$，在该过程中需要用到轨道数据、姿态数据、内方位元素数据、相机安置矩阵、GPS 安置矩阵等。

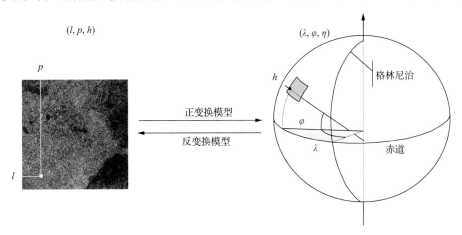

图 3.5　推扫式光学卫星严密成像几何模型正反算示意图

1) l 行积分时间计算

$$t = t_{\mathrm{c}} + l_{\mathrm{sp}} \times (l - l_{\mathrm{c}}) \tag{3.13}$$

式中，t_{c} 为景中心扫描行的摄影时刻；l_{sp} 为每行的扫描时间；l_{c} 为中心扫描行的 l 坐标。如各行积分时间不一致，根据每一行成像时间来线性内插。

其中，$l_{\mathrm{sp}} = d/f \times V/L$；$d$ 为像元尺寸；f 为焦距；V 为卫星的速度和地球自转速度反速度的矢量和；L 为卫星到地面指向点的距离。

2) l 行成像时刻轨道内插

按照式 (3.4) 和式 (3.5)，由摄影时刻 t 按拉格朗日内插法根据前后几个轨道数据计算该像素成像时刻卫星的位置和速度。图 3.6 为拉格朗日内插轨道方法的示意图。其中，$P(t_i)$ 为卫星位置；$V(t_i)$ 为卫星速度；t_i 为卫星位置和速度对应的时间。

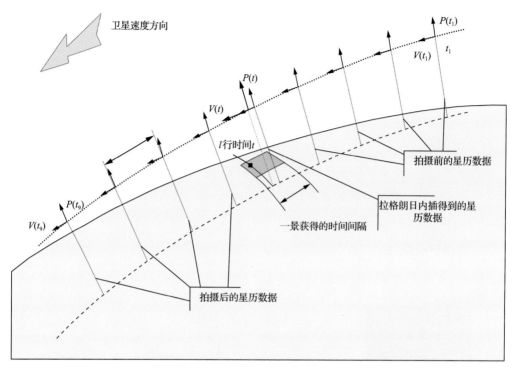

图 3.6　拉格朗日内插法轨道内插示意图

3）l 行成像时刻卫星本体坐标系原点计算(GPS 安置矩阵)

利用式(3.1)，通过 GPS 安置矩阵计算 l 行成像时刻卫星本体坐标系的坐标原点。简化公式如下：

$$\begin{bmatrix} X_s \\ Y_s \\ Z_s \end{bmatrix} = \boldsymbol{R}_{\text{body}}^{\text{WGS84}} \begin{bmatrix} D_x \\ D_y \\ D_z \end{bmatrix} + \begin{bmatrix} X_{\text{GPS}} \\ Y_{\text{GPS}} \\ Z_{\text{GPS}} \end{bmatrix} \tag{3.14}$$

式中，$\boldsymbol{R}_{\text{body}}^{\text{WGS84}}$ 为根据 l 行成像时刻姿态四元组计算。

4）l 行成像时刻姿态内插

前文提及姿态内插方法有姿态四元数和姿态欧拉角内插两种形式，本书中主要采用姿态四元数进行后续的处理，利用式(3.6)计算。

5）l 行上 p 像素在相机坐标系的指向

利用式(2.12)可以计算出 l 行上 p 像素在相机坐标系中的指向。如果 p 为非整像素，按照线性内插确定该像素在相机坐标系的指向，按照式(3.10)计算。

6）l 行上 p 像素在本体坐标系的指向(相机安置矩阵)

利用式(3.3)计算 l 行上 p 像素在本体坐标系中的指向，即相机安置矩阵。

7）l 行上 p 像素在地面坐标系的指向

根据 l 行姿态内插数据，计算由四元数构成的本体坐标系相对于地面坐标系的指向，公式如下：

$$u_3 = \boldsymbol{R}_{\text{body}}^{\text{WGS84}} [X, Y, Z]_{\text{body}}^{\text{T}} \tag{3.15}$$

式中，u_3 为由四元组构成的本体坐标系相对于地面坐标系的指向；$\boldsymbol{R}_{\text{body}}^{\text{WGS84}}$ 是卫星本体坐标系到 WGS84 坐标系的转换矩阵，根据 l 行成像时刻姿态四元组计算；$[X, Y, Z]_{\text{body}}^{\text{T}}$ 是卫星本体坐标系坐标。

8）l 行上 p 像素在地球模型上定位

X, Y, Z 为 l 行上 p 像素在地心坐标系坐标，X_s, Y_s, Z_s 为 l 行上 p 像素成像时刻相机本体坐标系原点在地心坐标系下的坐标，因此

$$\left. \begin{array}{l} X = X_s + m \times (u_3)_X \\ Y = Y_s + m \times (u_3)_Y \\ Z = Z_s + m \times (u_3)_Z \end{array} \right\} \tag{3.16}$$

$$\frac{X^2 + Y^2}{A^2} + \frac{Z^2}{B^2} = 1 \tag{3.17}$$

$$\left(\frac{X_i^2 + Y_i^2}{A^2} + \frac{Z_i^2}{B^2} \right) m^2 + 2 \left(\frac{X_s X_i + Y_s Y_i}{A^2} + \frac{Z_s Z_i}{B^2} \right) m + \left(\frac{X_s^2 + Y_s^2}{A^2} + \frac{Z_s^2}{B^2} \right) = 1 \tag{3.18}$$

求解式(3.18)可得到 m；然后代入式(3.16)获得地面点坐标，该坐标为 WGS84 下的坐标，其中，$A = a + h, B = b + h$，h 为 l 行上 p 像素的椭球高。如图 3.7 单点定位示意图所示。

2. 反计算

由上一小节的推导，我们已经得到了由原始影像和每个像素对应的高程数据到一定

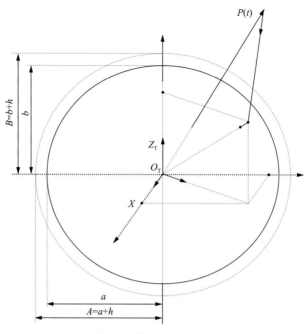

图 3.7　单点定位示意图

地图投影的计算模型，即模型的正计算。这一小节将讨论的是由某一地面点在一定地图投影的平面位置及其高程数据到原始影像像素坐标的计算模型，即模型的反计算。在工程中，反计算通常是基于正计算迭代解算进行的。

　　要从地面点坐标(X, Y, Z)得到原始影像点坐标，如果用外方位元素的方法，步骤如下。

　　随机给定一个影像行y，计算外方位元素；

　　(1)通过外方位元素把(X, Y, Z)投影到影像上；

　　(2)根据式(3.19)修改y，重新计算外方位元素；

$$\mathrm{d}y = -f\frac{a_{2t}\left(X - X_{St}\right) + b_{2t}\left(Y - Y_{St}\right) + c_{2t}\left(Z - Z_{St}\right)}{a_{3t}\left(X - X_{St}\right) + b_{3t}\left(Y - Y_{St}\right) + c_{3t}\left(Z - Z_{St}\right)} \tag{3.19}$$

　　(3)重复步骤(1)~(2)。

　　但这样就带来一些问题，需要相机的内方位元素，需要每个扫描行的外方位元素；外方位元素与坐标系有关投影计算需要迭代，不同卫星传感器的内方位元素不同。采用这样的方法是不现实的。所以，我们利用光学卫星严密成像几何模型的正计算来推导其反计算，来达到我们的目的(刘海原，1998)。

　　遥感影像的总体变形看作是平移、缩放、旋转、仿射、偏扭、弯曲以及更高次的基本变形的综合作用结果，难以用一个简单的仿射变换来描述，但是对应一个无限小的局部区域，遥感影像的几何变形可以用一个包含平移、缩放和旋转关系的仿射变换来描述。

　　利用光学卫星严密成像几何模型，来推导用地面点坐标计算其像点坐标，具体步骤如下。

(1) 由于卫星原始影像的中心点和 4 个角点的影像坐标的地面点坐标已知 (星历给出)，则可以利用已知点代入式 (3.20)，计算仿射变换参数 f_0、f_1、f_2、g_0、g_1、g_2；

$$x = f_0 + f_1 \text{lat} + f_2 \text{lon}$$
$$y = g_0 + g_1 \text{lat} + g_2 \text{lon}$$
　(3.20)

(2) 将任意一点的地面点坐标 (lat, lon) 代入上式得到预测的影像坐标 (x_p, y_p)；

(3) 根据上文推导的光学卫星严密成像几何模型的正计算计算影像坐标 (x_p, y_p, h) 的地面点坐标 $(\text{lat}_p, \text{lon}_p)$；

(4) 重复步骤 (2)～(3)，直至满足式 (3.21) 的条件时，所求得的 (x_p, y_p) 即为地面点对应的像点坐标；

$$e_s = \left| \text{lat} - \text{lat}_p \right|$$
$$e_l = \left| \text{lon} - \text{lon}_p \right| \quad e \text{ 小于 0.01 像素}$$
$$e = (e_s)^2 + (e_l)^2$$
　(3.21)

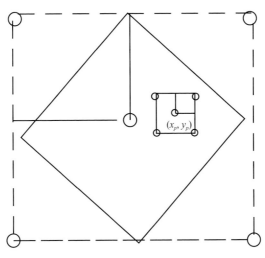

图 3.8　基于正计算的反计算示意图

3.3　光学卫星 RPC 模型

卫星的严密成像几何模型反映的是卫星影像上的像点坐标与其地面点在地面坐标系中坐标之间的关系。严密成像几何模型是以共线方程为基础，它的解算必须已知传感器的位置、速度和姿态等参数，即外方位元素。然而，随着航天技术和遥感技术的发展，新式的传感器获取立体影像的方式已经不仅限于单线阵 CCD 传感器绕飞行方向侧摆获得。传感器技术的发展就带来一系列急需解决的问题：不同的卫星传感器严密成像几何模型各不相同，为了处理不同卫星传感器影像，需要建立各种严密成像几何模型，这不便于遥感影像的应用。同时，一些商业遥感卫星的传感器信息出于技术保密，暂时不对用户公开。在这种情况下，我们无法获得轨道和成像的参数，也就不能使用严密成像几何模型处理遥感影像。为了简化遥感影像的处理与应用，用于替代光学遥感影像的严密成像几何模型的 RPC 模型应运而生。RPC 模型是一种与传感器无关的通用的成像模型。目前，所有的通用商业软件均支持该模型。

3.3.1　RPC 模型概述

严密成像几何模型是与传感器紧密相关的，对于不同类型的传感器需要不同的成像模型。随着各种新型航空和航天传感器的出现，从应用的角度，为了处理这些新型传感器的数据，用户需要改变他们的软件或者增加新的传感器成像模型到他们的系统中，这给用户带来诸多不便；另外严密成像几何模型的建立需要了解传感器物理特性和卫星遥感影像的成像机理，由于种种原因，严密成像几何模型并非总能得到，如美国 Space Imaging 公司在提供 IKONOS 卫星影像时，并不提供上述信息，因而用户不可能建立该传感器的严密成像几何模型。

成像几何模型的通用性以及更高的处理速度，均要求使用与具体传感器无关、形式简单的广义成像模型。广义成像模型建立时，不需要考虑传感器成像的物理意义，直接采用数学函数，如多项式、直接线性变换、仿射变换模型、平行光投影模型，以及有理多项式模型(RPC 模型)等形式描述地面点与相应像点之间的几何关系。显然，广义成像模型更能适应传感器成像方式多样化的发展要求。用广义成像模型代替严密成像几何模型的研究已经有十余年的历史，它最早应用在美国的军事部门中；另外，这种方法在一些数字摄影测量系统中也出现过。

Okamoto(1988)提出利用仿射变换模型对线阵推扫式卫星遥感影像进行处理。Susumu(2000)和 Tetsu(2000)分别采用该模型进行进一步试验。Hanley 等(2002)在采用仿射变换模型进行处理的时候发现，当地面坐标系统采用 UTM 投影坐标时比用经纬度高程坐标系统时定位精度要高。Fraser 和 Hanley 对仿射变换模型中参数的意义进行详细解释，并将仿射模型应用到 IKONOS 影像处理。Wang(1999)采用自检校的直接线性变换模型对 SPOT 和 MOMS 数据进行试验，该模型对卫星飞行方向加以改正，使框幅式直接线性变换能用于对推扫式线阵卫星遥感影像处理。Okamoto 等(1999)分析了单线阵推扫卫星影像的构像几何，认为飞行方向为平行投影，扫描行方向为中心投影，进而提出单线阵推扫式卫星影像的构像模型为平行光投影。张剑清和张祖勋(2002)提出基于仿射变换的严密成像几何模型，该模型可以认为是对仿射模型和平行光投影的一个改进。Shi(2003)采用一般多项式模型、中心投影模型、仿射变换模型对香港地区 IKONOS 影像进行了试验。朱述龙等(2004)比较了直接线性变换模型、一般多项式模型、改进的多项式模型、有理函数等模型等对 SPOT 影像和 IKONOS 影像实施了几何纠正，并比较了各种模型的精度。

有理函数 RPC 是一种通用成像模型，IKONOS 卫星的成功发射推动了对它的全面研究。国际摄影测量与遥感协会已成立专门工作组研究有关 RPC 模型的精度、稳定性等各方面问题；与常见的多项式模型比较，RPC 上是传感器成像模型的一种更广泛的表达方式，它适用于各类传感器，包括最新的航空和航天传感器模型。基于 RPC 的成像模型并不要求了解传感器的实际特性和成像过程，因此它适用于不同类型的传感器，而且新型传感器的出现只是改变了获取参数这一部分，应用上却独立于传感器的类型。根据以上特点，很多卫星资料供应商把 RPC 作为卫星遥感影像提供的标准，这种广义的传感器成像模型通常是用严密成像几何模型反算得到的。RPC 模型是一种能获得和严密成像几何模型近似一致精度的形式简单的广义成像模型，一些摄影测量专家建议将 RPC 模型作为影像几何关系转换的标准。RPC 模型是一种数学意义上的成像模型，一般数学模型的振荡性是广义成像模型致命的弱点。但是 RPC 模型具有优良的内插特性，它特有的连续性使得误差在模型估计点之间平滑地过渡（Burden，1997）。RPC 模型独立于传感器和平台（Paderes et al.，1989），可以建立地面任意坐标系统与影像空间的关系，如大地坐标、地理坐标系、投影坐标系等。RPC 模型和投影模型非常相似，当给定适当数量的控制信息时，RPC 模型可以获得很高的拟合精度（Madani，1999）。

RPC 模型被不同的学者应用，并取得了比较高的精度。Madani 讨论了 RPC 模型的优点和不足之处，并和严密成像几何模型进行比较，他认为 RPC 模型可以用来进行摄影测量处理（Madani，1999）。Dowman 和 Dolloff（2000）提出基于 RPC 模型的平差的误差传播理论。Dial 和 Grodecki（2002）讨论了运用 RPC 模型在城区和山区测图的可能性。Tao 和 Hu（2000）研究了用最小二乘方法解求 RPC 参数的算法，并用 1 景 SPOT 影像和 1 景航空影像作试验，得出有分母的 RPC 模型比没有分母的 RPC 模型精度要高的结论。Yang（2000）在对一对 SPOT 影像和一对 NAPP 影像试验的基础上得出结论：对于 SPOT 影像而言，三阶甚至二阶带不同分母的 RPC 模型就能取代严密成像几何模型；对于航空影像而言，一阶 RPC 模型足够了。Grodecki（2001）同样证实 RPC 模型在对单线阵推扫式卫星遥感影像处理中可以取代严密成像几何模型进行摄影测量处理。Hu 和 Tao（2001）提出基于物方和基于像方等两种方式利用地面控制点来提高 RPC 模型的精度。Fraser 等（2001）用 IKONOS 影像对比了 RPC 模型、扩展的 DLT 模型和仿射变换模型的精度。Baltsavias 等（2001）利用 RPC 模型处理 IKONOS 影像，对基于 RPC 模型的点定位做了有益的探讨。刘凤德等（2001）介绍了在 JX-4A 全数字摄影测量工作站中基于 RPC 模型对 IKONOS 立体影像处理的理论、方法及处理过程。陈泽民和马荣华（2002）使用了仿射变换、线性纠正、投影变换和多项式变换等常用的四种遥感图像纠正的方法，对试验区的影像进行了实例测试。Fraser 和 Hanley（2003）、Grodecki 和 Dial（2003）对 IKONOS 的 RPC 模型参数的求解和利用 RPC 模型定向以及应用进行了有益的探讨。巩丹超（2003）对航空影像和 SPOT 影像进行 RPC 参数求解试验。Tonolo（2003）对 EROS-A1 求解了 RPC 参数，并和传感器模型相比较。杨晓明和游晓斌（2003）就 IKONOS 进行正射纠正的方法进行了实验。刘军（2004）利用 RPC 参数进行三维定位处理。张永生和刘军（2004）探讨了基于 RPC 模型的立体定位算法。刘军（2004）推导了基于 RPC 模型的 IKONOS 立体定位算法。周家香等（2004）介绍了简单多项式、有理性多项式、严格的（或参数的）模型三种校正 IKONOS 地理图像的方法。

有理函数模型是将影像空间和地面三维空间的转换关系通过一般的数学函数来描述，并且这些函数不必考虑不同传感器成像的物理模型参数信息。通用成像模型很好地适应了传感器的多样化的发展。同时，多种传感器的发展也推动了对有理函数模型的深入研究。例如，IKONOS 影像供应商是通过解算严密成像几何模型的参数，然后利用严密成像几何模型的正反算解求出有理函数模型参数，然后将 RPC 作为数据的一部分提供给用户做后续的摄影测量处理。下节将介绍 RPC 模型参数的解算方法的研究，以及关于 RPC 模型替代严密成像几何模型的介绍。另外，本书还利用实验数据对 RPC 模型参数的解算进行验证，比较其精度和可行性。

3.3.2 RPC 模型的形式

RPC 模型(有理函数模型)是直接采用数学函数将地面点大地坐标 $D\left(D_{\text{lat}}, D_{\text{lon}}, D_{\text{hei}}\right)$ 与其对应的像点坐标 $d\left(l, p\right)$ 用比值多项式关联起来的一种广义的遥感卫星传感器成像几何模型。和多项式、直接线性变换等函数一样，RPC 模型可以用于替代卫星严密成像几何模型，应用于遥感影像的摄影测量处理。对于一个遥感影像，定义如下比值多项式 (OGC, 1999)：

$$Y = \frac{N_L(P, L, H)}{D_L(P, L, H)}$$

$$X = \frac{N_s(P, L, H)}{D_s(P, L, H)}$$

(3.22)

式中，

$$\begin{aligned}
N_L(P, L, H) &= a_1 + a_2 L + a_3 P + a_4 H + a_5 LP + a_6 LH + a_7 PH + a_8 L^2 + a_9 P^2 \\
&\quad + a_{10} H^2 + a_{11} PLH + a_{12} L^3 + a_{13} LP^2 + a_{14} LH^2 + a_{15} L^2 P + a_{16} P^3 + a_{17} PH^2 \\
&\quad + a_{18} L^2 H + a_{19} P^2 H + a_{20} H^3
\end{aligned}$$

$$\begin{aligned}
D_L(P, L, H) &= b_1 + b_2 L + b_3 P + b_4 H + b_5 LP + b_6 LH + b_7 PH + b_8 L^2 + b_9 P^2 \\
&\quad + b_{10} H^2 + b_{11} PLH + b_{12} L^3 + b_{13} LP^2 + b_{14} LH^2 + b_{15} L^2 P + b_{16} P^3 + b_{17} PH^2 \\
&\quad + b_{18} L^2 H + b_{19} P^2 H + b_{20} H^3
\end{aligned}$$

$$\begin{aligned}
N_s(P, L, H) &= c_1 + c_2 L + c_3 P + c_4 H + c_5 LP + c_6 LH + c_7 PH + c_8 L^2 + c_9 P^2 \\
&\quad + c_{10} H^2 + c_{11} PLH + c_{12} L^3 + c_{13} LP^2 + c_{14} LH^2 + c_{15} L^2 P + c_{16} P^3 + c_{17} PH^2 \\
&\quad + c_{18} L^2 H + c_{19} P^2 H + c_{20} H^3
\end{aligned}$$

$$\begin{aligned}
D_s(P, L, H) &= d_1 + d_2 L + d_3 P + d_4 H + d_5 LP + d_6 LH + d_7 PH + d_8 L^2 + d_9 P^2 \\
&\quad + d_{10} H^2 + d_{11} PLH + d_{12} L^3 + d_{13} LP^2 + d_{14} LH^2 + d_{15} L^2 P + d_{16} P^3 + d_{17} PH^2 \\
&\quad + d_{18} L^2 H + d_{19} P^2 H + d_{20} H^3
\end{aligned}$$

在计算过程中，如果数据数量级差别过大，可能引入舍入误差，所以为增强参数求解的稳定性，需要将地面坐标和影像坐标标准化到–1 和 1 之间。(P, L, H) 为标准化的地面坐标，(X, Y) 为标准化的影像坐标，其标准化公式如下：

$$P = \frac{D_{\text{lat}} - D_{\text{lat\_off}}}{D_{\text{lat\_scale}}}$$

$$L = \frac{D_{\text{lon}} - D_{\text{lon\_off}}}{D_{\text{lon\_scale}}} \tag{3.23}$$

$$H = \frac{D_{\text{hei}} - D_{\text{hei\_off}}}{D_{\text{hei\_scale}}}$$

$$X = \frac{s - s_{\text{off}}}{s_{\text{scale}}}$$

$$Y = \frac{l - l_{\text{off}}}{l_{\text{scale}}} \tag{3.24}$$

式中，a_i、b_i、c_i、d_i 为 RPC 模型系数；$D_{\text{lat\_off}}$、$D_{\text{lat\_scale}}$、$D_{\text{lon\_off}}$、$D_{\text{lon\_scale}}$、$D_{\text{hei\_off}}$ 和 $D_{\text{hei\_scale}}$ 为地面坐标的标准化参数；s_{off}、s_{scale}、l_{off} 和 l_{scale} 为影像像素坐标的标准化参数，其中，b_1 和 d_1 通常为 1。

根据分母表现形式的不同，RPC 模型可以分为 9 种不同的形式(Toutin，2004)，见表 3.1。

表 3.1 RPC 模型形式

形式	分母	阶数	待求解 RPC 参数个数	需要的最小控制点数目
1	$D_s(P,L,H) \ne D_L(P,L,H)$（分母不相同）	1	14	7
2		2	38	19
3		3	78	39
4	$D_s(P,L,H) = D_L(P,L,H)! \equiv 1$（分母相同但不恒为 1）	1	11	6
5		2	29	15
6		3	59	30
7	$D_s(P,L,H) = D_L(P,L,H) \equiv 1$（分母相同且恒为 1）	1	8	4
8		2	20	10
9		3	40	20

表 3.1 给出了在 9 种情况下待求解 RPC 参数的形式和需要的最少控制点。当 RPC 模型分母相同且恒为 1[$D_s(P,L,H) = D_L(P,L,H) \equiv 1$]时，RPC 模型退化为一般的三维多项式模型；当 RPC 模型分母相同但不恒为 1[$D_s(P,L,H) = D_L(P,L,H)! \equiv 1$]时，且在一

阶多项式的情况下，RPC 模型退化为 DLT（直接线性变换）模型，因此，RPC 模型是一种广义的成像模型。

3.3.3 最小二乘法求解 RPC 模型

本小节研究根据严密成像几何模型求解 RPC 参数的方法。在国内外学者的研究中（Dial and Grodecki，2002；Grodecki，2001；Tao and Hu，2001；巩丹超，2003），没有提及 RPC 参数的求解中最低最高高程获得的问题，并且求解 RPC 参数时需要初值。本节将要介绍的是针对上述问题所提出的顾及全球 DEM 并且不需要初值的 RPC 参数求解方法。

1. 最小二乘求解 RPC 模型参数算法

在最小二乘法求解 RPC 参数的时候，首先要将 RPC 模型的一般形式公式（3.22）变形为

$$F_X = N_s(P,L,H) - X \times D_s(P,L,H) = 0$$
$$F_Y = N_L(P,L,H) - Y \times D_L(P,L,H) = 0 \tag{3.25}$$

则得线性化误差方程为

$$V = Bx - l, \quad W \tag{3.26}$$

式中，

$$B = \begin{bmatrix} \dfrac{\partial F_X}{\partial a_i} & \dfrac{\partial F_X}{\partial b_j} & \dfrac{\partial F_X}{\partial c_i} & \dfrac{\partial F_X}{\partial d_j} \\[2mm] \dfrac{\partial F_Y}{\partial a_i} & \dfrac{\partial F_Y}{\partial b_j} & \dfrac{\partial F_Y}{\partial c_i} & \dfrac{\partial F_Y}{\partial d_j} \end{bmatrix}, \qquad (i = 1, 20; \ j = 2, 20)$$

$$l = \begin{bmatrix} -F_X^0 \\ -F_Y^0 \end{bmatrix},$$

$$x = \begin{bmatrix} a_i & b_j & c_i & d_j \end{bmatrix}^T,$$

W 为权矩阵。

根据最小二乘平差原理，可以求解

$$x = (B^T B)^{-1} B^T l \tag{3.27}$$

经过变形的 RPC 模型形式，平差的误差方程为线性模型，因此，在求解 RPC 参数过程中不需要初值。

2. 最小二乘法求解 RPC 模型参数的流程

RPC 模型参数求解有与地形无关和与地形相关两种求解方式。在严密成像几何模型已知的情况下，采用与地形无关的求解方式，否则采用与地形相关的求解方式，则需要给定一定数目的控制点(巩丹超，2003)。

当严密成像几何模型参数已知时，用严密成像几何模型建立地面点的立体空间格网和影像面之间的对应关系作为控制点来求解 RPC 参数，该方法求解 RPC 参数，而不需要详细的地面控制信息，仅仅需要该影像覆盖地区的最大高程和最小高程，因此，称为与地形无关的方法。

其流程如图 3.9 所示。

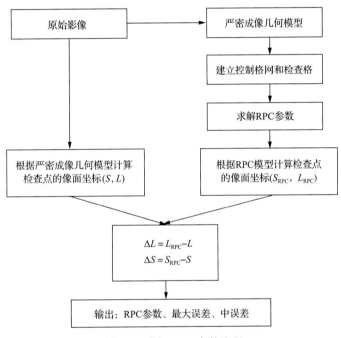

图 3.9　求解 RPC 参数流程

3. 建立空间网格

由严密成像几何模型的正计算，计算影像的 4 个角点对应的地面范围；根据美国地质调查局提供的全球 1 km 分辨率 DEM(Global 30-arc-second Digital Elevation Model)，计算该地区的最大最小椭球高。然后，在高程方向以一定的间隔分层，在平面上，以一定的格网大小建立地面规则格网(如平面分为 15×15 格网，就是将该影像对应影像范围分成 15×15 的格子，共有 16×16 个格网点)，生成控制点地面坐标，最后利用严密成像几何模型的反计算，计算控制点的影像坐标。为了防止设计矩阵状态恶化，一般高程方向分层的层数超过 2，如图 3.10 所示。

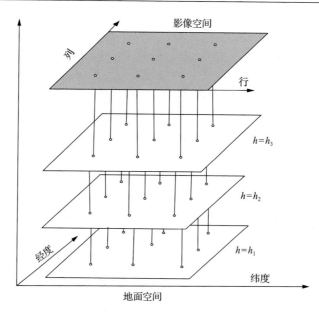

图 3.10　空间格网例图

　　加密控制格网和层，建立独立检查点。然后利用控制点坐标用式(3.28)、式(3.29)计算影像坐标和地面坐标的正则化参数，由式(3.23)和式(3.24)将控制点和检查点坐标正则化(Dial and Grodecki，2002)。

$$
\begin{aligned}
\text{LAT\_OFF} &= \frac{\sum \text{Latitude}}{n} \\
\text{LONG\_OFF} &= \frac{\sum \text{Longitude}}{n} \\
\text{HEIGHT\_OFF} &= \frac{\sum \text{Height}}{n} \\
\text{LINE\_OFF} &= \frac{\sum \text{Line}}{n} \\
\text{SAMP\_OFF} &= \frac{\sum \text{Sample}}{n}
\end{aligned}
\tag{3.28}
$$

式中，

$$\text{LAT\_SCALE} = \max(|\text{Latitude}_{\max} - \text{LAT\_OFF}| \quad |\text{Latitude}_{\min} - \text{LAT\_OFF}|)$$

$$\text{LONG\_SCALE} = \max(|\text{Longitude}_{\max} - \text{LONG\_OFF}| \quad |\text{Longitude}_{\min} - \text{LONG\_OFF}|)$$

$$\text{HEIGHT\_SCALE} = \max(|\text{Height}_{\max} - \text{HEIGHT\_OFF}| \quad |\text{Height}_{\min} - \text{HEIGHT\_OFF}|)$$

$$\text{LINE\_SCALE} = \max(|\text{Line}_{\max} - \text{LINE\_OFF}| \quad |\text{Line}_{\min} - \text{LINE\_OFF}|)$$

$$\text{SAMP\_SCALE} = \max(|\text{Sample}_{\max} - \text{SAMP\_OFF}| \quad |\text{Sample}_{\min} - \text{SAMP\_OFF}|)$$

$$\tag{3.29}$$

4. 精度检查

用求解的 RPC 参数来计算检查点对应的影像坐标,通过由严密成像几何模型计算的检查点影像坐标的差值来评定求解 RPC 参数的精度。

3.3.4　无偏估计法求解 RPC 模型

在上节介绍的 RPC 模型的解算方法中,求解 RPC 模型参数时采用岭估计法克服法方程的病态性,仅仅能获得有偏的 RPC 模型参数;针对上述问题,本小节要介绍一种无偏的 RPC 模型参数求解方法,可以获得精确无偏的 RPC 模型参数。

1. 无偏估计的 RPC 参数求解方法

上节提到,当 RPC 模型采用二阶或者二阶以上的形式时,解算其模型参数时,会存在模型过度参数化的问题,RPC 模型中分母的变化非常剧烈,导致设计矩阵($\boldsymbol{B}^{\mathrm{T}}\boldsymbol{B}$)的状态变差,设计矩阵变为奇异矩阵,最小二乘平差不能收敛。为了克服最小二乘估计的缺点,可用岭估计的方式获得有偏的符合精度要求的计算结果。所谓岭估计,就是对法方程进行必要的处理,使法方程的状态变好,常用的处理方式为

$$\boldsymbol{B}^{\mathrm{T}}\boldsymbol{B}+ = k\boldsymbol{I} \tag{3.30}$$

式中,k 为某个正实数;$\boldsymbol{I}$ 为单位矩阵。在某个 k 之下,通过岭估计求出的均方差,要比最小二乘求出的均方差小。运用岭估计进行 k 估计的时候,其核心问题在于最优 k 值的选取,但是最优 k 值的选取在理论上没有解决,一般用岭迹分析的方法来确定最优 k 值。就是取大量的 k 值进行计算,根据不同 k 值对应的检查点的中误差采取合适的搜索算法来确定合适的 k 值(Neumaier,1998)。在 Tao 的 RPC 模型参数求解过程中,以及后续国内外研究人员在研究不同遥感影像 RPC 模型参数求解中,均采用岭估计法确定岭参数 k(Tao and Hu,2001)。

虽然岭估计是克服法方程病态性的一种常用方法,能在某种程度上改善最小二乘估计,但是它存在两个问题:第一,由于岭估计改变了方程的等量关系,使得估计结果有偏;第二,岭参数的确定非常困难,且随意性很大,其估计结果与岭参数选择密切相关,若选择不同的岭参数,得到的估计结果可能大不相同,不具有可推广性。那么,当法方程的系数阵为秩亏时,能否寻找一种算法既改善法方程的病态性,又不改变方程的等量关系,从而克服岭估计的两个缺点,王新洲教授提出谱修正迭代法求解法方程的方法,不论法方程呈良态、病态或秩亏,其解算程序均不需加任何变化(王新洲等,2001)。当法方程呈良态时,经几次迭代就可收敛到精确解。当法方程呈病态时,收敛速度稍慢,但估计结果无偏。具体公式表述如下。

设有 $\left(\boldsymbol{B}^{\mathrm{T}}\boldsymbol{B}\right)x = \boldsymbol{B}^{\mathrm{T}}l$，将上面式子两边同时加上 x，得到

$$\left(\boldsymbol{B}^{\mathrm{T}}\boldsymbol{B} + \boldsymbol{E}\right)x = \boldsymbol{B}^{\mathrm{T}}l + x \tag{3.31}$$

式中，$\boldsymbol{E}$ 为 t 阶单位矩阵，由于式子两边都含有未知参数 x，所以只能采用迭代的方法求解，其迭代公式为

$$x^{(k)} = \left(\boldsymbol{B}^{\mathrm{T}}\boldsymbol{B} + \boldsymbol{E}\right)^{-1}\left(\boldsymbol{B}^{\mathrm{T}}l + x^{(k-1)}\right) \tag{3.32}$$

2. 无偏估计的 RPC 模型参数求解流程

无偏估计的 RPC 模型参数，也是在严密成像几何模型参数已知，用严密成像几何模型建立地面点的立体空间格网和影像面之间的对应关系作为控制来求解 RPC 模型参数，其中，建立空间格网、参数的求解，以及精度的验证和最小二乘方法求解 RPC 模型参数相同，仅在根据控制点构建误差方程时存在上述区别。

3.3.5　RPC 模型的正反计算

与利用严密成像几何模型对高分辨率卫星遥感影像进行纠正一样，基于 RPC 模型的影像几何纠正同样需要正反计算。

1. RPC 模型的正计算

分析式 (3.22) 的 RPC 模型，为了进行正计算，像点坐标可通过像片量测获得，像点坐标对应的高程可人工给定，该公式中所要解求的未知数仅为地面点坐标，也就是两个方程求解两个未知数。但是 RPC 模型对地面点的正则化坐标 (P, L) 为非线性方程，所以需要将其线性化，然后利用最小二乘迭代的方式获得其准确的地面正则化坐标。

将 RPC 模型式 (3.25) 针对 P、L 线性化，则误差方程为

$$V = \boldsymbol{B}a - l, \ \boldsymbol{W} \tag{3.33}$$

式中，

$$\boldsymbol{B} = \begin{bmatrix} \dfrac{\partial F_X}{\partial P} & \dfrac{\partial F_X}{\partial L} \\ \dfrac{\partial F_Y}{\partial P} & \dfrac{\partial F_Y}{\partial L} \end{bmatrix}$$

$$l = \begin{bmatrix} -F_X^0 \\ -F_Y^0 \end{bmatrix}$$

$$a = \begin{bmatrix} \Delta P & \Delta L \end{bmatrix}^{\mathrm{T}}$$

W 为权矩阵。

根据最小二乘平差原理，给定合适的 P、L 初值，可以求解：

$$\alpha = (B^T B)^{-1} B^T l \tag{3.34}$$

基于 RPC 模型的影像纠正正计算的步骤如下。

(1)根据式(3.35)，将图像量测坐标 (x, y) 变换为 (line，sample)；

$$y = a_1 + a_2 \cdot \text{sample} + a_3 \cdot \text{line}$$
$$x = b_1 + b_2 \cdot \text{sample} + b_3 \cdot \text{line} \tag{3.35}$$

(2)根据式(3.23)、式(3.24)将(line，sample)和该点高程正则化，并假定 P 和 L 的初值为 0；

(3)根据式(3.33)组建误差方程；

(4)由式(3.34)迭代求解 P 和 L；

(5)由式(3.23)求解该点的经纬度；

(6)将该点投影到一定的投影系统中获取其平面坐标。

2. RPC 模型的反计算

RPC 模型的反计算比较简单，具体流程如下。

(1)将平面坐标和该点高程变换为 WGS84 下的经纬度和椭球高；

(2)根据式(3.23)，将地面坐标正则化；

(3)由式(3.22)，计算像点的正则化坐标 X, Y；

(4)由式(3.24)，计算像点的(line，sample)；

(5)由式(3.35)，将(line，sample)变换为 (x, y)。

3.3.6 RPC 模型精化

由 3.3.3 节可知，卫星遥感影像的 RPC 模型参数解求一般利用与地面无关的模式，通过卫星遥感影像的严密成像几何模型计算拟合而成，当构建严密模型的姿态、轨道存在系统误差时，RPC 也会存在较大的系统性误差。因此，通过定义像面仿射变换来补偿 RPC 模型的系统误差来提高定位精度，即基于 RPC 模型的卫星遥感影像的区域网平差。

同样，在影像上定义如式(3.25)、式(3.35)同样的变换，根据 RPC 模型线性化的公式推导，可以对每个连接点列如下线性方程：

$$v_x = \begin{pmatrix} \dfrac{\partial F_x}{\partial a_1} \cdot \Delta a_1 + \dfrac{\partial F_x}{\partial a_2} \cdot \Delta a_2 + \dfrac{\partial F_x}{\partial a_3} \cdot \Delta a_3 + \dfrac{\partial F_x}{\partial b_1} \cdot \Delta b_1 + \dfrac{\partial F_x}{\partial b_2} \cdot \Delta b_2 + \dfrac{\partial F_x}{\partial b_3} \cdot \Delta b_3 \\ + \dfrac{\partial F_x}{\partial D_{\text{lat}}} \cdot \Delta D_{\text{lat}} + \dfrac{\partial F_x}{\partial D_{\text{lon}}} \cdot \Delta D_{\text{lon}} + \dfrac{\partial F_x}{\partial D_{\text{hei}}} \cdot \Delta D_{\text{hei}} \end{pmatrix} + F_{x0}$$

$$v_y = \cdot \left(\begin{array}{l} \dfrac{\partial F_y}{\partial a_1} \cdot \Delta a_1 + \dfrac{\partial F_y}{\partial a_2} \cdot \Delta a_2 + \dfrac{\partial F_y}{\partial a_3} \cdot \Delta a_3 + \dfrac{\partial F_y}{\partial b_1} \cdot \Delta b_1 + \dfrac{\partial F_y}{\partial b_2} \cdot \Delta b_2 + \dfrac{\partial F_y}{\partial b_3} \cdot \Delta b_3 \\ + \dfrac{\partial F_y}{\partial D_{\text{lat}}} \cdot \Delta D_{\text{lat}} + \dfrac{\partial F_y}{\partial D_{\text{lon}}} \cdot \Delta D_{\text{lon}} + \dfrac{\partial F_y}{\partial D_{\text{hei}}} \cdot \Delta D_{\text{hei}} \end{array} \right) + F_{y0}$$

$$\tag{3.36}$$

记为

$$\boldsymbol{V} = \boldsymbol{A}\boldsymbol{t} + \boldsymbol{B}\boldsymbol{X} - \boldsymbol{l} \tag{3.37}$$

同样可以对每个控制点列如下线性方程:

$$v_x = \left(\dfrac{\partial F_x}{\partial a_1} \cdot \Delta a_1 + \dfrac{\partial F_x}{\partial a_2} \cdot \Delta a_2 + \dfrac{\partial F_x}{\partial a_3} \cdot \Delta a_3 + \dfrac{\partial F_x}{\partial b_1} \cdot \Delta b_1 + \dfrac{\partial F_x}{\partial b_2} \cdot \Delta b_2 + \dfrac{\partial F_x}{\partial b_3} \cdot \Delta b_3 \right) + F_{x0}$$

$$v_y = \left(\dfrac{\partial F_y}{\partial a_1} \cdot \Delta a_1 + \dfrac{\partial F_y}{\partial a_2} \cdot \Delta a_2 + \dfrac{\partial F_y}{\partial a_3} \cdot \Delta a_3 + \dfrac{\partial F_y}{\partial b_1} \cdot \Delta b_1 + \dfrac{\partial F_y}{\partial b_2} \cdot \Delta b_2 + \dfrac{\partial F_y}{\partial b_3} \cdot \Delta b_3 \right) + F_{y0} \tag{3.38}$$

记为

$$\boldsymbol{V} = \boldsymbol{A}\boldsymbol{t} - \boldsymbol{l} \tag{3.39}$$

其中:

$$\boldsymbol{A} = \begin{pmatrix} \dfrac{\partial F_x}{\partial a_1} & \dfrac{\partial F_x}{\partial a_2} & \dfrac{\partial F_x}{\partial a_3} & \dfrac{\partial F_x}{\partial b_1} & \dfrac{\partial F_x}{\partial b_2} & \dfrac{\partial F_x}{\partial b_3} \\ \dfrac{\partial F_y}{\partial a_1} & \dfrac{\partial F_y}{\partial a_2} & \dfrac{\partial F_y}{\partial a_3} & \dfrac{\partial F_y}{\partial b_1} & \dfrac{\partial F_y}{\partial b_2} & \dfrac{\partial F_y}{\partial b_3} \end{pmatrix}, \quad \boldsymbol{t} = \begin{pmatrix} \Delta a_1 & \Delta a_2 & \Delta a_3 & \Delta b_1 & \Delta b_2 & \Delta b_3 \end{pmatrix}^{\text{T}}$$

$$\boldsymbol{B} = \begin{pmatrix} \dfrac{\partial F_x}{\partial D_{\text{lat}}} & \dfrac{\partial F_x}{\partial D_{\text{lon}}} & \dfrac{\partial F_x}{\partial D_{\text{hei}}} \\ \dfrac{\partial F_y}{\partial D_{\text{lat}}} & \dfrac{\partial F_y}{\partial D_{\text{lon}}} & \dfrac{\partial F_y}{\partial D_{\text{hei}}} \end{pmatrix}, \quad \boldsymbol{X} = \begin{pmatrix} \Delta D_{\text{lat}} & \Delta D_{\text{lon}} & \Delta D_{\text{hei}} \end{pmatrix}^{\text{T}}$$

$$\boldsymbol{l} = \begin{pmatrix} -F_{x_0} \\ -F_{y_0} \end{pmatrix}, \quad \boldsymbol{V} = \begin{pmatrix} v_x \\ v_y \end{pmatrix}$$

因此, 根据最小二乘平差构建法方程:

$$\begin{pmatrix} \boldsymbol{A}^{\text{T}}\boldsymbol{A} & \boldsymbol{A}^{\text{T}}\boldsymbol{B} \\ \boldsymbol{B}^{\text{T}}\boldsymbol{A} & \boldsymbol{B}^{\text{T}}\boldsymbol{B} \end{pmatrix} \begin{pmatrix} \boldsymbol{t} \\ \boldsymbol{X} \end{pmatrix} = \begin{pmatrix} \boldsymbol{A}^{\text{T}}\boldsymbol{l} \\ \boldsymbol{B}^{\text{T}}\boldsymbol{l} \end{pmatrix} \tag{3.40}$$

采用最小二乘进行求解, 获得每个影像的方位元素和每个待定点的坐标。

区域网平差按照间接平差，通常必须满足足够的起始数据，至少需要两个平高控制点和一个高程控制点，才能确定平差的基准(李德仁和郑肇葆，1992)。当区域网中没有起始数据或起始数据缺少，误差方程系数矩阵列亏，这样的区域网平差问题称为秩亏区域网平差。可以采用和求解 RPC 模型参数一样的无偏估计方法，对缺少基准的秩亏的卫星遥感影像区域网平差进行求解，获得无偏的地面点坐标和无偏的仿射变换参数。

将式(3.40)两边同时加上 $\begin{pmatrix} t \\ X \end{pmatrix}$，得到

$$\left(\begin{pmatrix} A^{\mathrm{T}}A & A^{\mathrm{T}}B \\ B^{\mathrm{T}}A & B^{\mathrm{T}}B \end{pmatrix} + E \right) \begin{pmatrix} t \\ X \end{pmatrix} = \begin{pmatrix} A^{\mathrm{T}}l \\ B^{\mathrm{T}}l \end{pmatrix} + \begin{pmatrix} t \\ X \end{pmatrix} \tag{3.41}$$

式中，E 为和 $\begin{pmatrix} A^{\mathrm{T}}A & A^{\mathrm{T}}B \\ B^{\mathrm{T}}A & B^{\mathrm{T}}B \end{pmatrix}$ 阶数相同的单位矩阵，由于式子两边都含有未知参数 $\begin{pmatrix} t \\ X \end{pmatrix}$，所以只能采用迭代的方法求解，其迭代公式为

$$\begin{pmatrix} t \\ X \end{pmatrix}^{(k)} = \left[\begin{pmatrix} A^{\mathrm{T}}A & A^{\mathrm{T}}B \\ B^{\mathrm{T}}A & B^{\mathrm{T}}B \end{pmatrix} + E \right]^{-1} \left[\begin{pmatrix} A^{\mathrm{T}}l \\ B^{\mathrm{T}}l \end{pmatrix} + \begin{pmatrix} t \\ X \end{pmatrix}^{(k-1)} \right] \tag{3.42}$$

在区域网平差中，地面点坐标近似值的确定也是一个关键问题，可以通过基于 RPC 模型的空间前方交会来提供区域网平差的初始值。

3.3.7　RPC 模型小结

本节主要介绍了国内外对 RPC 模型研究的成果，详细介绍了 RPC 模型、RPC 模型参数的求解方法，以及 RPC 模型替代严密成像几何模型的正反计算。同时介绍了拓展 RPC 模型及其应用。在此理论基础上，我们不难看出，作为通用传感器模型的 RPC 模型相较于严密成像几何模型具有很多优点。

首先，和真实的传感器模型不同，RPC 模型参数中不包含传感器有关的信息，例如，轨道参数和姿态参数等。这样可以在隐藏传感器成像信息的情况下进行摄影测量立体处理，可以适用于大多数传感器，大大增强了卫星数据的利用率。再次，RPC 模型参数的求解可以获得较高精度，并且 RPC 模型用于摄影测量处理具有高效性的特点。最后，提供 RPC 参数可以有效地对传感器参数进行保密，可以有效利用遥感卫星数据，而不危害国家利益，也不涉及国家军事机密。

目前 RPC 模型正有效地应用于各种卫星影像的处理和利用中。当然，RPC 模型有着自身的缺点，例如，为了提高像元地面分辨率，航天相机大多采用离轴三反模式，如果影像存在不规则畸变，影像边缘畸变可达到 20 像元程度，RPC 模型这种平滑的有理多项式无法精确地表达不平滑的严密成像几何模型。因此，需要消除影像中的内外畸变，实现高精度 RPC 模型的制作。

3.4　资源三号卫星成像模型构建与分析

本节是资源三号卫星成像模型构建的处理结果，是后续几何处理基础模型部分，包含资源三号卫星严密成像几何模型和资源三号卫星有理函数模型。其中，严密成像几何模型主要是利用资源三号卫星搭载的有效载荷测量的数据进行对地定位。

3.4.1　资源三号卫星严密成像几何模型

在 3.2 节中介绍了推扫式光学卫星的严密成像几何模型，并推导了该模型的正反计算。资源三号卫星严密成像几何模型也满足模型式(2.12)和式(3.11)，但每种卫星提供的辅助数据有所不同。在这一小节里，针对资源三号卫星提供的辅助数据，对其严密成像几何模型进行适应性改造，并举例进行正反计算。试验数据采用资源三号卫星 2016 年8 月 3 日 10 时 50 分 6 秒获取的天津地区正视数据进行正反算示例。

表 3.2　资源三号卫星严密模型计算示例轨道数据

时间	X/m	Y/m	Z/m	X_v/(m/s)	Y_v/(m/s)	Z_v/(m/s)
239453394	−2432455	4708848.7	4381716	−737.58	5014.45	−5780.46
239453395	−2433193.1	4713859.5	4375934.9	−733.88	5008.84	−5785.82
239453396	−2433924	4718866.1	4370144.4	−730.16	5003.19	−5791.21
239453397	−2434652.5	4723868.1	4364351.2	−726.47	4997.55	−5796.54
239453398	−2435376.1	4728860	4358550.4	−722.78	4991.91	−5801.93
239453399	−2436099.3	4733850.3	4352746.3	−719.09	4986.25	−5807.23
239453400	−2436817.2	4738834.5	4346939.1	−715.41	4980.56	−5812.6
239453401	−2437529.1	4743812.8	4341123.3	−711.68	4974.89	−5817.9
239453402	−2438239.5	4748784.3	4335301.9	−708	4969.22	−5823.26
239453403	−2438945.2	4753750.6	4329475.5	−704.3	4963.51	−5828.61
239453404	−2439648.4	4758714.1	4323647	−700.61	4957.82	−5833.83
239453405	−2440346.8	4763665.2	4317806.8	−696.91	4952.14	−5839.17
239453406	−2441042.7	4768616.9	4311967.7	−693.21	4946.39	−5844.49
239453407	−2441732.8	4773559.7	4306119.8	−689.52	4940.71	−5849.76
239453408	−2442419.9	4778496.6	4300268	−685.81	4934.98	−5855.04
239453409	−2443106.1	4783429.5	4294407.6	−682.11	4929.26	−5860.33
239453410	−2443786.3	4788355.3	4288546.5	−678.48	4923.56	−5865.56
239453411	−2444461.2	4793275.8	4282678.5	−674.75	4917.79	−5870.84
239453412	−2445132.5	4798190.4	4276802.9	−671.03	4912.04	−5876.1
239453413	−2445803.8	4803099.3	4270925.4	−667.34	4906.3	−5881.33
239453414	−2446470.3	4808004.8	4265043.4	−663.63	4900.52	−5886.63
239453415	−2447131.2	4812900.5	4259149.7	−659.92	4894.75	−5891.86
239453416	−2447789.5	4817794.1	4253258.3	−656.26	4889	−5897.02
239453417	−2448440.6	4822678.3	4247357	−652.57	4883.23	−5902.25

表 3.3　资源三号卫星严密模型计算示例姿态数据

时间	q_1	q_2	q_3	q_4
239453400.628	0.38842	−0.552059	−0.714779	0.1829
239453400.878	0.388522	−0.552042	−0.714718	0.182972
239453401.128	0.388624	−0.552024	−0.714657	0.183044
239453401.378	0.388726	−0.552007	−0.714597	0.183117
239453401.628	0.388828	−0.551989	−0.714536	0.183189
239453401.878	0.388931	−0.551972	−0.714475	0.183262
239453402.128	0.389033	−0.551954	−0.714415	0.183334
239453402.378	0.389135	−0.551937	−0.714354	0.183406
239453402.628	0.389238	−0.551919	−0.714293	0.183479
239453402.878	0.38934	−0.551902	−0.714232	0.183551
239453403.128	0.389442	−0.551884	−0.714172	0.183624
239453403.378	0.389544	−0.551866	−0.714111	0.183696
239453403.628	0.389646	−0.551849	−0.71405	0.183768
239453403.878	0.389748	−0.551832	−0.713989	0.183841
239453404.128	0.389851	−0.551814	−0.713929	0.183913
239453404.378	0.389953	−0.551796	−0.713868	0.183985
239453404.628	0.390055	−0.551778	−0.713807	0.184057
239453404.878	0.390157	−0.551761	−0.713746	0.184129
239453405.128	0.390259	−0.551743	−0.713686	0.184202
239453405.378	0.39036	−0.551726	−0.713625	0.184274
239453405.628	0.390463	−0.551708	−0.713564	0.184347
239453405.878	0.390565	−0.55169	−0.713503	0.184419
239453406.128	0.390667	−0.551672	−0.713442	0.184491
239453406.378	0.390769	−0.551655	−0.713382	0.184564
239453406.628	0.390871	−0.551637	−0.713321	0.184636
239453406.878	0.390973	−0.551619	−0.71326	0.184708
239453407.128	0.391075	−0.551601	−0.713199	0.184781
239453407.378	0.391177	−0.551584	−0.713138	0.184853
239453407.628	0.391279	−0.551566	−0.713077	0.184925
239453407.878	0.391381	−0.551548	−0.713016	0.184998
239453408.128	0.391484	−0.55153	−0.712955	0.18507
239453408.378	0.391585	−0.551512	−0.712894	0.185142
239453408.628	0.391688	−0.551494	−0.712833	0.185214
239453408.878	0.391789	−0.551477	−0.712772	0.185287
239453409.128	0.391891	−0.551459	−0.712711	0.185359
239453409.378	0.391993	−0.551441	−0.71265	0.185431

时间	q_1	q_2	q_3	q_4
239453409.628	0.392095	−0.551423	−0.712589	0.185503
239453409.878	0.392197	−0.551405	−0.712528	0.185576
239453410.128	0.392298	−0.551387	−0.712467	0.185648
239453410.378	0.3924	−0.551369	−0.712406	0.18572
239453410.628	0.392502	−0.551351	−0.712345	0.185792
239453410.878	0.392604	−0.551333	−0.712284	0.185865
239453411.128	0.392706	−0.551315	−0.712223	0.185937
239453411.378	0.392808	−0.551297	−0.712161	0.186009
239453411.628	0.39291	−0.551279	−0.7121	0.186082

1. 资源三号卫星严密成像几何模型

1）轨道观测数据的适应性改造

资源三号卫星提供的辅助数据中提供轨道数据是本体坐标系中心在 WGS84 下的位置和速度，严密成像几何模型不涉及 GPS 安置矩阵，模型可以改正为

$$
\begin{bmatrix} X \\ Y \\ Z \end{bmatrix}_{\text{WGS84}} = \begin{bmatrix} X_{\text{GPS}} \\ Y_{\text{GPS}} \\ Z_{\text{GPS}} \end{bmatrix} + \boldsymbol{R}_{\text{orbit}}^{\text{WGS84}} \boldsymbol{R}_{\text{body}}^{\text{orbit}} \left[\begin{bmatrix} d_x \\ d_y \\ d_z \end{bmatrix} + m\boldsymbol{R}_{\text{camera}}^{\text{body}} \begin{bmatrix} X \\ Y \\ Z \end{bmatrix}_{\text{camera}} \right] \tag{3.43}
$$

2）姿态观测数据的适应性改造

资源三号卫星提供的辅助数据中提供姿态为本体坐标系与 J2000 坐标系的四元数，因此，可以知道 $\boldsymbol{R}_{\text{orbit}}^{\text{WGS84}} \boldsymbol{R}_{\text{body}}^{\text{orbit}} = \boldsymbol{R}_{\text{J2000}}^{\text{WGS84}} \boldsymbol{R}_{\text{body}}^{\text{J2000}}$，则式 (3.43) 改变为

$$
\begin{bmatrix} X \\ Y \\ Z \end{bmatrix}_{\text{WGS84}} = \begin{bmatrix} X_{\text{GPS}} \\ Y_{\text{GPS}} \\ Z_{\text{GPS}} \end{bmatrix} + \boldsymbol{R}_{\text{J2000}}^{\text{WGS84}} \boldsymbol{R}_{\text{body}}^{\text{J2000}} \left[\begin{bmatrix} d_x \\ d_y \\ d_z \end{bmatrix} + m\boldsymbol{R}_{\text{camera}}^{\text{body}} \begin{bmatrix} X \\ Y \\ Z \end{bmatrix}_{\text{camera}} \right] \tag{3.44}
$$

3）探元视角的适应性改造

资源三号严密成像几何模型，表示为

$$
\begin{bmatrix} X \\ Y \\ Z \end{bmatrix}_{\text{WGS84}} = \begin{bmatrix} X_S \\ Y_S \\ Z_S \end{bmatrix}_{\text{WGS84}} + m\boldsymbol{R}_{\text{J2000}}^{\text{WGS84}} \boldsymbol{R}_{\text{body}}^{\text{J2000}} \left\{ \begin{bmatrix} d_x \\ d_y \\ d_z \end{bmatrix} + \boldsymbol{R}_{\text{camera}}^{\text{body}} \begin{bmatrix} x - x_0 - \Delta x \\ y - y_0 - \Delta y \\ -f \end{bmatrix} \right\} \tag{3.45}
$$

式中，m 为成像比例；$\begin{bmatrix} X_S & Y_S & Z_S \end{bmatrix}^T$ 为成像时卫星本体坐标系在 WGS84 坐标系下的位置矢量；$\begin{bmatrix} X & Y & Z \end{bmatrix}^T_{WGS84}$ 为像点对应地物的 WGS84 系下的物方坐标；$\boldsymbol{R}^{body}_{camera}$ 为相机坐标系在卫星本体坐标系下的安装角确定的转换矩阵；$\boldsymbol{R}^{J2000}_{body}$ 是由定姿设备(星敏和陀螺)测量处理得到的卫星本体坐标系与 J2000 坐标系转换矩阵；$\boldsymbol{R}^{WGS84}_{J2000}$ 为 J2000 坐标系相对 WGS84 坐标系的转换矩阵；$\begin{bmatrix} d_x & d_y & d_z \end{bmatrix}^T$ 分别为相机坐标系相对于卫星本体坐标系的原点偏移；(x_0, y_0) 为相机主点；f 为相机主距；$(\Delta x, \Delta y)$ 为相机像元畸变。

资源三号卫星提供的辅助数据中 CCD 探元在本体坐标系中指向是经过在轨精确标定的，因此，可以去掉模型中的 $\begin{bmatrix} d_x \\ d_y \\ d_z \end{bmatrix}$ 和 $\boldsymbol{R}^{body}_{camera}$ 两项。所以，最终产品处理模型可以修改为

$$\begin{bmatrix} X \\ Y \\ Z \end{bmatrix}_{WGS84} = \begin{bmatrix} X_{GPS} \\ Y_{GPS} \\ Z_{GPS} \end{bmatrix} + \boldsymbol{R}^{WGS84}_{orbit} \boldsymbol{R}^{orbit}_{body} \begin{bmatrix} X \\ Y \\ Z \end{bmatrix}_{camera} \tag{3.46}$$

2. 资源三号卫星严密成像几何模型的正计算

正计算是根据原始的轨道数据、姿态数据，从原始影像和每个像素对应的高程数据到一定地图投影的计算。具体表示就是建立影像上 l 行上 p 像素在 WGS84 坐标系下 $(X, Y, Z)^T$ 之间的坐标转换关系

$$(X, Y, Z)^T = sensor\_model\_func(l, p, h)$$

1) l 行积分时间计算

像点行方向坐标 l (3388.0341050000)成像时间计算。资源三号卫星系统按各行提供成像时间，根据公式(3.13)来线性内插 l 的成像时间为 239453403.79900。

2) l 行成像时刻卫星位置和速度计算

按照式(3.4)和式(3.5)，对 GPS 观测值进行内插，获得 l 行成像时刻卫星的位置和速度。

$$\begin{bmatrix} X_S \\ Y_S \\ Z_S \end{bmatrix} = \begin{bmatrix} -2439507.2828450 \\ 4757715.3284152 \\ 4324817.7236064 \end{bmatrix}$$

$$\begin{bmatrix} X_{V_S} \\ Y_{V_S} \\ Z_{V_S} \end{bmatrix} = \begin{bmatrix} -701.34992335124 \\ 4958.9680927755 \\ 5832.8080619604 \end{bmatrix}$$

3）l 行成像时刻姿态内插

资源三号卫星辅助数据提供 $\boldsymbol{R}_{\text{body}}^{\text{J2000}}$，即本体与 J 2000 坐标系的关系，利用式(3.6)内插获得 l 行成像时刻的值，与在轨标定获得的 $\boldsymbol{R}_{\text{body}}^{\text{cam}}$ 相乘，然后转换 WGS84，得到相机在 WGS84 下的指向 $\boldsymbol{R}_{\text{cam}}^{\text{WGS84}}$：

$$\boldsymbol{R}_{\text{cam}}^{\text{WGS84}} = \boldsymbol{R}_{\text{J2000}}^{\text{WGS84}} \boldsymbol{R}_{\text{body}}^{\text{J000}} \boldsymbol{R}_{\text{body}}^{\text{cam}}$$
$$= \begin{bmatrix} -0.087194525608233 & 0.93130641833055 & 0.35364596686581 \\ 0.64475931832463 & 0.32337352826996 & -0.69261459892784 \\ -0.75939616547471 & 0.16762433114179 & -0.62866489282586 \end{bmatrix}$$

式中，$\boldsymbol{R}_{\text{body}}^{\text{WGS84}}$ 为根据 l 行成像时刻姿态四元组计算。

4）l 行上 p 像素在相机坐标系的指向

像点列方向坐标 p(4041.3890380000)像素在相机坐标系中的指向，按照式(3.10)内插标定获得的各探元指向角，获得在相机坐标系的指向

$$u_1 = \begin{bmatrix} 0.00081845926556388 & -0.00031336548423954 & 0.99999961596318 \end{bmatrix}^{\text{T}}$$

5）l 行上 p 像素在地面坐标系的指向

根据 l 行姿态内插数据，计算由四元组构成的本体坐标系相对于地面坐标系的指向，如式(3.15)：

$$u_3 = \boldsymbol{R}_{\text{cam}}^{\text{WGS84}} u_1 = \begin{bmatrix} 0.35328262659856 & -0.69218795780240 & -0.62933871390291 \end{bmatrix}^{\text{T}}$$

6）l 行上 p 像素在地球模型上定位

(X, Y, Z) 为 l 行上 p 像素在地心坐标系坐标；X_s, Y_s, Z_s 为 l 行上 p 像素成像时刻相机本体坐标系原点在地心坐标系下的坐标，因此

$$\left(\frac{X_i^2 + Y_i^2}{A^2} + \frac{Z_i^2}{B^2}\right)m^2 + 2\left(\frac{X_s X_i + Y_s Y_i}{A^2} + \frac{Z_s Z_i}{B^2}\right)m + \left(\frac{X_s^2 + Y_s^2}{A^2} + \frac{Z_s^2}{B^2}\right) = 1 \qquad (3.49)$$

求解式(3.49)可得到 m；然后代入式(3.47)获得地面点坐标，该坐标为 WGS84 下的坐标，其中， $A = a+h,\ B = b+h$， a,b 为椭球系数， h 为 l 行上 p 像素的椭球高。

$$A = 6378210.0000000$$

$$B = 6356825.3140000$$

$$E_A = \left(\frac{X_i^2 + Y_i^2}{A^2} + \frac{Z_i^2}{B^2}\right) = 2.4646773475041\text{e-}014$$

$$E_B = 2\left(\frac{X_s X_i + Y_s Y_i}{A^2} + \frac{Z_s Z_i}{B^2}\right) = -3.3898339840954\text{e-}007$$

$$E_C = \left(\frac{X_s^2 + Y_s^2}{A^2} + \frac{Z_s^2}{B^2}\right) = 0.16556863669050$$

$$m = \frac{-E_B - \sqrt{E_B E_B - 4E_A E_C}}{2E_A} = 507125.74401772$$

根据公式(3.47)计算得

$$X,Y,Z = [-2260348.5679827 \quad 4406688.9953146 \quad 4005663.8600792]$$

转化为经纬度坐标，即得到为 l 行 p 像素的地面坐标为经度 117.15491173370，纬度 39.154332890557，完成影像坐标到地面坐标的定位。

3. 资源三号卫星严密成像几何模型的反计算

反计算是指某一地面点在一定地图投影的平面位置及其高程数据到原始影像像素坐标的计算。

遥感影像的总体变形看作是平移、缩放、旋转、仿射、偏扭、弯曲以及更高次的基本变形的综合作用结果，难以用一个简单的仿射变换来描述，但是对应一个无限小的局部区域，遥感影像的几何变形可以用一个包含平移、缩放和旋转关系的仿射变换来描述。

在资源三号工程中，反计算通常是基于正计算迭代解算进行的。利用光学卫星严密成像几何模型，计算地面点坐标（117.15491173370，39.154332890557，73）的像点坐标，具体步骤如下。

(1) 由于卫星原始影像的中心点和 4 个角点的影像坐标的地面点坐标已知（根据正变换计算出），则可以利用已知点代入式(3.20)，计算仿射变换参数 f_0、 f_1、 f_2、 g_0、 g_1、 g_2。

(2) 将任意一点的地面点坐标(lat, lon)即(117.15491173370，39.154332890557)代入上式得到预测的影像坐标 (x_p, y_p) 为 (12230.677558654，3397.5306697241)。

(3) 根据上文推导的光学卫星严密成像几何模型的正计算计算影像坐标 (x_p, y_p, h) 即

$(12230.677558654，3397.5306697241，73)$ 的地面点坐标 $\left(\mathrm{lat}_p，\mathrm{lon}_p\right)$ 即 $(117.15448459333，$
$39.154231360284)$。

(4) 根据 $\left(\mathrm{lat}_p，\mathrm{lon}_p\right)$ 与 $(\mathrm{lat}，\mathrm{lon})$ 之差多对应的像素 $(\mathrm{d}x，\mathrm{d}y) = (4.4732075691853$
$18.818895203499)$ 误差建立局部仿射变换模型。参与计算局部仿射变换的参数如表 3.4。

表 3.4　资源三号卫星严密模型反算示例局部仿射变换模型计算数据

行	列	经度	纬度
12230.68	3397.53067	117.1544846	39.15423
12211.86	3393.057462	117.1549511	39.15424
12249.5	3393.057462	117.1540642	39.15439
12249.5	3402.003877	117.1540181	39.15423
12211.86	3402.003877	117.154905	39.15407

(5) 根据步骤 (4) 获得仿射变换系数，求得 $(\mathrm{lat}，\mathrm{lon})$ 对象的像点坐标为 $(12214.537265085$
$3388.4527931369)$，重复步骤 (2) ～ (5) 直至满足式 (3.21) 的迭代条件时，所求得的
$\left(x_p，y_p\right)$，即 $(12214.537265085，3388.4527931369)$ 为地面点对应的像点坐标，通常迭代
2～3 次完成，计算过程。

3.4.2　资源三号卫星的 RPC 模型

资源三号卫星工程应用时，传感器校正产品的严密成像几何模型参数已知，用严密
成像几何模型建立地面点的立体空间格网和影像面之间的对应关系作为控制来求解 RPC
参数。该方法求解 RPC 参数，而不需要详细的地面控制信息，仅仅需要该影像覆盖地区
的最大高程和最小高程。试验数据采用资源三号卫星 2016 年 8 月 3 日 10 时 50 分 6 秒获
取的天津地区正视数据进行 RPC 模型计算示例。

实现流程如图 3.9 所示。

1. 建立控制格网和检查格网

该组试验是在控制点格网大小为 400 像元×400 像元，高程分 15 层，检查点格网大
小与控制点格网大小一样，位置处于控制格网的中间。试验数据区域最大高程为 69.45 m，
最小高程为–29.00 m，则高程格网间隔为 7.03 m。试验数据为 24516 像元×24576 像元，
像面格网点数为 62×62。

2. 计算格网点对应的地面坐标

利用 3.4.1 节第 3 小节介绍的资源三号卫星严密模型的反计算，计算对应格网点的地
面坐标。

表 3.5　资源三号卫星 RPC 模型控制与检查格网点坐标

控制格网			检查格网		
x	y	H	x	y	H
0	0	−29	200	200	−25.4838
400	0	−29	600	200	−25.4838
...	...	...	...	...	...
24400	0	−29	24200	200	−25.4838
0	400	−29	200	600	−25.4838
400	400	−29	600	600	−25.4838
...	...	...	...	...	...
24400	400	−29	24200	600	−25.4838
0	22800	−29	200	24200	−25.4838
400	22800	−29	600	24200	−25.4838
...	...	...	...	...	...
24400	22800	−29	24200	24200	−25.4838
0	0	−21.9676	200	200	−25.4838
400	0	−21.9676	600	200	−25.4838
...	...	...	...	...	...
24400	0	−21.9676	24200	200	−25.4838
0	400	−21.9676	200	600	−18.4514
400	400	−21.9676	600	600	−18.4514
...	...	...	...	...	...
24400	400	−21.9676	24200	600	−18.4514
0	22800	−21.9676	200	24200	−18.4514
400	22800	−21.9676	600	24200	−18.4514
...	...	...	...	...	...
24400	22800	−21.9676	24200	24200	−18.4514
0	0	69.45333	200	200	65.93714
400	0	69.45333	600	200	65.93714
...	...	...	...	...	...
24400	0	69.45333	24200	200	65.93714
0	400	69.45333	200	600	65.93714
400	400	69.45333	600	600	65.93714
...	...	...	...	...	...
24400	400	69.45333	24200	600	65.93714
0	22800	69.45333	200	24200	65.93714
400	22800	69.45333	600	24200	65.93714
...	...	...	...	...	...
24400	22800	69.45333	24200	24200	65.93714

3. 计算标准化参数

根据公式(3.29)计算格网点的地面坐标和影像坐标的标准化参数。

$D_{\text{lat\_off}}$ =38.992038246669，$D_{\text{lat\_scale}}$ = 0.27426905657575；

$D_{\text{lon\_off}}$ =117.10961866883，$D_{\text{lon\_scale}}$ =0.35100875345448；

$D_{\text{hei\_off}}$ =20.226662863264，$D_{\text{hei\_scale}}$ =49.226662863264；

s_{off} =12200.000000000，s_{scale} =12200.000000000；

l_{off} =12200.000000000，l_{scale} =12200.000000000。

4. 计算标准化参数

根据公式(3.28)将控制点和检查点的地面坐标和影像坐标标准化。

5. 线性化与构建误差方程

资源三号卫星按照分子与分母不同形式的三次多项式模型,将78个参数形式的RPC模型按照式(3.25)、式(3.26)线性化,构建误差方程。

6. 求解 RPC 参数

利用控制点求解 RPC 参数，求解结果如下。

LINE_OFF: +012200.00 pixels

SAMP_OFF: +012200.00 pixels

LAT_OFF: +38.99203825 degrees

LONG_OFF: +117.10961867 degrees

HEIGHT_OFF: +020.227 meters

LINE_SCALE: +012200.00 pixels

SAMP_SCALE: +012200.00 pixels

LAT_SCALE: +00.27426906 degrees

LONG_SCALE: +00.35100875 degrees

HEIGHT_SCALE: +049.227 meters

LINE_NUM_COEFF_1:　　　+5.5218897399284754000000000000000000000000e-004

LINE_NUM_COEFF_2:　　　-2.5737703871681716000000000000000000000000e-001

LINE_NUM_COEFF_3:　　　-1.1654540018967730000000000000000000000000e+000

LINE_NUM_COEFF_4:　　　-5.6758120933065155000000000000000000000000e-006

LINE_NUM_COEFF_5:　　　+9.9021753454663552000000000000000000000000e-004

LINE_NUM_COEFF_6:　　　-1.2027444933010095000000000000000000000000e-008

LINE_NUM_COEFF_7:　　　-9.3105780905955189000000000000000000000000e-008

LINE_NUM_COEFF_8:　　　-2.2250368044073069000000000000000000000000e-003

LINE_NUM_COEFF_9:　　　-2.3959118705096146000000000000000000000000e-004

LINE_NUM_COEFF_10:　　+4.3604948233741935000000000000000000000000e-011

LINE_NUM_COEFF_11:　　-2.2164693924105765000000000000000000000000e-011

LINE_NUM_COEFF_12:　　+5.1048072692905749000000000000000000000000e-007

LINE_NUM_COEFF_13:　　-7.4705229917809427000000000000000000000000e-007

LINE_NUM_COEFF_14:　　-9.9495124005363926000000000000000000000000e-014

LINE_NUM_COEFF_15:　　+2.1346789763509351000000000000000000000000e-006

LINE_NUM_COEFF_16:　　+2.3232065085504732000000000000000000000000e-007

LINE_NUM_COEFF_17:　　-1.4971548928686210000000000000000000000000e-013

LINE_NUM_COEFF_18:　　-1.4450786671380160000000000000000000000000e-010

LINE_NUM_COEFF_19:　　+3.3523046869399218000000000000000000000000e-011

LINE_NUM_COEFF_20:　　-1.3751711155181842000000000000000000000000e-017

LINE_DEN_COEFF_1:　　+1.0000000000000000000000000000000000000000e+000

LINE_DEN_COEFF_2:　　+3.3723285164478120000000000000000000000000e-004

LINE_DEN_COEFF_3:　　+8.4028192706608770000000000000000000000000e-005

LINE_DEN_COEFF_4:　　+6.8306673542321959000000000000000000000000e-008

LINE_DEN_COEFF_5:　　+6.0923600791406185000000000000000000000000e-006

LINE_DEN_COEFF_6:　　+2.4875450654955010000000000000000000000000e-010

LINE_DEN_COEFF_7:　　+9.4155088071687867000000000000000000000000e-010

LINE_DEN_COEFF_8:　　-6.3276174159201755000000000000000000000000e-006

LINE_DEN_COEFF_9:　　+1.1657341063491304000000000000000000000000e-006

LINE_DEN_COEFF_10:　　+2.2119896273039617000000000000000000000000e-013

LINE_DEN_COEFF_11:　　-1.7560185541135035000000000000000000000000e-011

LINE_DEN_COEFF_12:　　-8.0670672828569055000000000000000000000000e-009

LINE_DEN_COEFF_13:　　-4.1779050214850007000000000000000000000000e-007

LINE_DEN_COEFF_14:　　-2.4942342578175204000000000000000000000000e-015

LINE_DEN_COEFF_15:　　+4.5726057315104899000000000000000000000000e-009

LINE_DEN_COEFF_16:　　-6.1381554784594241000000000000000000000000e-007

LINE_DEN_COEFF_17:　　-7.7858176856379317000000000000000000000000e-015

LINE_DEN_COEFF_18:　　-6.3943395636066044000000000000000000000000e-013

LINE_DEN_COEFF_19:　　-3.7829461214719452000000000000000000000000e-011

LINE_DEN_COEFF_20:　　-2.4522645278633096000000000000000000000000e-016

SAMP_NUM_COEFF_1:　　-7.2696562745374940000000000000000000000000e-005

SAMP_NUM_COEFF_2:　　-1.1653005102242966000000000000000000000000e+000

SAMP_NUM_COEFF_3:　　+2.5425281582909570000000000000000000000000e-001

SAMP_NUM_COEFF_4:　　-1.9005422158588853000000000000000000000000e-006

SAMP_NUM_COEFF_5:　　+5.9882544865009152000000000000000000000000e-003

SAMP_NUM_COEFF_6:　　-3.7790028884633219000000000000000000000000e-007

SAMP_NUM_COEFF_7:　　+9.7717824687959894000000000000000000000000e-008

SAMP_NUM_COEFF_8:   +2.10218185232426830000000000000000000000000e-003
SAMP_NUM_COEFF_9:   -6.39342451283963420000000000000000000000000e-004
SAMP_NUM_COEFF_10:   +1.40774184931784020000000000000000000000000e-011
SAMP_NUM_COEFF_11:   +3.74561182275749350000000000000000000000000e-008
SAMP_NUM_COEFF_12:   -3.42816830376014170000000000000000000000000e-006
SAMP_NUM_COEFF_13:   -3.73356087001156420000000000000000000000000e-005
SAMP_NUM_COEFF_14:   -6.39412606982530130000000000000000000000000e-010
SAMP_NUM_COEFF_15:   -1.28843413757623720000000000000000000000000e-005
SAMP_NUM_COEFF_16:   +1.08179258744486900000000000000000000000000e-005
SAMP_NUM_COEFF_17:   +1.39465255016489190000000000000000000000000e-010
SAMP_NUM_COEFF_18:   +1.34171969173754020000000000000000000000000e-008
SAMP_NUM_COEFF_19:   -8.52218933839272710000000000000000000000000e-009
SAMP_NUM_COEFF_20:   -6.42012161751041120000000000000000000000000e-016
SAMP_DEN_COEFF_1:   +1.00000000000000000000000000000000000000000e+000
SAMP_DEN_COEFF_2:   -1.33170664666987890000000000000000000000000e-003
SAMP_DEN_COEFF_3:   -1.57964237578074920000000000000000000000000e-003
SAMP_DEN_COEFF_4:   -1.04445878381929210000000000000000000000000e-004
SAMP_DEN_COEFF_5:   -5.58770664230926470000000000000000000000000e-005
SAMP_DEN_COEFF_6:   +1.34184515207672140000000000000000000000000e-007
SAMP_DEN_COEFF_7:   +1.40644580435241090000000000000000000000000e-007
SAMP_DEN_COEFF_8:   +1.44743246092419820000000000000000000000000e-004
SAMP_DEN_COEFF_9:   +4.51215293648608900000000000000000000000000e-005
SAMP_DEN_COEFF_10:   +1.32204080666859340000000000000000000000000e-009
SAMP_DEN_COEFF_11:   -5.84022109924057480000000000000000000000000e-010
SAMP_DEN_COEFF_12:   -3.13538170585382580000000000000000000000000e-007
SAMP_DEN_COEFF_13:   +1.48889371682920660000000000000000000000000e-007
SAMP_DEN_COEFF_14:   +3.21877657596946190000000000000000000000000e-013
SAMP_DEN_COEFF_15:   -1.20122725618028970000000000000000000000000e-006
SAMP_DEN_COEFF_16:   -2.76667407368048960000000000000000000000000e-007
SAMP_DEN_COEFF_17:   +4.17725671931137960000000000000000000000000e-012
SAMP_DEN_COEFF_18:   -8.47400702646570580000000000000000000000000e-010
SAMP_DEN_COEFF_19:   -4.27934684008270870000000000000000000000000e-009
SAMP_DEN_COEFF_20:   -6.14803065461315550000000000000000000000000e-014

7. 评价模型经度

将步骤 2 计算地面点坐标,按照步骤 6 求得的 RPC 计算到像点坐标,并与格网的像点坐标对比分析,结果如表 3.6 所示。

表 3.6　资源三号卫星 RPC 模型求解精度　　　　　　　（单位：像素）

项目		X		Y		平面	
		最大	中误差	最大	中误差	最大	中误差
控制点	最大	−7.303E-04	7.684E-05	7.321E-04	−7.303E-04	7.684E-05	7.321E-04
	控制点	1.465E-04	3.670E-05	1.511E-04	1.465E-04	3.670E-05	1.511E-04
检查点	检查点	−5.740E-04	−8.147E-05	5.762E-04	−5.740E-04	−8.147E-05	5.762E-04
	控制点	1.371E-04	3.794E-05	1.422E-04	1.371E-04	3.794E-05	1.422E-04

表 3.6 表明，资源三号卫星的 RPC 模型替代平滑的严密几何模型，精度优于 0.05% 像元，满足后续摄影测量生产的需求。

第4章 卫星精密定轨方法

4.1 卫星定轨方法概述

卫星定轨手段有多种，主要包括星载 GPS 系统、激光测卫系统 SLR、无线电定位系统 DORIS、欧洲太空局的 PRARE 系统等跟踪技术和动力学定轨方法。纯动力学定轨方法是一种事后处理方式，这种方法需要同时用到地面或空中跟踪数据和作用在低轨卫星上的力学模型及低轨卫星的物理特性等信息。当测地卫星轨道高度比较低时，用一般定轨方法受地球引力场的影响较大，大气阻力干扰严重，影响卫星定轨精度。资料表明，采用动力学和地面跟踪方法，卫星轨道越低，卫星定轨精度也越低，定轨误差可达几十米，甚至超过 100 m。

从理论上讲，以上几种观测技术的观测精度都比较高，利用单一观测技术的观测值进行定轨，应该能获得较高精度的定轨结果，但实际情况往往并非如此。一般说来，SLR 技术是精度最高的一种跟踪技术，但由于观测条件限制，不能连续观测，因此，观测资料较少，影响了定轨精度。近年来，随着 GPS 技术的开发和利用，利用星载 GPS 接收机提供的相对经济、精确和连续的观测值进行低轨卫星的精密定轨，已成为轨道确定的一种有效途径。

星载 GPS 定轨方法是目前低轨卫星定轨的常用手段，有多种技术方法，用户可以根据不同的需要采用不同的定轨方法(Yunck et al.，1994；胡国荣和欧吉坤，2000；赵齐乐等，2005；彭冬菊和吴斌，2007；郭金运等，2014)。依据不同的分类标准，星载 GPS 低轨卫星定轨方法可作如下划分。

(1)根据获取定轨结果的时间，星载 GPS 定轨方法可分为实时定轨和非实时定轨两种。

实时定轨是指根据星载 GPS 接收机观测到的数据，实时地解算出观测历元时刻低轨卫星的三维位置。该法一般是基于伪距的绝对单点定位，其优点是可以实时获得定轨结果，无须存储观测数据，因而相对简单；缺点是精度较低，且地面与低轨卫星的实时数据通信较困难。

非实时定轨又称事后精密定轨，是对星载 GPS 接收机接收到的数据进行事后处理以获得低轨卫星的精密轨道的定轨方法。其突出优点是，可以对观测数据进行详细地分析和处理，易于发现和剔除数据中的粗差，可以采用精密星历，并可以和其他定轨方法相结合，因而定轨精度较高。

(2)根据是否考虑低轨卫星所受的摄动力影响及与摄动力学模型的关系，星载 GPS 低轨卫星定轨方法可分为几何法、动力学法和综合动力法三种。

a. 几何法

几何法是指不依赖于任何力学模型、完全由星载 GPS 跟踪数据和地面跟踪网获得的跟踪数据对低轨卫星定轨的方法。几何法得到的轨道是一组离散的点位，连续的轨道必须通过拟合方法给出。几何法定轨的最大特点是不受低轨卫星动力学模型误差的影响，特别对低轨卫星来说，不受大气阻力模型误差的影响，因此，定轨结果较稳定，并不像动力学定轨的结果那样随低轨卫星的高度降低而急剧下降。影响几何法定轨精度的主要因素是伪距观测值的精度、观测的卫星几何图形结构和 GPS 卫星信号的连续性、稳定性。由于几何法不涉及运动的动力学性质，所以它不能确保轨道外推的精度。

b. 动力学法

动力学法就是传统意义上的定轨方法，可以利用星载 GPS 的位置观测、伪距观测和相位观测以及对应的观测模型，给出一种有别于其他观测手段所提供的测量方程，来进行精密定轨。动力学定轨采用扩展弧段的观测数据来估计某一历元的卫星位置和速度，通过对卫星运动方程进行积分，使不同时间的观测值联系于某一历元的卫星状态参数。这要求作用于卫星的力学模型必须十分精确，否则任何力学模型误差都将带入历元状态参数估值中。一般来说，观测量离解算历元越远，力学模型的误差影响越大，积分弧段越长，则力学模型误差的影响越大。

c. 综合动力法

为了解决动力学定轨中动力学模型误差及几何法中存在的问题，Yunck 等(1994)提出了将动力学法与几何法联合起来的综合动力学定轨方法。该方法充分吸收了几何定轨法和动力学法的优点，用卡尔曼滤波形式，把分批滤波后得到的动力学轨道作为参考轨道，又在后续的序贯滤波、平滑过程中附加了过程噪声参数来吸收动力学模型中没有考虑到的摄动因素和没有被精确模型化的动力学模型误差。通过在动力学模型和 GPS 观测值提供的几何信息之间的最优选权，使得纯动力学模型的影响被消弱了，所以这种方法又称归化动力法(Svehla and Rothacher, 2002；Kang et al.，2003；Jäggi et al.，2007)。综合动力法定轨的困难在于如何选择适当的过程噪声。

用几何法、动力学法及综合动力法定轨的结果比较见图 4.1。

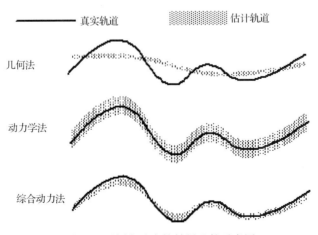

图 4.1　不同方法定轨结果比较示意图

(3)根据相应的 GPS 定位模式,星载 GPS 定轨方法又可分为非差法、双差法和三差法。

非差法是指只利用星载 GPS 卫星上的观测信息,与地面站无关,不需要和地面形成共视弧段,定轨模型简单,可以实现卫星的自主导航。但需利用地面 IGS 网的数据首先估计大量的 GPS 卫星钟差参数(或直接利用 IGS 提供的钟差改正),这就意味着 GPS 钟差误差将不可避免地传播到低轨卫星的轨道确定中。

双差法定轨是在低轨卫星和地面测站间形成双差观测值,能够消去所有的 GPS 卫星钟差参数和低轨卫星钟差参数,有效地减弱卫星轨道误差、钟差、大气折射误差等一些系统性误差的影响。其最重要的优点是能够将模糊度固定为整数,从而有可能改进定轨精度。但该方法依赖于地面站的观测资料,不能充分利用观测值,不能实现卫星的自主定轨。

三差法是对双差观测值进行历元间求差,消去了整周模糊度,从而可以建立有效的处理算法。该法的缺点是增大了观测噪声,并且需要有效的算法来处理历元间存在的相关性。

4.2　星载 GPS 定轨原理

4.2.1　卫星观测模型

1. GPS 基本观测量

GPS 观测值类型与 GPS 接收机的类型有关。单频 GPS 接收机只能提供 C/A 码和 L1 载波相位观测值;对于星载 GPS 双频接收机,一般可以同时提供 C/A 码,P1、P2 码伪距,以及 L1、L2 载波相位观测值。

1) 测码伪距观测方程

码观测是测量 GPS 卫星发射的测距码信号(C/A 码或 P 码)到达 GPS 接收机天线(观测站)的传播时间,将从发射时刻 t 到 GPS 接收机接收的时刻 T 的时间差(即信号传播时间)乘以光速,即得码伪距观测值。对于高度在 300 km 以上的低轨卫星,GPS 观测不再受到对流层的影响,观测方程可表示为

$$P_i = \rho + \Delta_{\text{iono},i} + c(\text{d}t - \text{d}T) + \varepsilon_{P_i} \tag{4.1}$$

式中,P_i 为伪距观测值,$i = 1, 2$;$\rho = \left\| X^S - X \right\|$,$X^S$ 为 GPS 卫星位置向量,X 为 GPS 接收机天线相位中心位置向量;$\Delta_{\text{iono},i}$ 为电离层延迟影响;c 为光速;$\text{d}t$ 和 $\text{d}T$ 分别为接收机钟差和卫星钟差;ε_{P_i} 为伪距观测噪声,包括多路径误差等影响。

2) 测相伪距观测方程

载波相位观测值为 GPS 接收机接收到的 GPS 卫星载波信号与接收时刻接收机产生

的本振载波相位的差值。对于高度在 300 km 以上的低轨卫星，L1、L2 载波相位观测方程可表示为

$$\lambda_i L_i = \rho - \lambda_i N_i - \Delta_{\text{iono},i} + c(\mathrm{d}t - \mathrm{d}T) + \varepsilon_{L_i} \tag{4.2}$$

式中，L_i 为载波相位观测值，$i = 1, 2$；λ_i 为载波相位波长；N_i 为整周模糊度；ε_{L_i} 为载波相位观测噪声，包括多路径误差等影响，式中其他各项含义同式(4.1)。

根据经验，码观测的量测精度大约是一个码元长度的 1%，由于测距码的码元长度较长，因此量测精度不高。对 P 码而言，量测精度约为 30 cm，对 C/A 码而言则为 3 m 左右。而载波相位的波长要短得多，载波相位观测值的精度比伪距观测值高 100 倍左右，从而载波相位观测值成为星载 GPS 低轨卫星精密定轨的基本观测量。

2. 误差源与改正模型

星载 GPS 观测量中含有各类误差，大体可分为三类：①与电磁波传播有关：包括电离层折射和多路径效应。②与频率有关：包括相对论效应、卫星和接收机钟差。③与参考系有关：包括轨道误差、天线相位中心偏差。在这些误差源中，有些可以用模型精确改正，有些可以用一定方法消除或减弱，有些则必须用参数模拟。

1) 与电磁波传播有关的误差

a. 电离层折射

GPS 信号在电离层中的传播延迟与信号传播路径上的电子含量和信号频率有关，主要影响因素是太阳活动与地磁场，因而电离层折射效应与信号频率、测站的地理位置及观测时间有关。载波相位信号受电离层影响的折射系数

$$n_{\mathrm{p}} = 1 - 40.28 \frac{n_{\mathrm{e}}}{f^2} \tag{4.3}$$

式中，n_{e} 为信号传播路径上的电子含量；f 为载波频率。

电离层对码相位传播的影响(群延)在一阶量级上与载波相位的传播影响相等，但符号相反。

$$n_{\mathrm{g}} = 1 + 40.28 \frac{n_{\mathrm{e}}}{f^2} \tag{4.4}$$

在整个传播路径 S 上积分得到电离层对码伪距观测值 R 的影响为

$$\delta\rho_{\mathrm{g}} = \int_s (n_{\mathrm{g}} - 1)\mathrm{d}s \tag{4.5}$$

由式(4.4)和式(4.5)，可得

$$\delta\rho_{\mathrm{g}} = \frac{40.28}{f^2} \int_s n_{\mathrm{e}}\mathrm{d}s \tag{4.6}$$

相应地，电离层对载波相位观测伪距的影响为

$$\delta\rho_{\mathrm{p}} = \frac{40.28}{f^2}\int_s n_{\mathrm{e}}\mathrm{d}s \tag{4.7}$$

因而，由于电离层的影响，从码观测得出的伪距变长，而载波相位观测中得出的伪距则变短。

待求积分可通过两个频率的伪距观测 $R_1 = R(\mathrm{L}_1)$ 与 $R_2 = R(\mathrm{L}_2)$ 确定：

$$\begin{cases} R = R_1 - \delta\rho_{\mathrm{g},1} \\ R = R_2 - \delta\rho_{\mathrm{g},2} \end{cases} \tag{4.8}$$

将式 (4.6) 代入上式，从双频观测值中得出 L_1 频率的码相位观测伪距的改正量：

$$\delta\rho_{g,1} = \frac{R_1 - R_2}{1 - \left(f_1^2 / f_2^2\right)} \tag{4.9}$$

式 (4.9) 称为一阶电离层折射改正，改正后模型残余误差仅仅几厘米，因此，GPS 测量中的电离层可以通过双频观测很好地模型化。

b. 多路径效应

多路径效应通常也叫多路径误差，即接收机天线，除直接收到卫星发射的信号外，还可能接收到经天线周围地物一次或多次反射的卫星信号。两种信号叠加，将会引起测量参考点(相位中心)位置的变化，从而使观测量产生误差，而且这种误差随天线周围反射面的性质而异，难以控制。利用星载 GPS 观测数据进行低轨卫星精密定轨时，一般不考虑多路径效应的影响。

2) 与频率有关的误差

a. 相对论效应

由于 GPS 卫星、接收机所在位置(低轨卫星)的地球引力位不同，以及 GPS 卫星和接收机在惯性空间中的运动速度不同，因此，导致卫星钟频率产生视漂移。这个效应可分为常量漂移和周期漂移两部分。常量漂移部分已在星钟发射前通过降低频率来消除。周期漂移部分可表示为

$$\Delta\rho_{\mathrm{rel}} = \frac{2}{c}(r_l \cdot \overline{v}_l - \overline{r}_h \cdot \overline{v}_h) \tag{4.10}$$

式中，$\Delta\rho_{\mathrm{rel}}$ 为狭义相对论改正；$\overline{r}_l$、$\overline{v}_l$ 为测站(地面站或低轨卫星)的位移和速度；$\overline{r}_h$、$\overline{v}_h$ 为 GPS 卫星的位移和速度；c 为光速。

b. GPS 卫星钟差和接收机钟差

由于卫星的位置是时间的函数，所以 GPS 观测量均以精密测时为依据。而与卫星位置相应的时间信息，是通过卫星信号的编码信息传送给用户的。在 GPS 定位中，无论是

码相位观测还是载波相位观测，均要求卫星钟与接收机钟保持严格同步。

GPS 卫星钟差可在 GPS 卫星星历中获得，目前国际 GPS 服务组织提供高精度的 GPS 卫星钟差，在事后精密定轨中可以直接使用该钟差，也可利用全球 IGS 站跟踪数据解算该钟差。低轨卫星钟差可作为待估参数，也可通过差分方式消除。

3）与参考系有关的误差

a. 轨道误差

卫星轨道误差是指用卫星星历表示的卫星轨道与真正轨道之间的误差值。轨道误差主要取决于跟踪网的规模、跟踪站的分布、跟踪方法以及轨道计算的数学模型与软件等因素。卫星星历有广播星历和精密星历两种。

GPS 广播星历是利用 5 个监测站提供的伪距数据计算卫星轨道和卫星钟参数，然后用卡尔曼滤波器向前预推得到的。广播星历包括相对某一参考历元的开普勒轨道参数和必要的轨道摄动改正项参数，由此可以计算出所需时刻的卫星坐标，其精度随着该时刻与星历参考时刻的时间间隔的增加而降低。

GPS 精密星历是根据全球 GPS 跟踪网的观测数据解算出的卫星轨道，可直接通过互联网获取。为满足不同情况的需求，IGS 提供了不同时间延迟和精度的多种形式的 GPS 卫星星历及钟差产品，详细信息见表 4.1。另外，CODE 等机构还提供了 30 秒的高频钟差产品。

表 4.1　IGS 轨道产品

卫星星历、星钟和站钟	精度		时间延迟	采用间隔
广播星历	轨道	～2 m	实时	每天
	星钟	～7 ns		
超快速(半预报)星历	轨道	～10 cm	实时	15 分钟
	星钟	～5 ns		
超快速(半观测)星历	轨道	<5 cm	3 小时	15 分钟
	星钟	<0.2 ns		
快速星历	轨道	<5 cm	17 小时	15 分钟
	星、站钟	<0.1 ns		5 分钟
最终星历	轨道	<5 cm	～13 天	15 分钟
	星、站钟	<0.1 ns		5 分钟

b. 天线相位中心偏差

GPS 观测量是相对于卫星和接收机的天线相位中心的，而卫星轨道给出的是卫星质心的坐标，接收机的相位中心与几何中心之间也有一定的偏差。因此，建立观测方程时要考虑卫星和接收机天线相位中心偏差改正。相位中心偏差改正可以通过改正卫星或接收机坐标实现，也可以直接改正观测值。

卫星天线相位中心相对于卫星质量中心的偏差常以星固系中的偏差向量 α 给出。假定在惯性坐标系中，星固坐标系轴的单位矢量为 $\vec{e}_x$，$\vec{e}_y$，$\vec{e}_z$，则表示在惯性坐标系中的天线相位中心偏差为

$$\Delta\vec{r}_{\text{sant}} = (\vec{e}_x\ \vec{e}_y\ \vec{e}_z)\cdot\alpha \tag{4.11}$$

已知卫星质心的位置 $\vec{r}_s$，即卫星星历坐标，则相位中心的惯性坐标为

$$\vec{r}_{\text{sant}} = \vec{r}_s + \Delta\vec{r}_{\text{sant}} \tag{4.12}$$

根据资源三号卫星研制文件，其 GPS 天线相位中心在星固系中的偏差见表 4.2。

表 4.2　GPS 天线相位中心偏差

卫星	Δx /m	Δy /m	Δz /m
资源三号	−1.***	−0.***	0.***

3. 观测量的线性组合

假定已有两个频率的 P 码伪距和载波相位观测值 P_1、P_2、L_1 和 L_2，在星载 GPS 定轨中常用到以下线性组合。

1）消电离层组合观测值

$$P_3 = \frac{1}{f_1^2 - f_2^2}(f_1^2 P_1 - f_2^2 P_2) \tag{4.13}$$

$$L_3 = \frac{1}{f_1^2 - f_2^2}(f_1^2 L_1 - f_2^2 L_2) \tag{4.14}$$

式中，P_3、L_3 为消电离层组合观测值；f_1、f_2 分别为 L_1、L_2 载波频率。

用消电离层组合可以消除一阶电离层的影响，显著改善定轨精度，因此，是星载 GPS 低轨卫星定轨中的基本观测量。需要注意的是，这种组合中模糊度已不具备整数特性。

2）相位的电离层残差组合或称与几何距离无关组合 L_4

$$L_4 = L_1 - L_2 \tag{4.15}$$

这一组合消除了轨道误差、接收机和卫星钟误差及对流层误差影响，仅包含电离层和两个频率间的实数模糊度的影响。因此，在星载 GPS 定轨中常被用来进行电离层研究、数据编辑与周跳探测等。

3）相位的宽巷组合 L_5

$$L_5 = \frac{1}{f_1 - f_2}\left(f_1 L_1 - f_2 L_2\right) \tag{4.16}$$

这个组合的波长为 0.86 cm，且模糊度为整数。在求定宽巷模糊度后，可以将其引入消电离层组合中，以分解每个频率上的模糊度值。

4）Melboune-Wubben（MW）组合

$$L_6 = \frac{1}{f_1 - f_2}\left(f_1 L_1 - f_2 L_2\right) - \frac{1}{f_1 + f_2}\left(f_1 P_1 + f_2 P_2\right) \tag{4.17}$$

在星载 GPS 低轨卫星定轨中，相位和伪距的这一组合常被用来进行模糊度分解和周跳的探测与修正。

4.2.2　卫星摄动力模型

卫星在围绕地球运动的过程中会受到多种作用力的影响。总的来讲，这些作用力可分为两大类：一类为保守力，另一类为耗散力，或称非保守力（刘林，1992；李济生，1995）。保守力包括地球引力，日、月、行星对卫星的引力，以及地球的潮汐现象导致的引力场变化等；对于保守力，可以使用"位函数"来描述。耗散力包括太阳光压、大气阻力等；对于耗散力则不存在"位函数"，只能直接使用这些力的表达式。在这些作用力下，卫星总的加速度为

$$\vec{a} = \vec{a}_{\text{TB}} + \vec{a}_{\text{NB}} + \vec{a}_{\text{NS}} + \vec{a}_{\text{TD}} + \vec{a}_{\text{RL}} + \vec{a}_{\text{SR}} + \vec{a}_{\text{DG}} \tag{4.18}$$

式中，$\vec{a}$ 表示卫星摄动加速度，下标表示不同的卫星摄动力；TB 表示二体问题作用力；NB 表示 N 体问题作用力，即月球、太阳和除地球之外的其他行星对卫星的吸引力；NS 表示地球非球形部分对卫星的吸引力；TD 表示地球潮汐（包括固体潮、海潮和大气潮）引起的卫星摄动力；RL 表示相对论效应；SR 表示太阳辐射压力；DG 表示地球大气对卫星的阻力。

1. 二体问题的加速度

卫星和地球均看作质点，它们之间的作用力是万有引力，引力的表达式为

$$\vec{a}_{\text{TB}} = -\frac{GM_E}{r^3}\vec{r} \tag{4.19}$$

式中，G 为万有引力常数；M_E 为地球质量；$\vec{r}$ 为卫星的地心向径。

2. N体摄动

卫星在围绕地球运行时，不但受到中心天体地球引力的影响，而且还受到月球、太阳和其他行星引力的影响。这里，把中心天体地球之外的其他天体称为摄动天体，人造地球卫星称为被摄动体。摄动天体、中心天体和被摄动体都看作是质点。假设在惯性体系中，$\vec{r}$ 为卫星坐标矢量，$\vec{r}_j$ 和 M_j 为摄动天体坐标矢量和质量，则摄动天体对卫星产生的摄动加速度为

$$\vec{a}_{\mathrm{NB}} = -\sum_{j=1}^{n} \mathrm{GM}_j \left(\frac{\vec{r}_j}{r_j^3} + \frac{\vec{\Delta}_j}{\Delta_j^3} \right) \tag{4.20}$$

式中，$\vec{\Delta}_j = \vec{r} - \vec{r}_j$。

3. 地球非球形摄动与潮汐摄动

把地球作为质点计算卫星所受的加速度，即所谓的二体问题。但实际上地球内部质量分布不均匀，而且它的形状也不是一个正球体，是近似的一个椭球体。另外，由于地球本身不是一个刚体，在日、月引力作用下，地球内部和地球表面的海洋及大气都发生潮汐现象。潮汐使地球的质量分布随时间而变化，所以地球引力的位函数成为时间的函数。地球非球形部分的引力和潮汐引起的地球质量再分布对卫星运动都产生重要影响，在精密定轨的动力学模型中是不可忽视的。

由于地球引力是保守力，所以其摄动加速度能表示成位函数 V 的梯度

$$\nabla V = \nabla (V_{\mathrm{s}} + \Delta V_{\mathrm{st}} + \Delta V_{\mathrm{ot}} + \Delta V_{\mathrm{rd}}) \tag{4.21}$$

式中，∇V 表示在地固坐标系中的梯度；V_{s} 为地球引力的位函数；ΔV_{st} 为固体潮引起的地球位函数的变化部分；ΔV_{ot} 为海潮引起的地球函位数的变化部分；ΔV_{rd} 为地球旋转变形引起的地球位函数的变化部分。

1）地球非球形摄动

众所周知，地球是一个密度分布不均匀的非球形天体，设卫星的经纬度为 λ、φ，则地球引力位在地固坐标系中的球谐函数展开式为

$$V_{\mathrm{s}} = V_0 + V'$$

$$= \frac{\mathrm{GM}_{\mathrm{E}}}{r} + \frac{\mathrm{GM}_{\mathrm{E}}}{r} \left\{ \sum_{n=2}^{\infty} C_{n_0} \left(\frac{R_{\mathrm{E}}}{r} \right)^n P_{n(\sin\varphi)} + \sum_{n=2}^{\infty} \sum_{m=1}^{n} \left(\frac{R_{\mathrm{E}}}{r} \right)^n P_{nm(\sin\varphi)} [C_{nm} \cos m\lambda + S_{nm} \sin m\lambda] \right\} \tag{4.22}$$

式中，V_0 为二体引力位，即把卫星和地球看作质点两者之间的万有引力位；V' 为非球形摄动引力位；$P_{nm(\sin\varphi)}$ 为勒让德多项式；C_{nm} 和 S_{nm} 为球谐系数；R_{E} 为地球赤道的平均

半径；M_E 为地球质量，都是常数，它们代表地球内部的质量分布情况。为了便于计算，将式 (4.22) 进行规则化，则地球非球形部分的摄动函数为

$$V' = \frac{GM_E}{r} \left\{ \sum_{n=2}^{\infty} \bar{C}_{n_0} \left(\frac{R_E}{r} \right)^n \bar{P}_{n(\sin\varphi)} + \sum_{n=2}^{\infty} \sum_{m=1}^{n} \left(\frac{R_E}{r} \right)^n \bar{P}_{nm(\sin\varphi)} [\bar{C}_{nm} \cos m\lambda + \bar{S}_{nm} \sin m\lambda] \right\} \quad (4.23)$$

式中，$\bar{C}_{n_0}$ 为归一化的引力场系数；$\bar{P}_{nm(\sin\varphi)}$ 为归一化的勒让德多项式；V' 的梯度 $\mathrm{grad}V'$ 即地球非球形引力摄动加速度；r, φ, λ 为卫星的地心距、地心经度和纬度。

2) 潮汐摄动

在日、月引力影响下，地球的弹性形变表现为固体潮、海潮和大气潮，固体潮源于地球陆地部分发生的弹性形变，它可使地球外壳的起伏振幅达到 20~30 cm。固体潮的存在除影响地球自转外，还对卫星的轨道产生两种直接影响：一是地壳的起伏和位移使得地面跟踪站的位置发生改变，称"几何潮汐"，这一改正在测量模型中消除；另一种影响是固体潮使得地球内部质量分布随时间变化，从而使得地球的引力场也随时间变化，这一影响称为动力潮汐。在日、月引力潮的影响下，海洋发生潮汐涨落现象，海潮的发生导致海水质量的重新分布。而质量的重新分布便造成了地球外部引力位的变化，同样，围绕在地球外部的大气也有潮汐现象，它是由两种原因造成的：①月球和太阳引力形成的引力潮位；②太阳的热源，而后者是大气潮汐的主要原因。在三种潮汐摄动中，大气摄动潮汐最小，仅有固体潮对卫星轨道摄动影响的 2.5%，大气潮摄动可并入海潮摄动，只修正相应的海潮波潮汐系数。

目前潮汐模型大多以 Wah 模型为基础，该模型是以地球引力场位函数展开式系数的变化来表达的。

固体潮引起地球外部引力位的变化为

$$\Delta V_{\mathrm{st}} = \frac{GM_E}{R_E^2} \sum_{n=2}^{(3)} \sum_{m=0}^{n} \sum_{k(n,m)} H_k \mathrm{e}^{i(\Theta_k + \chi_k)} k_k^0 \left[\left(\frac{R_E}{r} \right)^{n+1} Y_m^n(\varphi, \lambda) + k_k^+ \left(\frac{R_E}{r} \right)^{n+3} Y_m^{n+2}(\varphi, \lambda) \right] \quad (4.24)$$

式中，$Y_m^n(\varphi, \lambda) = (-1)^m \sqrt{\frac{(2n+1)}{4\pi} \frac{(n-m)!}{(n+m)!}} P_{nm}(\sin\varphi) \mathrm{e}^{im\lambda}$；$H_k$ 为与频率相关的分波潮 k 的振幅；k_k^0, k_k^+ 为分波潮 k 的勒夫数；Θ_k, χ_k 为分波潮 k 的幅角和相位改正，其中

$$\chi_k = \begin{cases} 0 & \text{当} n-m \text{为偶数} \\ -\pi/2 & \text{当} n-m \text{为奇数} \end{cases}$$

上述固体潮引起的地球非球形引力位的系数变化为

$$\Delta \bar{C}_{nm} = \frac{(-1)^m}{R_E \sqrt{4\pi(2-\delta_{0m})}} \sum_k k_k^0 H_k \begin{cases} \cos\Theta_k & \text{当} n-m \text{为偶数} \\ \sin\Theta_k & \text{当} n-m \text{为奇数} \end{cases}$$

$$\Delta \bar{S}_{nm} = \frac{(-1)^m}{R_{\mathrm{E}} \sqrt{4\pi(2-\delta_{0m})}} \sum_k k_k^0 H_k \begin{cases} -\sin\Theta_k & \text{当} n-m \text{为偶数} \\ \cos\Theta_k & \text{当} n-m \text{为奇数} \end{cases}$$

式中，δ_{0m} 为 Kronecker 函数；$\Delta \bar{C}_{nm}$、$\Delta \bar{S}_{nm}$ 表示由于潮汐引起的地球引力位随时间的变化量。

海潮引起地球外部引力位的变化为

$$\Delta V_{\mathrm{ot}} = 4\pi G \rho_{\mathrm{w}} R_{\mathrm{E}} \sum_k \sum_{n=0}^{\infty} \sum_{m=0}^{n} \sum_{+}^{-} \frac{1+k_n'}{2n+1} \left(\frac{R_{\mathrm{E}}}{r}\right)^{n+1} \tag{4.25}$$
$$\times \left[C_{knm}^{\pm} \cos(\Theta_k \pm m\lambda) + S_{knm}^{\pm} \sin(\Theta_k \pm m\lambda) \right] P_{nm}(\sin\varphi)$$

式中，Θ_k 为分波潮 k 的幅角；ρ_{w} 为海水平均密度；k_n' 为负荷形变系数；$C_{knm}^{\pm}$、$S_{knm}^{\pm}$ 分别为未规一化的"顺行波"和"逆行波"的系数。

上述海潮引起的地球非球形引力位的系数变化为

$$\Delta \bar{C}_{nm} = F_{nm} \sum_k A_{knm}$$

$$\Delta \bar{S}_{nm} = F_{nm} \sum_k B_{knm}$$

式中，F_{nm}、A_{knm} 和 B_{knm} 定义如下：

$$F_{nm} = \frac{4\pi R_{\mathrm{E}}^2 \rho_{\mathrm{w}}}{M_{\mathrm{E}}} \sqrt{\frac{(n+m)}{(n-m)!(2n+1)(2-\delta_{0m})}} \frac{1+k_n'}{2n+1}$$

$$\begin{bmatrix} A_{knm} \\ B_{knm} \end{bmatrix} = \begin{bmatrix} C_{knm}^+ + C_{knm}^- \\ S_{knm}^+ - S_{knm}^- \end{bmatrix} \cos\Theta_k + \begin{bmatrix} S_{knm}^+ + S_{knm}^- \\ C_{knm}^- - C_{knm}^+ \end{bmatrix} \sin\Theta_k$$

在地球非球形部分摄动位函数中，系数 $\bar{C}_{nm}$、$\bar{S}_{nm}$ 表明了地球内部质量的表态分布情况。这些系数都是常数，但是由于潮汐等原因，使得地球内部的质量分布随时间而变化，从而使地球外部的引力场也随时间而变化。因此，系数 $\bar{C}_{nm}$、$\bar{S}_{nm}$ 不再是常数，而成为时间的函数。

3）地球自转形变摄动

潮汐影响地球的自转和离心力的变化，从而引起地球旋转的不均匀性，使地球发生弹性形变，这种地球自转形变导致离心力位 V_{c} 的变化

$$V_{\mathrm{c}} = \frac{1}{3} \omega^2 r^2 + \Delta V_{\mathrm{c}} \tag{4.26}$$

式中，

$$\Delta V_c = \frac{r^2}{6}(\omega_1^2 + \omega_2^2 - 2\omega_3^2)P_{20}(\sin\varphi) - \frac{r^2}{3}(\omega_1\omega_3\cos\lambda + \omega_2\omega_3\sin\lambda)P_{21}(\sin\varphi)$$
$$+ \frac{r^2}{12}(\omega_2^2 - \omega_1^2\cos 2\lambda - 2\omega_{12}\omega_{23}\sin 2\lambda)P_{22}(\sin\phi)$$

其中，$\omega_1 = \Omega m_1$，$\omega_2 = \Omega m_2$，$\omega_3 = \Omega(1+m_3)$，$\omega^2 = (\omega_1^2 + \omega_2^2 + \omega_3^2)$，$\Omega$ 是地球旋转的平均角速度，m_1 和 m_2 与地球极移运动有关，m_3 描述旋转角速度的变化，它们与地球自转参数的关系表达式为 $m_1 = x_p$，$m_2 = -y_p$，$m_3 = \dfrac{\mathrm{d}(\mathrm{UT1} - \mathrm{TAI})}{\mathrm{d}(\mathrm{TAI})}$。

在式（4.26）中，第一项可忽略，地球自转形变引起地球外部引力位的变化为

$$V_{\mathrm{rd}} = \left(\frac{R_{\mathrm{E}}}{r}\right)^3 k_2 \Delta V_c(R_{\mathrm{E}}) \tag{4.27}$$

上述变化引起地球非球形引力位的系数变化为

$$\Delta C_{20} = \frac{R_{\mathrm{E}}^2}{6GM_{\mathrm{E}}}[m_1^2 + m_2^2 - 2(1+2m_3)^2]\Omega^2 k_2 \approx \frac{R_{\mathrm{E}}^2}{3GM_{\mathrm{E}}}(1+2m_3)^2\Omega^2 k_2$$

$$\Delta C_{21} = \frac{-R_{\mathrm{E}}^2}{3GM_{\mathrm{E}}}m_1(1+m_3)\Omega^2 k_2 \approx \frac{-R_{\mathrm{E}}^2}{3GM_{\mathrm{E}}}m_1\Omega^2 k_2$$

$$\Delta S_{21} = \frac{-R_{\mathrm{E}}^2}{3GM_{\mathrm{E}}}m_2(1+m_3)\Omega^2 k_2 \approx \frac{-R_{\mathrm{E}}^2}{3GM_{\mathrm{E}}}m_2\Omega^2 k_2$$

$$\Delta C_{22} = \frac{-R_{\mathrm{E}}^2}{12GM_{\mathrm{E}}}(m_2^2 - m_1^2)\Omega^2 k_2 \approx 0$$

$$\Delta S_{22} = \frac{-R_{\mathrm{E}}^2}{6GM_{\mathrm{E}}}(m_2 m_1)\Omega^2 k_2 \approx 0$$

综上所述，地球引力位在地固坐标系中的球谐函数展开式可表示为

$$V = \frac{GM_{\mathrm{E}}}{r} + \frac{GM_{\mathrm{E}}}{r}\left\{\sum_{n=2}^{\infty}(\bar{C}_{n0} + \Delta\bar{C}_{n0})\left(\frac{R_{\mathrm{E}}}{r}\right)^n \bar{P}_{n(\sin\varphi)}\right.$$
$$\left. + \sum_{n=2}^{\infty}\sum_{m=1}^{n}\left(\frac{R_{\mathrm{E}}}{r}\right)^n \bar{P}_{nm(\sin\varphi)}[(\bar{C}_{nm} + \Delta\bar{C}_{nm})\cos m\lambda + (\bar{S}_{nm} + \Delta\bar{S}_{nm})\sin m\lambda]\right\} \tag{4.28}$$

式中，$\Delta\bar{C}_{n0}$、$\Delta\bar{C}_{nm}$ 和 $\Delta\bar{S}_{nm}$ 为固体潮、海潮和地球自转形变引起的球谐系数的周期变化。

4) 相对论效应摄动

广义相对论认为，引力场是与非惯性系等价的。引力场使时空弯曲。由于不可能把地心看作是无质量的质点，所以建立在地心上的任何坐标系实质上都是非惯性系。但是，人造地球卫星的运动是在地心坐标系中描述的，因此，只能建立一个局部的广义相对论框架下的非旋转地心坐标系。在卫星动力学方面，相对论效应使卫星在非旋转地心坐标系中的运动方程增加了一项相对论效应加速度：

$$
\begin{aligned}
a_{\mathrm{REL}} = \frac{\mathrm{GM_E}}{c^2 r^3} &\left\{ \left[2(\beta+\gamma)\frac{\mathrm{GM_E}}{r} - \gamma\dot{r}\cdot\dot{r} \right]r + 2(1+\gamma)(r\cdot\dot{r})\dot{r} \right\} \\
&+ (1+\gamma)\frac{\mathrm{GM_E}}{c^2 r^3}\left[\frac{3}{r^2}(r\times\dot{r})(r\cdot J) + (\dot{r}\times J) \right] \\
&+ \left\{ (1+2\gamma)\left[\dot{R}\times\left(\frac{-\mathrm{GM_S}R}{c^2 R^3} \right) \right]\times\dot{r} \right\}
\end{aligned}
\tag{4.29}
$$

式中，c 为光速；β、γ 为相对论参数，随不同引力理论而异，对 Einstein 广义相对论言，$\beta=\gamma=1$；r 为卫星的地心位置矢量；$\dot{r}$ 为卫星的地心速度矢量；R 为地球的日心位置矢量；$\dot{R}$ 为地球的日心速度矢量；J 为地球单位质量的角动量矢量，其模约为 $9.8\times10^8(\mathrm{m}^2/\mathrm{s})$；$\mathrm{GM_E}$ 为地球引力常数；$\mathrm{GM_S}$ 为太阳引力常数。

5) 太阳辐射压力摄动

太阳辐射压力摄动是由于太阳光辐射到卫星上对卫星产生压力造成的，也称光压摄动。轨道高度在 800 km 以上的卫星，太阳光压摄动是卫星摄动的主要摄动源，其影响超过了大气阻力。

a. Box-wing 模型

太阳光压 Box-wing 模型表示为

$$
a_{\mathrm{SR}} = -P\frac{\alpha v}{m}\sum_{i=1}^{n_f} A_i\cos\theta_i\left[2\left(\frac{\delta_i}{3} + \rho_i\cos\theta_i \right)\hat{n}_i + (1-\rho_i)\hat{s} \right]
\tag{4.30}
$$

式中，P 为太阳辐射流量；α 太为太阳光压系数，一般作为待估参数；v 为卫星的地影因子（$v=0$ 表示卫星完全在地影中，$v=1$ 卫星在日光中，$0<v<1$ 表示卫星部分在地影中）；m 为卫星质量；A_i 为平面 i 表面积；θ_i 为平面 i 的法向与卫星到太阳之间的夹角；$\hat{n}_i$ 为平面 i 的法向矢量；$\hat{s}$ 为卫星到太阳的方向矢量；δ_i 为平面 i 的散射系数；ρ_i 为平面 i 的反射系数；n_f 为卫星平面的总个数。

b. BERN 9 参数光压模型

BERN 9 参数模型为 GNSS 精密定位软件 BERNESE 5.0 采用的光压模型，用于低轨卫星定轨时，该模型表示为

$$
\begin{aligned}
a_{SR} &= a_D + a_Y + a_X \\
a_D &= (a_{D0} + a_{DC} \cdot \cos u + a_{DS} \cdot \sin u) \cdot e_D = D(u) \cdot e_D \\
a_Y &= (a_{Y0} + a_{YC} \cdot \cos u + a_{YS} \cdot \sin u) \cdot e_Y = D(u) \cdot e_Y \\
a_X &= (a_{X0} + a_{XC} \cdot \cos u + a_{XS} \cdot \sin u) \cdot e_X = D(u) \cdot e_X
\end{aligned}
\tag{4.31}
$$

式中，a_{D0}，a_{DC}，a_{DS}，a_{Y0}，a_{YC}，a_{YS}，a_{X0}，a_{XC}，a_{XS} 是待求的 9 个光压参数；e_D 为太阳至卫星的单位向量；$e_Y = \dfrac{e_D \times \vec{r}}{|e_D \times \vec{r}|}$；$e_X = e_Y \times e_D$；$X$、$Y$、$D$ 轴成右手系；u 是在时间 t 上卫星的纬度。

该模型虽为太阳光压模型，但实际定轨中吸收了其他未模型的误差，在低轨卫星定轨时，通常使用该光压模型和伪随机脉冲参数模型，用以计算太阳光压、大气阻力等引起的摄动加速度。

6）大气阻力摄动

在几种摄动力中，大气阻力是耗散力，对近地卫星而言，它的影响非常显著，是近地卫星的主要摄动源之一。大气阻力产生的摄动加速度为

$$
a_{DG} = -\frac{1}{2} \rho \frac{C_d}{m} V_r \vec{V}_r \sum_{i=1}^{n_f} A_i \cos \theta_i
\tag{4.32}
$$

式中，ρ 为大气密度；$\vec{V}_r$ 为卫星相对大气的速度；V_r 为 $\vec{V}_r$ 的值；m 为卫星质量；C_d 为大气阻力系数；A_i 为卫星的截面积在垂直于轨道的平面上的投影；θ_i 为平面 i 的法向与卫星到太阳之间的夹角；n_f 为卫星平面的总个数。

7）经验摄动模型

卫星运动过程中受力非常复杂，无法准确地模型化非保守力。为了弥补一些作用在卫星上但未能精确模型化的力学因素的影响，通常在定轨中引入一些经验参数。

a. 周期性经验 RTN 摄动模型

卫星在运行过程中，受力复杂，很多摄动力无法用数学模型来表示。为了准确描述卫星的运动过程，在实际定轨时，还考虑经验摄动力（通常为卫星运行一周，加径向、切向和法向的摄动力各一个）的影响。未模型化的径向、切向与法向摄动力可表示为

$$
a_{rtn} = \begin{bmatrix} a_r \\ a_t \\ a_n \end{bmatrix} = \begin{bmatrix} C_r \cos u + S_r \sin u \\ C_t \cos u + S_t \sin u \\ C_n \cos u + S_n \sin u \end{bmatrix}
\tag{4.33}
$$

式中，a_r、a_t 和 a_n 分别为径向、切向和法向摄动力；C_r 和 S_r 为径向参数；C_t 和 S_t 为切向参数；C_n 和 S_n 为法向参数；u 为卫星的纬度。

b. 伪随机脉冲模型

随机脉冲是某历元时刻、预定方向上的瞬时速度变化，通常每隔一段时间在径向、切向和法向 3 个方向个各设置一个随机脉冲参数。假设历元时刻为 t_i，预设方向为 $e(t)$，则脉冲参数 p_i 表示为

$$p_i = a_i \cdot \delta(t - t_i) \cdot e(t) \tag{4.34}$$

式中，$\delta(t - t_i) = \begin{cases} 1, & t = t_i \\ 0, & t \neq t_i \end{cases}$。其先验权值由 $\omega_{a_i} = \dfrac{\sigma_0^2}{\sigma_{a_i}^2}$ 确定。其中，σ_0 为单位权中误差；σ_{a_i} 为随机脉冲参数中误差。调节 ω_{a_i} 的大小，可以改变几何轨道、动力轨道的权重，在动力学定轨、几何法定轨和简化动力学定轨方法中切换(赵春梅等，2011)。相应的变分方程为

$$\ddot{Y}_{a_i} = A \cdot Y_{a_i} + \delta(t - t_i) \cdot e(t) \tag{4.35}$$

4.2.3 参数估计方法

1. 卫星运动方程与变分方程

在惯性坐标系中，应用牛顿第二定律可得到卫星的运动方程如下：

$$\ddot{\bar{r}} = f(t, \bar{r}, \dot{\bar{r}}, \bar{P}) \tag{4.36}$$

式中，$\ddot{\bar{r}}$ 为卫星在惯性坐标系中的加速度矢量，式右端为作用在卫星单位质量上的力；$\bar{r}$ 为卫星位置向量；$\dot{\bar{r}}$ 为卫星速度向量；$\bar{P} = [\bar{r}(t_0), \dot{\bar{r}}(t_0), \bar{P}^*]^T$ 为 l 维动力学参数向量；$\bar{P}^*$ 是除位置、速度以外的动力学参数向量。

在轨道确定过程中，需用目前状态相对于初始状态矢量的偏导数。在积分运动方程的同时，对变分方程进行积分可得到构成状态转移矩阵的这种偏导数(李济生，1995)。

在式(4.36)两边对 $\bar{P}$ 求偏导数有

$$\frac{d^2}{dt^2}\left(\frac{\partial \bar{r}}{\partial \bar{P}}\right) = \frac{\partial \ddot{\bar{r}}}{\partial \bar{r}} \frac{\partial \bar{r}}{\partial \bar{P}} + \frac{\partial \ddot{\bar{r}}}{\partial \dot{\bar{r}}} \frac{d}{dt}\left(\frac{\partial \bar{r}}{\partial \bar{P}}\right) + \frac{\partial \ddot{\bar{r}}}{\partial \bar{P}} \tag{4.37}$$

令 $A(t) = \left(\dfrac{\partial \ddot{\bar{r}}}{\partial \bar{r}}\right)_{3\times3}$，$B(t) = \left(\dfrac{\partial \ddot{\bar{r}}}{\partial \dot{\bar{r}}}\right)_{3\times3}$，$C(t) = \left(\dfrac{\partial \ddot{\bar{r}}}{\partial \bar{P}}\right)_{3\times l} = \left(\dfrac{\partial \ddot{\bar{r}}}{\partial \bar{r}_0}, \dfrac{\partial \ddot{\bar{r}}}{\partial \dot{\bar{r}}_0}, \dfrac{\partial \ddot{\bar{r}}}{\partial \bar{P}^*}\right) = \left(0_3, 0_3, \dfrac{\partial \ddot{\bar{r}}}{\partial \bar{P}^*}\right)$，

$Y(t) = \left(\dfrac{\partial \bar{r}}{\partial \bar{P}}\right)_{3\times l}$

则式(4.37)变为如下二阶线性常微分方程组

$$\ddot{Y} = A(t)Y + B(t)\dot{Y} + C(t) \tag{4.38}$$

式中，$A(t),B(t),C(t)$ 是 $t,\bar{r},\dot{\bar{r}}$ 和 $\bar{P}^*$ 的函数，可在计算摄动加速度时同时求出。式 (4.38) 称

为变分方程，其解构成了状态转移矩阵 $\boldsymbol{\Phi}(t) = \begin{bmatrix} \dfrac{\partial \bar{r}}{\partial \bar{P}} \\ \dfrac{\partial \dot{\bar{r}}}{\partial \bar{P}} \end{bmatrix}_{6 \times l}$ 。

2. 观测方程的线性化

假定在 t_i 时刻得到一个观测 Y_i，则观测方程

$$Y_i = G(X_i, t_i) + \varepsilon_i \tag{4.39}$$

式中，X_i 是卫星在 t_i 时刻的状态矢量；$G(X_i, t_i)$ 是观测数据 Y_i 对应的真值；ε_i 是 Y_i 的随机噪声。

卫星在 t_i 时刻的状态矢量 X_i 与待求的某历元时刻的状态矢量 X_0 存在某种函数关系

$$X_i = \theta_i(X_0, t_0, t_i) \tag{4.40}$$

将式 (4.40) 代入式 (4.39) 中，得

$$\begin{aligned} Y_i &= G(\theta_i(X_0, t_0, t_i), t_i) + \varepsilon_i \\ &= \tilde{G}_i(X_0, t_0, t_i) + \varepsilon_i \end{aligned} \tag{4.41}$$

对于在某时间区间上的 m 维观测矢量 $\boldsymbol{Y}$，定义

$$\boldsymbol{Y} = \begin{bmatrix} Y_1 \\ Y_2 \\ \vdots \\ Y_{m'} \end{bmatrix}, \quad \tilde{\boldsymbol{G}} = \begin{bmatrix} \tilde{G}_1(X_0, t_0, t_1) \\ \tilde{G}_2(X_0, t_0, t_2) \\ \vdots \\ \tilde{G}_{m'}(X_0, t_0, t_m) \end{bmatrix}, \quad \boldsymbol{\varepsilon} = \begin{bmatrix} \varepsilon_1 \\ \varepsilon_2 \\ \vdots \\ \varepsilon_{m'} \end{bmatrix}$$

则有

$$Y = \tilde{\boldsymbol{G}}(X_0, t_0, t) + \boldsymbol{\varepsilon} \tag{4.42}$$

假定状态矢量的初始值 X^* 与实际轨道足够接近，则可将实际轨道在 X^* 处进行泰勒展开。令 $x(t) = X(t) - X^*(t)$，则

$$\dot{X} = F(X, t) = F(X^*, t) + \left(\frac{\partial F}{\partial X} \right)^* x + \cdots$$

$$Y = G(X, t) + V = G(X^*, t) + \left(\frac{\partial G}{\partial X} \right)^* x + \cdots + \varepsilon \tag{4.43}$$

略去高阶项，并令 $Y^* = G(X^*, t)$，则得

$$\dot{x} = \dot{X} - \dot{X}^* = A(t)x$$
$$\dot{y} = Y - Y^* = \tilde{H}x + \varepsilon \tag{4.44}$$

式中，$A(t) = \left.\dfrac{\partial F}{\partial X}\right|_{X^*}$，$\tilde{H} = \left.\dfrac{\partial G}{\partial X}\right|_{X^*}$。式(4.9)第一式的一般解为

$$x = \Phi(t,t_0)x_0 \tag{4.45}$$

式中，$\Phi(t,t_0)$ 称为状态转移矩阵。

将式(4.45)代入式(4.44)中的第二式，得

$$y = \tilde{H}x + \varepsilon = \tilde{H}\Phi(t,t_0)x_0 + \varepsilon = Hx_0 + \varepsilon \tag{4.46}$$

式中，$H = \tilde{H}\Phi(t,t_0)$。式(4.46)即为线性化的观测方程。

3. 参数估计方法

根据任务要求选取定轨弧长，采用统计定轨理论，利用批处理方法求解初始历元的轨道状态和各种参数。利用星载 GPS 观测伪距或几何法确定的卫星位置作为观测量及其统计特性，根据最优估计理论，将人造卫星运动的常微分方程初值问题转化为边值问题求解，通过观测资料来校正待估状态量(包括卫星轨道量和有关物理、几何参数)。

待求参数有两类：运动学参数和动力学参数，其中，动力学参数又包括力学模型参数和地球参数。选取待估参数的一般原则是：既能有效地吸收模型中的误差，又要使各参数之间的相关性尽量地减弱。为了提高参数求解精度，参数分为全局参数和局部参数，对不同的参数根据其性质和变化特征选取不同长度的求取弧段(赵齐乐等，2006；赵春梅等，2008)。具体实现时，按照指定格式同时输出法方程矩阵和参数方差-协方差矩阵。

1) 加权最小二乘法

由于观测方程可能是不等精度的，设观测式(4.46)的权阵为 P，根据最小二乘原理，x_0 的估值及其协方差矩阵分别为

$$\hat{x}_0 = (H^{\mathrm{T}}PH)^{-1}H^{\mathrm{T}}Py \tag{4.47}$$

$$D_{\hat{x}_0} = \hat{\sigma}_0^2(H^{\mathrm{T}}PH)^{-1} \tag{4.48}$$

2) 具有先验信息的最小方差估值

基于 t_j 时刻之前 m 维观测矢量 y_j 的 x_0 的估值 $\hat{x}_j$ 及其协方差矩阵 $D_{\hat{x}_j}$，由式(4.47)和式(4.48)给出。如果在 $t_k(t_k > t_j)$ 时刻，有一个或一系列新的观测数据 y_k，由式(4.46)显然有

$$y_k = H_k x_k + \varepsilon_k \tag{4.49}$$

则基于 y_k 的新的估值和协方差分别为

$$\hat{x}_k = (H_k^T R_k^{-1} H_k + \overline{P}_k^{-1})^{-1}(H_k^T R_k^{-1} y_k + \overline{P}_k^{-1}\overline{x}_k) \tag{4.50}$$

$$D_{\hat{x}_k} = (H_k^T R_k^{-1} H_k + \overline{P}_k^{-1})^{-1} \tag{4.51}$$

式中，R_k 为观测数据 y_k 的协方差阵；$\overline{x}_k = \Phi(t_k, t_j)\hat{x}_j$；$\overline{P}_k = \Phi(t_k, t_j)D_{\hat{x}_j}\Phi(t_k, t_j)^T$。

3）迭代终止条件

在利用观测资料进行定轨时，需要将观测方程在低轨卫星近似位置处展开，为了尽量减小线性化带来的截断误差，就要求估值过程的初值要很接近于真值。但实际上这是很难保证的。为此，需要使用迭代方法重复求解过程，每次迭代都采用最新估值作为线性化的基准值。

设第 i 次迭代得到的解为 $\hat{x}_{i+1}$，则被估状态矢量的最新估值为

$$\hat{X}_{i+1} = \hat{X}_i + \hat{x}_{i+1} = X_0 + \sum_{i=1}^{i+1}\hat{x}_i \tag{4.52}$$

式中，$\hat{X}_i$ 为第 $i-1$ 次迭代后得到的被估状态矢量的估值；X_0 为估值状态矢量的先验值。第 $i+1$ 次迭代时，式(4.39)需在 $\hat{X}_{i+1}$ 处线性化。这样一直迭代至满足收敛准则为止。可采用下式作为收敛判式

$$\sqrt{(\hat{x}_1)_0^2 + (\hat{x}_2)_0^2 + (\hat{x}_3)_0^2} \leqslant \delta \tag{4.53}$$

式中，$(\hat{x}_1)_0$、$(\hat{x}_2)_0$ 和 $(\hat{x}_3)_0$ 是由式(4.3)~式(4.12)得到的 $\hat{x}_0$ 中卫星位置的分量的改正值；δ 为一给定的值。当满足式(4.51)时，迭代终止，否则令 $X_0^* = \hat{X}_0$，重新开始计算，通常选择 $\delta = 0.01\text{ m}$。

4.2.4 轨道精度评估

1. 内符合精度

内符合精度反映了观测资料的拟合程度，亦即残差的 RMS，是轨道精度的一个重要的、但不是绝对可靠的标志。一般来说，要判断轨道的精度，首先要观察的就是观测资料的拟合程度。如果观测资料的残差很大(例如，说要比观测的宣称精度大一个数量级)，则说明计算可能有误。只有当观测资料的拟合达到令人满意的程度，或者说观测资料残差 RMS 不能看出明显的计算错误时，才可以用其他的方法来对轨道精度进行评价。但是，不能将观测资料的拟合程度当作评定轨道精度的唯一和绝对标准。

2. 轨道重叠检验

对于星载 GPS 定轨，一般采用短弧定轨，比较常用的定轨弧长为 24 小时和 30 小时。

假如定轨时间从每天的 0 时开始，则两弧段之间有 6 小时的重叠轨道。尽管这 6 小时的观测数据是相同的，但这两段轨道是通过两次独立解算得到的，可以认为这两段 6 小时的重叠轨道不相关，因此，轨道重叠部分的符合程度反映了轨道精度。为减小端部效应的影响，在评估重叠轨道的精度时可取中间 3 小时的数据作为评估轨道精度的有效数据。

3. SLR 检验

对于星载 GPS 定轨，评估其定轨精度的另一重要手段就是利用高精度的激光测距数据对星载 GPS 定轨结果进行外部检验。目前，SLR 观测数据的观测精度可达 1 cm，且无模糊度，也不受电离层的影响，因而，其可用于星载 GPS 定轨结果的检验。检验过程中，SLR 残差为 SLR 直接测得的站星距与星载 GPS 定轨结果计算得到的站星距之差，若 t_i 时刻测站 A 的激光测距值记为 ρ_o^i，由星载 GPS 定轨结果计算得到的理论值记为 ρ_c^i，则有

$$\Delta^i = \rho_o^i - (\rho_c^i + \Delta\rho_{\text{stides}} + \Delta\rho_{\text{oloading}} + \Delta\rho_{\text{atm}} + \Delta\rho_{\text{rl}} + \Delta\rho_{\text{com}} + \Delta\rho_{\text{ec}} + \Delta\rho_{\text{st}} + \varepsilon_i) \quad (4.54)$$

式中，$\Delta\rho_{\text{stides}}$ 为固体潮对测站的影响；$\Delta\rho_{\text{oloading}}$ 为海潮负荷对测站的影响；$\Delta\rho_{\text{atm}}$ 为大气延迟对测距值的影响；$\Delta\rho_{\text{rl}}$ 为广义相对论效应对测距值的影响；$\Delta\rho_{\text{com}}$ 为卫星质心补偿；$\Delta\rho_{\text{ec}}$ 为测站偏心修正；$\Delta\rho_{\text{st}}$ 为板块运动引起的测站位移；ε_i 为观测误差。

潮汐引起的测站位移如下。

1) 固体潮改正

应用 Wahr 理论计算固体潮造成的观测站坐标的变化，只需计算二阶潮汐就可使计算精度达到 1 cm。观测站坐标的变化分两步计算。

第一步 先用与频率无关的 Love 数和 Shida 数计算观测站的坐标变化。首先计算日、月到地心的距离 $r_j (j = 1, 2)$ 和在地固坐标系中日、月的单位矢量 $\bar{r}_j$。由于日、月引力造成的地球潮汐相对于日、月具有滞后现象，所以在计算日、月单位矢量时应考虑滞后角 δ_j 的影响。则日、月在地球固定坐标系中的单位矢量为

$$\bar{r}_j = \begin{bmatrix} \hat{x}_j \\ \hat{y}_j \\ \hat{z}_j \end{bmatrix} = \frac{1}{r_j} \begin{bmatrix} x_j \cos\delta_j - y_j \sin\delta_j \\ x_j \sin\delta_j + y_j \cos\delta_j \\ z_j \end{bmatrix} \quad (4.55)$$

式中，r_j 为日（或月）到地心的距离；X_j、Y_j、Z_j 为日（或月）在地球固定坐标系中的 3 个位置分量，由 JPL 星历数据计算。

观测站坐标位移为

$$\Delta\bar{R}_s = \sum_{j=1}^{2} \left(\frac{GM_j R^4}{GM_E r_j^3} \right) \left\{ [3l_2(\hat{\bar{r}}_j \cdot \hat{\bar{R}})]\hat{\bar{r}}_j + \left[3\left(\frac{h_2}{2} - l_2\right)(\hat{\bar{r}}_j \cdot \hat{\bar{R}}) - \frac{h_2}{2} \right] \hat{\bar{R}} \right\} \quad (4.56)$$

式中，GM_j 为引力常数 G 与月球（$j=1$）或太阳（$j=2$）的质量的乘积；GM_E 为引力常数 G 与地球质量的乘积；h_2 为二阶 Love 数，取 $h_2=0.6090$；l_2 为 Shida 数，取 $l_2=0.0852$；$\hat{R}$ 为观测站在地固坐标系中的单位位置矢量；$\vec{R}$ 为观测站在地固坐标系中的位置矢量。

第二步　计算 K_1 频率项。h_2 和 l_2 如上取值后，如果取径向截断误差为 0.5 cm，只需考虑 K_1 一项就够了，表现为观测站高程的周期性变化：

$$\Delta h_1 = -0.0253\sin\varphi'\cos\varphi'\sin(\overline{\theta}_g + \lambda) \tag{4.57}$$

式中，φ' 为观测站的地心纬度；λ 为观测站的东经；$\overline{\theta}_g$ 为格林尼治平恒星时。

此外，h_2 和 l_2 的如上取值还会引入固定形变，主要在径向和北向

$$\begin{cases} \Delta h_2 = -0.12083\left(\dfrac{3}{2}\sin^2\varphi' - \dfrac{1}{2}\right) \\ \Delta N = -0.5071\cos\varphi'\sin\varphi' \end{cases} \tag{4.58}$$

2）海潮负荷改正

海洋现象会造成海洋负荷的变化。海洋负荷变化对观测站造成的高程位移为

$$\Delta h_3 = \sum_{i=1}^{9} A_{mp}(i)\cos[\text{Arg}(i,t) - \text{phase}(i)] \tag{4.59}$$

式中，$A_{mp}(i)$ 为分潮波 i 对该观测站造成的位移的振幅；$\text{Arg}(i,t)$ 为观测站在时刻 t 对分潮波 i 的幅角；$\text{phase}(i)$ 为分潮波 i 对该观测站的相位延迟。

综合固体潮和海潮负荷对观测站坐标的影响，可以得到潮汐造成的观测站坐标修正为

$$\begin{cases} \Delta\vec{R}_b = \Delta\vec{R}_s + M^{\mathrm{T}}\begin{bmatrix} 0 \\ \Delta N \\ \Delta h_1 + \Delta h_2 + \Delta h_3 \end{bmatrix} \\ \Delta\rho_{\text{stides}} + \Delta\rho_{\text{oloading}} = \Delta\vec{R}_b \cdot \hat{R} \end{cases} \tag{4.60}$$

式中，M 为地固坐标系到测站坐标系的转换矩阵；$\hat{R}$ 为测站至卫星的单位矢量。

3）大气延迟改正

在含介质的空间中，光是以小于真空中的群速度传播的，这样激光自卫星到达地球的时间将发生延迟。此外，由于大气折射效应，光在空气中已不再按直线传播，光程是一条弯曲的曲线。这两种效应通称为激光测距的大气折射效应，它使我们实测的卫星到测站的距离增大。对激光测距进行大气折射改正的模型目前广泛使用的是 IERS2003 推荐的 Marini-Murry 1973 模型，即

$$\Delta\rho_{\text{atm}} = \frac{f(\lambda)}{f(\phi,H)} \cdot \frac{A+B}{\sin E + \dfrac{B/(A+B)}{\sin E + 0.01}} \tag{4.61}$$

式中，$\Delta\rho_{\text{atm}}$ 为大气延迟改正（m）；$A = 0.002357P_0 + 0.000141e_0$；$B = (1.084\times10^{-8})P_0T_0K$ $+(4.734\times10^{-8})\dfrac{P_0^2}{T_0}\dfrac{2}{(3-1/K)}$；$K = 1.163 - 0.00968\cos2\phi - 0.00104T_0 + 0.00001435P_0$；$e_0 = \dfrac{R_h}{100}\times e_s f_w$；$e_s = 0.01\exp(1.238847\times10^{-5}T_0^2 - 1.9121316\times10^{-2}T_0 + 33.93711047 - 6.3431645\times10^3 T_0^{-1})$；$f_w = 1.0062 + 3.14\times10^{-6}P_0 + 5.6\times10^{-7}(T_0 - 273.15)^2$；$f(\lambda) = 0.9650 + \dfrac{0.0164}{\lambda^2} + \dfrac{0.000228}{\lambda^4}$；$f(\phi,H) = 1 - 0.0026\cos2\phi - 0.00031H$；$E$ 为卫星高度角；P_0 为 SLR 测站气压（hPa）；T_0 为测站大气温度（K）；R_h 为测站相对湿度（%）；λ 为激光的波长（μm）；ϕ 为测站大地纬度；H 为大地高（m）。

4）相对论效应改正

根据爱因斯坦广义相对论原理，光线在引力场中传播时将受到歪曲，且速度也将变慢，从而造成光线从卫星到观测站的传播时间比无引力场时要长，这称为电磁波延迟效应。由这一效应引起的测距修正称为测距的广义相对论效应修正。这里只考虑太阳和地球引力场引起的测距广义相对论效应修正。

太阳引力场引起的相对论效应修正为

$$\begin{aligned}\Delta_1 &= (1+\gamma)R_{\text{RL1}}\\ &= (1+\gamma)\frac{\text{GM}_s}{c^2}l_g\left(\frac{r_1 + r_2 + \rho}{r_1 + r_2 - \rho}\right)\end{aligned} \tag{4.62}$$

式中，M_s 为太阳质量；$GM_s = 1.327124\times10^{20}$；$r_1$ 为太阳至卫星的距离；r_2 为太阳至观测站的距离；γ 为相对论效应的校正因子，可作为待估参数，正常值为 $\gamma = 1$。

地球引力场的相对论效应修正为

$$\begin{aligned}\Delta_1 &= (1+\gamma)R_{\text{RL2}}\\ &= (1+\gamma)\frac{\text{GM}_E}{c^2}l_g\left(\frac{r_1' + r_2' + \rho}{r_1' + r_2' - \rho}\right)\end{aligned} \tag{4.63}$$

式中，M_E 为地球质量；$GM_E = 3.9860044\times10^{14}(\text{m}^3/\text{s}^2)$；$r_1'$ 为地心至卫星的距离；r_2' 为地心至观测站的距离。

则太阳和地球引力场对测距的广义相对论修正为

$$\Delta\rho_{\text{rl}} = \Delta_1 + \Delta_2 \tag{4.64}$$

5) 卫星质心改正

根据资源三号卫星研制文件，资源三号卫星激光反射器质量中心在星固系的偏差见表 4.3。

表 4.3   激光反射器质心偏差

卫星	$\Delta x/\mathrm{m}$	$\Delta y/\mathrm{m}$	$\Delta z/\mathrm{m}$
资源三号	−1.***	−0.***	0.***

6) 测站偏心改正

为了长期保持精确的激光站坐标，必须把激光测距系统的光学中心联测到附近的一个固定点上，两点的联测坐标之差为偏心改正。通常是先用该固定点的坐标，加偏心改正得到激光观测的光学中心坐标。若激光测距系统的光学中心偏差为

$$\Delta \vec{r}_{\mathrm{g}} = (\Delta E_{\mathrm{g}}, \ \Delta N_{\mathrm{g}}, \ \Delta H_{\mathrm{g}})^{\mathrm{T}} \tag{4.65}$$

则

$$\Delta \vec{r}_{\mathrm{eg}} = R_{\mathrm{H}}(270^{\circ} - L)R_{\mathrm{E}}(\phi - 90^{\circ})\Delta \vec{r}_{\mathrm{g}}$$
$$= \begin{bmatrix} -\sin L & -\cos L \sin \phi & \cos L \cos \phi \\ \cos L & -\sin L \sin \phi & \sin L \cos \phi \\ 0 & \cos \phi & \sin \phi \end{bmatrix} \Delta \vec{r}_{\mathrm{g}} \tag{4.66}$$

式中，L 和 φ 为测站的地心经纬度。

激光测距系统的光学中心偏差对观测距离的影响为

$$\Delta \rho_{\mathrm{ec}} = \Delta \vec{r}_{\mathrm{eg}} \cdot \hat{R} \tag{4.67}$$

7) 板块运动对测站坐标的影响

板块运动引起的测站位移与采用的地固坐标与历元有关。板块运动对测站坐标影响为

$$\Delta \vec{r}_t = \vec{v} \times (t - t_0) \tag{4.68}$$

式中，t 为计算点时刻；t_0 为测站坐标的参考历元；$\vec{v}$ 为测站位移速度矢量。

板块运动对测站观测卫星距离的影响为

$$\Delta \rho_{\mathrm{st}} = \Delta \vec{r}_t \cdot \hat{R} \tag{4.69}$$

4.3　SLR 联 测

4.3.1　卫星激光测距概述

1. 卫星激光测距技术简介

卫星激光测距技术(satellite laser ranging，SLR)是 20 世纪 60 年代初由美国航空航天局(NASA)发起的一项旨在利用空间技术来研究地球动力学、大地测量学、地球物理学和天文学等的技术手段。自 1960 年世界上第一台红宝石激光器问世不久，以精密测距为主要功能的激光测距技术便随之诞生了，它们的发展是因为激光测距具有高精度测量的能力。1963 年，美国宇航局 Goddard 空间飞行中心的 Henry Plotkin 提出在卫星上安装激光后向反射器的建议，当时的主要目的是应用于大地测量。1964 年 10 月，美国 NASA 发射了第一颗带有激光后向反射器的卫星"Beacon-B"，并很快获得了第一次卫星激光测距数据。从此，一种新的空间测量技术——卫星激光测距技术便发展起来。

经过 50 多年的发展，SLR 已取得了巨大的成绩。观测的精度由最初第一代的几米，提高到现在的几厘米甚至几毫米；观测站由原来的只由 NASA 支持的几个站壮大到现在的分布于全球近 30 个国家的 50 多个观测台站；观测的卫星也由最初的"探险者-22 号"增加到现在的几十颗。图 4.2 为 SLR 台站的全球分布情况。

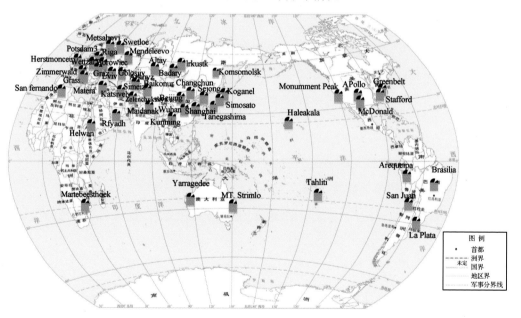

图 4.2　SLR 台站分布

2. 国际激光测距服务组织

国际激光测距服务(International Laser Ranging Service, ILRS)组织成立于 1998 年，

该组织负责全球 SLR 联合观测的协调和国际合作的组织工作,统一指导 SLR 的观测和数据的应用。ILRS 组织由中央局、执行委员会、分析中心、数据中心、操作中心和跟踪站网组成,同时下设卫星跟踪工作组、数据分析工作组、数据格式和观测步骤工作组、观测站网与工程工作组、应答器工作组等。

ILRS 的组织结构如图 4.3 所示。

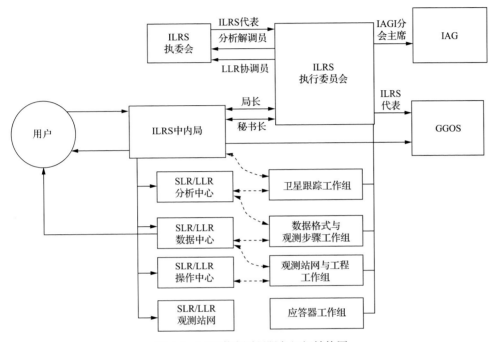

图 4.3　国际激光测距服务组织结构图

在 ILRS 组织中,执行委员会负责制定 ILRS 提供服务的主要内容,确定 ILRS 的正式产品,决定进入观测列表的卫星,批准 ILRS 有关机构起草和提议的标准与操作过程,保持与其他服务和组织的联系。执行委员会对 ILRS 的活动进行日常性的管理,包括对组织机构的修改,以保持机构的工作效率和可靠性,同时充分利用先进的技术和理论。

中央局负责 ILRS 的日常协调和管理,并与执行委员会制定的指令和政策保持一致。中央局的主要作用是促进和保持 ILRS 内部,以及 ILRS 与外部学术组织间的信息交流、协调 ILRS 的活动、管理激光卫星的观测列表和相应的观测优先权、促进 ILRS 观测标准的贯彻执行、监视台站的观测运行和数据质量的保证、维护 ILRS 技术文档和数据库、根据需要产生观测报告、组织工作会议和学术讨论。

ILRS 分析中心包括分析中心、月球分析中心、分析分中心。分析中心从数据中心获取观测数据,分析、处理并产生 ILRS 数据产品。分析中心每周提供地球自转参数数据产品,每月或每季度提供测站坐标数据产品。分析中心还通过计算各测站的距离偏差和时间偏差来监视测站的数据质量。月球分析中心处理激光测月站的标准点数据,生成多种科学数据产品,包括精确的月球历表、天平动、方向参数,测试广义相对论以及太阳系与国际天球参考框架的关系。分析分中心产生一些专门的数据产品,如卫星预报、时间偏差信息、专用卫星的精确轨道、区域性的测站坐标和速度。

数据中心的作用是采集 SLR/LLR 观测数据,分发有关的轨道预报和数据产品。目前 ILRS 的数据中心有两个:一个位于美国 NASA 的 CDDIS 数据中心;另一个位于德国慕尼黑的 EDC 数据中心。

操作中心与区域网中的跟踪站直接联系。操作中心的主要任务包括观测数据的收集与合并、原始数据的质量检查、数据格式的统一化、数据文件的压缩、数据的归档维护,并将数据上传到指定的 ILRS 数据中心。操作中心还可以为跟踪站提供工程支持、通信链路和其他的技术支持。此外,每个跟踪站也可以执行部分或所有的操作中心的任务。

观测站网由全球各 SLR 台站构成。全球 SLR 观测台站根据地域以及台站所属的关系分为 3 个区域性的国际 SLR 网,分别为 NASA 网、欧洲网和西太平洋网。

(1)NASA 网在 20 世纪 70 年代末,已有 5 个 MOBLAS 站、McDonald 天文台和夏威夷 Haleakala 站等。80 年代,又增加了 4 个小型流动站 TLRS 1-4。这些站分布在美国本土、南太平洋(Tahiti)、南美洲(秘鲁 Arequipa)等地。MOBLAS 系统的望远镜接收口径为 76 cm,发射口径为 16 cm,采用分光路的发射与接收光学结构。激光器均为 Nd:YAG 主被动锁模激光器,激光器重复频率为 10Hz,能量为 100 mJ。MOBLAS-4 位于美国加利福尼亚州,MOBLAS-6 位于南非的豪登省,MOBLAS-7 位于美国马里兰州,而 MOBLAS-8 位于法属波利尼西岛亚塔希提省。TLRS 系统为小型的流动站,位于夏威夷阿卡拉火山天文台的 TLRS-4,以及位于秘鲁阿雷基帕省的 TLRS-3 都采用共光路方式,望远镜的发射与接收采用同一条光路,口径为 28 cm,激光器的发射频率为 10Hz,能量为 100 mJ。美国得克萨斯州 McDonald 天文台的激光望远镜也采用口径为 75 cm 的共光路系统,激光器发射频率为 10Hz,能量为 150 mJ。

(2)欧洲网(Eurolas)成立于 1989 年,由德国、法国、意大利、英国、荷兰、奥地利、西班牙(与 NASA 合建)、埃及(与捷克合建)、瑞士、芬兰、乌克兰、拉脱维亚、波兰、希腊(与 NASA 合建)等国家的 SLR 站组成。其中,最重要的台站是英国 Herstmonceux、奥地利 Graz、法国 Grasse、德国 Wettzell 和 Potsdam、瑞士 Zimmerwald、意大利 Matera 等。英国 Herstmonceux 站系统稳定性好,观测数量多。奥地利 Graz 站硬件比较先进,数据精度高。Grasse 站天气较好,观测数量较多。Wettzell 站历史悠久,设备先进,现还拥有一套大型综合测量设备——TIGO,包括多种测量手段,如 SLR、VLBI、GPS、PRARE,以及重力仪、地震仪、气象仪器等。其中,SLR 系统采用了最先进的半导体激光器泵浦的钛宝石激光器,可以进行双波长测距。Matera 站安装了一台十分先进的 SLR 系统,望远镜口径为 1.5 m。

(3)西太平洋网(WPLTN)成立于 1994 年。成员有中国、韩国、日本、澳大利亚、俄罗斯、乌兹别克斯坦、哈萨克斯坦和沙特阿拉伯等国家,约有 20 多个 SLR 站。中国目前有 7 个固定 SLR 站,包括位于阿根廷的圣胡安站。韩国的 SLR 观测起步较晚,但起点很高,目前 40 cm 口径的测距系统已正常运行,1 m 口径的 SLR 系统还在研制过程中。澳大利亚的两个站——Yarragadee 站和 Stromlo 站都是国际上先进的观测台站,无论是观测数量还是数据精度都位于全球前茅。Yarragadee 站的仪器是美国 NASA 的 MOBLAS 5 系统,现已移交 Geoscience Australia 负责运行,Stromlo 站是全球第一个实现全自动观测的 SLR 台站。俄罗斯的 SLR 站很多，目前常规观测的台站就有近 10 个站，各站观测数据的质量和数量都比以前有明显的提高。

(4)中国 SLR 网目前有北京、上海、长春、昆明、武汉和西安 6 个固定 SLR 站和 1 个流动的 SLR 站，并且与阿根廷合作在南美建了 1 个固定的 SLR 站。北京 SLR 观测站隶属于国家测绘地理信息局，上海、长春、昆明 3 个 SLR 站均隶属于中国科学院，武汉 SLR 站由中国科学院和中国地震局联合建立。上述 5 个站除了昆明 SLR 站拥有 1.2 m 的望远镜接收口径外，其他 4 个站的接收口径均为 60 cm，这 5 个站均能开展高重复频率的千赫兹激光测距。西安 SLR 站为原流动 SLR 系统固址后由西安测绘研究所负责管理，望远镜的接收口径为 40 cm。中国地震局新建了一套 1 m 口径的大型流动激光测距系统，也能开展常规的高重复频率激光测距观测。国家天文台与阿根廷政府合作，在阿根廷的圣胡安建成一个固定的 SLR 系统，获得了大量的观测数据，改善了全球 SLR 台站的分布状况。

3. 激光测距卫星

1964 年 10 月美国 NASA 发射了第一颗带有后向角反射器的激光卫星，并首次获得了激光测距数据。之后，随着激光测距技术的不断发展，越来越多的卫星通过在星上安装后向角反射器来利用激光测距高精度的优势。这些卫星有的是专门用于激光测距的，有的是利用激光测距技术为其他的科学目标服务。目前在轨观测的激光测距卫星约有 40 多颗，曾经观测过的激光卫星已有 130 多颗。观测时间最长的卫星为 Beacon-C 卫星，发射于 1965 年 4 月 29 日，主要用于地球重力场系数的计算。激光测距卫星按照其应用的领域可分成四类。

第一类是地球动力学卫星，主要包括 Lageos-1& 2、Etalon-1& 2、Ajisai、Starlette、Stella 等。这类卫星是 SLR 的主要合作目标，它们通常是实心的球体，表面上布满后向角反射器。这类卫星的面质比较小，受大气阻力摄动的影响较小，卫星定轨精度高；同时卫星的形状规则、反射均匀，使得对它们的距离测量可以高精度地归算到它们的质心。这类卫星在全球参考框架维护、地球自转参数解算等应用领域发挥了主要的作用。

第二类是地球遥感卫星，包括 ERS、Envisat 卫星，TOPEX /Poseidon、GFO、JASON-1&2 卫星，以及我国的海洋二号卫星(HY-2A)和资源三号卫星(ZY-3)等。这类卫星通常是搭载一些科学仪器，用来研究和监测地球。这类卫星由于搭载的设备和太阳翼板，形状一般是不规则的，所以作用到卫星上的大气阻力和太阳辐射压等都很大。这时 SLR 高精度的观测数据可用于卫星的精密定轨或轨道标校，为雷达高度计观测数据的精密标定，从海洋水准面的角动量变化中提取观测仪器的长期漂移等提供了唯一的手段。

第三类是导航定位卫星，包括美国的 GPS 系列、俄罗斯的 GLONASS 系列、欧盟的 GALILEO 系列以及我国的 BDS 系列等导航卫星。这类卫星的轨道很高，都在 2 万 km 以上，我国的北斗导航卫星中的 GEO 卫星和 IGSO 卫星位于 3.6 万 km 高的地球同步轨道上。由于我国 BDS 系统尚未实现全球布站，联合 SLR 和 GNSS 观测数据进行北斗导航卫星定轨，可提高导航卫星的定轨精度。

第四类是其他一些科学试验卫星。这些卫星大多针对某个特别的科学试验目标进行较为短期的 SLR 观测。例如，美国的 Spinsat 卫星，是一颗直径为 22 英寸、配备了一组电控固体推进器的球形卫星，于 2014 年 11 月 28 日从国际空间站利用一个机械手臂发射出去，用于测试新型电控固体推进器的工作能力。俄罗斯的 Blits 小卫星由两个半球组成，一个半球为低折射率玻璃，另一个是内部有球形透镜的高折射率玻璃半球，玻璃球形卫星的总半径为 85.16 mm。卫星发射的目的是对球形玻璃后向反射器概念卫星的试验论证，同时通过毫米级、亚毫米级精度的 SLR 数据来解决地球物理学、地球动力学和相对论等学科的科学问题。

4.3.2 SLR 国际联测流程

1. 国际联测申请

对资源三号卫星进行国际 SLR 联测，首先需要向国际激光网提出申请。

SLR 联测具体组织实施单位中国测绘科学研究院北京房山人卫观测站（房山人卫站）填写国际联测申请表，提交给国际激光测距服务组织（ILRS），由 ILRS 联测工作小组进行审查，审查通过后提交 ILRS 理事会批准。申请表的内容应包括卫星的任务目标、观测要求、SLR 观测手段的作用与要求、负责机构、联系方式、时间计划进度表、卫星系统组成、反射器技术指标、反射器在卫星上的安装位置等信息。

申请表提交后，ILRS 联测工作小组将会根据申请表的内容与申请者进行沟通，商定 ILRS 支持的具体细节，包括观测的优先权、实现预期观测目标与研究目标的可行性、SLR 观测的作用和全球观测的安排计划等。

观测申请通过后，由 ILRS 与申请者共同商定观测优先度、观测计划、联系人、数据通信方式。一般情况下在发射的初期阶段会给予卫星最高的观测优先权，进入常规观测阶段将根据卫星列表与卫星高度调整观测优先权。

国内联测时，房山人卫站协调组织国内各台站对资源三号卫星进行 SLR 观测，根据卫星需求，在天气条件允许时，可以每天对卫星进行观测。

2. 卫星轨道预报

由 SLR 数据处理中心（房山人卫站）进行资源三号卫星轨道预报，发布至国际激光网（ILRS），轨道预报格式采用 CPF（Consolidated Prediction Format，目前激光测距预报星历使用的格式）格式。每个 CPF 星历文件中包含了若干天的具有一定时间间隔在地固坐标系中的目标位置量（X, Y, Z），观测台站对目标进行预报时，只需直接使用该星历数据进行内插，通过内插直接给出预报跟踪时所需的目标状态量（方位、高度和距离值）（丁剑等，2010）。

3. 制订观测计划与卫星跟踪

各 SLR 观测台站根据资源三号卫星轨道预报参数，计算跟踪时段，制订观测计划，根据计划对卫星进行跟踪观测。SLR 对于有敏感光学载荷的卫星的影响已引起国际激光测距服务(ILRS)的重视,并已形成观测保护规范,由申请国际联测的单位提出观测保护截止高度角。根据资源三号卫星对 SLR 观测的要求,定期拟定观测保护的具体要求,包括禁止观测时段、观测截止高度角。具体观测权限如下。

(1)国内台站(包括阿根廷站)能够保证在天气条件允许情况下,每天对资源三号卫星进行观测;

(2)在发射初期,国际 SLR 站会优先保证对资源三号卫星的观测;

(3)进入常规观测后,每天全球台站也能保证一定的数据观测量。

在星载 GPS 接收机失效情况下,由房山人卫站提出向 ILRS 提出申请,联合国内外 SLR 台站在一段时间内对该卫星优先观测,在满足天气允许条件下,每天对资源三号卫星进行观测。

4. 预处理与数据传输

1) 数据预处理

按照国际激光测距惯例,SLR 常用的观测数据类型有两种:Normal Point(NP)数据和 Full rate 数据。Normal Point 数据就是将某一时段的有效观测数据点(目标距离值)综合组成的单个数据点(综合后的距离值),对资源三号卫星窗口长度可设为 5 秒;Full rate 数据为原始测距数据经去噪声处理后余下的数据点,数据点较多。

2) 数据传输

各 SLR 台站对 SLR 数据进行预处理后,将 SLR 数据按照规定的数据格式传输至 ILRS(1 天 1 个数据文件)。一般 NP 格式的数据是必须要上传至 ILRS 的,Full rate 格式数据目前是建议上传至 ILRS。

5. 数据分发时效与数据处理精度

资源三号卫星 SLR 联测数据要求如下。

(1)国内 SLR 观测数据收集 1 小时内,全球数据 1 天内。

(2)NP 数据精度优于 1 cm,剔除噪声;Full Rate 数据精度优于 2 cm,剔除噪声,国内 SLR 站 1 天处理 1 次,发送 1 次,具有应急要求处理。

(3)轨道预报 3 天,精度为 100 m;1 天处理 1 次,发送 1 次,具有应急要求处理。

(4)时间偏差处理,精度为 0.1 微秒;1 天处理 1 次,发送 1 次,具有应急要求处理。

4.3.3 卫星预报方法

如前节所述,对卫星进行 SLR 跟踪与观测,需要对卫星进行轨道预报,形成预报星历。

根据资源三号卫星星载 GPS 数据下传情况和 SLR 联测的预报精度需求,我们采取了两种轨道预报方案。

1. 利用星载 GPS 定轨结果进行预报

星载 GPS 观测数据正常情况下是每隔两天下传一次，所以要预报当天的卫星轨道的话，必须用到前天的星载 GPS 定轨结果，通过积分卫星运动方程得到预报轨道。假设 R、T、N、3D 分别代表卫星径向、切向、法向和三维位置，轨道预报精度评定如下：

$$\mathrm{RMS}_R = \sqrt{\frac{\sum_{i=1}^{n}\Delta R}{n}}, \quad \mathrm{RMS}_T = \sqrt{\frac{\sum_{i=1}^{n}\Delta T}{n}}, \quad \mathrm{RMS}_N = \sqrt{\frac{\sum_{i=1}^{n}\Delta N}{n}},$$

$$\mathrm{RMS}_{3D} = \sqrt{\mathrm{RMS}_R^2 + \mathrm{RMS}_T^2 + \mathrm{RMS}_N^2}$$

式中，RMS_R、RMS_T、RMS_N 分别为 R、T、N 三个方向上的均方根误差；RMS_{3D} 为三维位置误差；ΔR、ΔT、ΔN 分别为预报轨道和精密轨道在 R、T、N 三个方向上的差值；n 为历元数。

利用星载 GPS 定轨结果进行预报精度如表 4.4 和图 4.4～图 4.6 所示。

表 4.4　预报轨道精度分析　　　　　　　　　　　　　（单位：m）

预报天数		起始时间		
		1月31日	2月1日	2月6日
1	R	1.590	1.807	2.764
	T	47.830	10.852	91.249
	N	2.524	0.740	4.023
	3D	47.923	11.026	91.379
2	R	4.088	4.931	5.121
	T	87.191	84.378	205.524
	N	4.670	4.444	6.132
	3D	87.412	84.639	205.679
3	R	6.628	8.748	—
	T	167.237	105.083	—
	N	9.072	6.725	—
	3D	167.614	105.660	—
6	R	10.040	14.652	15.227
	T	471.589	112.424	471.121
	N	18.248	10.880	18.652
	3D	472.049	113.896	471.735
8	R	15.814	—	17.922
	T	684.343	—	987.734
	N	26.010	—	30.134
	3D	685.020	—	988.356

注：2012 年 2 月 9 日无 GPS 数据，无精密定轨结果，所以在表中没有进行比较。

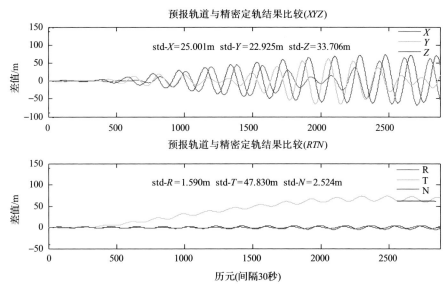

图 4.4　2012 年 1 月 31 日预报第一天轨道与定轨结果比较差异图

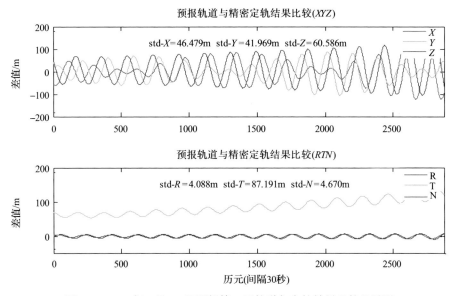

图 4.5　2012 年 1 月 31 日预报第二天轨道与定轨结果比较差异图

从上图和表中可以看出，利用 GPS 数据预报到第二天，卫星轨道精度约为 100 m 左右，随着时间的推移，预报精度逐渐降低，尤其是沿迹(T)方向。

2. 利用瞬时轨道根数进行预报

北京、上海和长春站资源三号卫星过境时间都约为北京时间 20:30~22:30，阿根廷站过境时间约为北京时间 8:30~10:30，阿根廷站比北京晚 11 小时。26 基地瞬时轨道根数

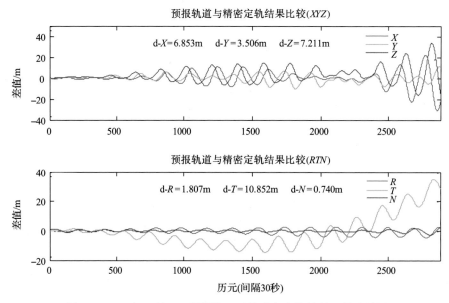

图 4.6　2012 年 2 月 1 日预报第一天轨道与定轨结果比较差异图

时间为北京时间 9 时。当没有 GPS 观测数据时，可以利用 26 基地提供的 6 个轨道根数加上前几天星载 GPS 精密定轨时解算的太阳光压模型参数和脉冲参数，进行轨道预报。从 26 基地瞬时轨道根数北京时间 9 时预报到卫星过境时间 20:30~22:30，预报弧段长为 11.5~13.5 小时，预报精度如图 4.7~图 4.11 所示。

从上图可以看出，这种预报方法，每天预报到北京时间 20:30~22:30 时，位置误差在 200 m 之内。

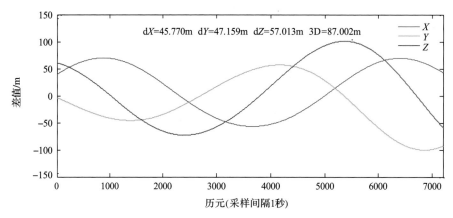

图 4.7　2012 年 2 月 2 日预报轨道(北京时间 20:30~22:30)与 GPS 定轨结果比较

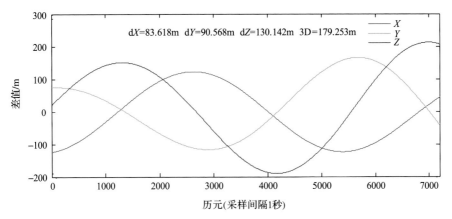

图 4.8　2012 年 2 月 3 日预报轨道(北京时间 20:30~22:30)与 GPS 定轨结果比较

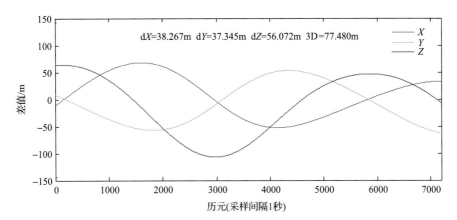

图 4.9　2012 年 2 月 4 日预报轨道(北京时间 20:30~22:30)与 GPS 定轨结果比较

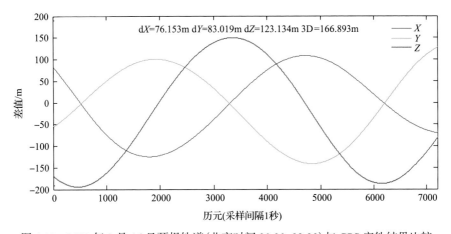

图 4.10　2012 年 2 月 16 日预报轨道(北京时间 20:30~22:30)与 GPS 定轨结果比较

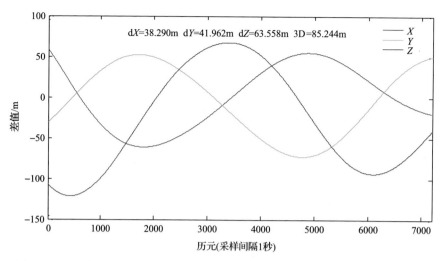

图 4.11　2012 年 2 月 16 日预报轨道（北京时间 20:30~22:30）与 GPS 定轨结果比较

4.3.4　资源三号卫星联测情况

2011 年 6 月房山人卫站向国际激光网正式提交资源三号卫星联测申请，12 月激光网批准该申请。2012 年 1 月开始，房山人卫站配合激光网开展了卫星预报格式等一系列测试工作，于 2 月完成所有测试工作。

2012 年 7 月 9 日，房山人卫站向国际激光网申请正式启动国际激光联测。房山人卫站负责对资源三号卫星进行轨道预报，并将该预报星历上传至国际激光网，供全球 SLR 台站下载使用。联测时间段为 2012 年 7 月 9 日~2012 年 9 月 4 日。

在为期近 2 个月的 SLR 国际联测中，全球共 20 个台站获得了资源三号卫星的 SLR 观测数据，观测圈数为 157 圈（卫星经过 SLR 站上空一次为一圈）。

图 4.12 为房山人卫站观测到的资源三号卫星和数据预处理截图。图 4.13 为资源三号

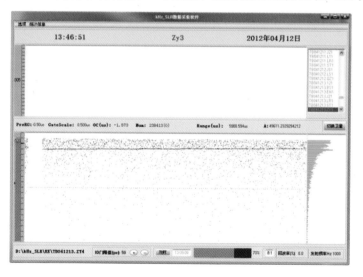

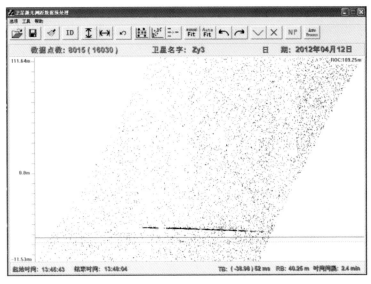

图 4.12　房山人卫站观测到的资源三号卫星和数据预处理截图

图 4.13　资源三号卫星在 ILRS 上的介绍

卫星在国际激光网上的基本介绍。图 4.14 为激光网上的资源三号卫星预报星历截图。图 4.15 为资源三号卫星在激光网上的 SLR 联测数据截图。

```
07/09/2012 09:39上午          298,374  zy3_cpf_120709_6911.cas
07/10/2012 03:29上午          298,374  zy3_cpf_120710_6921.cas
07/11/2012 05:29上午          298,374  zy3_cpf_120711_6931.cas
07/12/2012 06:29上午          298,374  zy3_cpf_120712_6941.cas
07/13/2012 04:29上午          298,374  zy3_cpf_120713_6951.cas
07/15/2012 03:29下午          298,374  zy3_cpf_120715_6972.cas
```

图 4.14　资源三号卫星在国际激光网上的预报星历截图

```
08/19/2012 09:14上午           9,528  zy3_20120819.npt
08/20/2012 09:14上午           4,897  zy3_20120820.npt
08/21/2012 09:14上午          11,506  zy3_20120821.npt
08/22/2012 09:14上午          19,048  zy3_20120822.npt
08/23/2012 09:14上午           7,128  zy3_20120823.npt
08/24/2012 09:14上午           4,799  zy3_20120824.npt
08/25/2012 09:14上午           3,743  zy3_20120825.npt
08/26/2012 09:14上午           1,388  zy3_20120826.npt
08/27/2012 09:14上午           1,877  zy3_20120827.npt
08/28/2012 09:14上午           9,292  zy3_20120828.npt
08/29/2012 09:14上午          12,766  zy3_20120829.npt
08/30/2012 09:14上午           8,349  zy3_20120830.npt
08/31/2012 09:14上午           6,247  zy3_20120831.npt
09/10/2012 10:45上午           8,515  zy3_201209.npt
09/01/2012 09:14上午           4,650  zy3_20120901.npt
09/02/2012 09:14上午           4,192  zy3_20120902.npt
```

图 4.15　资源三号卫星在激光网上的 SLR 联测数据截图

4.4　资源三号卫星定轨结果

4.4.1　资源三号卫星定轨

资源三号卫星采用非差动力学定轨方法。利用非差观测值进行定轨，不需要和地面形成共视弧段，不需要固定模糊度，模型简单。动力法定轨不仅可以求出低轨卫星的位置，还可以求出其他一些地球动力学参数，可以实现轨道外推和预报。

具体流程如图 4.16 所示。

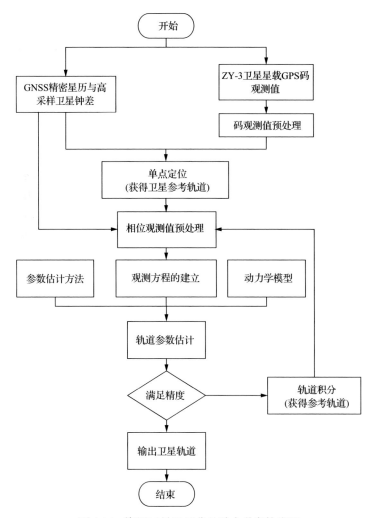

图 4.16　资源三号卫星非差动力学定轨流程

4.4.2　星载 GPS 数据评估

1. 评估方法

1）伪距观测值精度

对星载 GPS 精密定轨，GPS 观测数据的质量是影响其定轨精度的关键因素之一。理论上，观测数据的观测误差都应该是均值为零、方差很小的白噪声序列，然而，实际的 GPS 观测还存在多路径效应等未被模型化的误差，将造成观测数据误差的增大，影响定轨结果。

资源三号卫星上搭载的 GPS 接收机共有 5 个观测值，即 C/A 码伪距，P1、P2 码伪距，L1、L2 相位伪距。P 码和相位观测方程为

$$\rho_{P1} = \rho + c\Delta\delta t + b_{P1} + I + M_{P1} + \varepsilon_{P1}$$

$$\rho_{P2} = \rho + c\Delta\delta t + b_{P2} + I\frac{f_1^2}{f_2^2} + M_{P2} + \varepsilon_{P2}$$

$$\rho_{L1} = \rho + c\Delta\delta t - \lambda_1 N_{L1} + b_{L1} - I + M_{L1} + \varepsilon_{L1} \tag{4.70}$$

$$\rho_{L2} = \rho + c\Delta\delta t - \lambda_2 N_{L2} + b_{L2} - I\frac{f_1^2}{f_2^2} + M_{L2} + \varepsilon_{L2}$$

式中，ρ_{P1} 和 ρ_{P2} 为 P 码伪距；ρ_{L1} 和 ρ_{L2} 为相位伪距；ρ 为低轨卫星与 GPS 卫星间的几何距离；c 为光速；$\Delta\delta t$ 为 GPS 卫星和低轨卫星间的钟差差值；I 为 L_1 频率（f_1）上的电离层延迟；N_{L1} 和 N_{L2} 为相应频率上的模糊度参数；λ_1 和 λ_2 为波长；b_{P1}、b_{P2}、b_{L1}、b_{L2} 为接收机内部通道偏差；M_{P1}、M_{P2}、M_{L1} 和 M_{L2} 分别为 P 码伪距和相位伪距的多路径误差；ε_{P1}、ε_{P2}、ε_{L1} 和 ε_{L2} 为相应的观测噪声。

伪距和相位观测可做如下线性组合：

$$\rho_{P1} - \frac{2}{f_1^2 - f_2^2}(f_1^2\rho_{L2} - f_2^2\rho_{L1}) - \rho_{L1} - B_{P1} \approx M_{P1} + \varepsilon_{P1}$$

$$\rho_{P2} - \frac{2}{f_1^2 - f_2^2}(f_1^2\rho_{L2} - f_2^2\rho_{L1}) - \rho_{L1} - B_{P2} \approx M_{P2} + \varepsilon_{P2} \tag{4.71}$$

对于经过周跳探测和修复的定位观测数据，在式(4.2)的组合中消除了接收机-卫星之间的几何距离、电离层影响，相位模糊度组合用 B_{P1}、B_{P2} 表示，在连续弧段内该组合应该是常数，可利用低通滤波消掉；因为相位观测的多路径影响和噪声比伪距观测的多路径影响和噪声小很多，所以式(4.2)可以直接提供伪距观测值的多路径误差和噪声。

2) 数据完好率

数据完好率是指观测站在某个时段实际观测到的历元数与预计观测到的历元数之比。

为了计算数据完好率，首先必须计算预计观测到的历元数。预计观测到的历元数是根据广播星历、低轨卫星概略坐标(或初始轨道，另外，这里认为天线是沿着径向指向上方)和采样间隔来计算，具体步骤如下。

根据 GPS 广播星历或精密星历，以及低轨卫星概略坐标计算每颗 GPS 卫星对于该低轨卫星的可见弧段长度(在一定的截止高度角条件下)。

(1)根据采样间隔和可见弧段长度计算观测历元数，所有弧段的观测历元数之和为预计观测到的总历元数；

(2)利用实测数据文件统计实际观测数据的总历元数(在一定的截止高度角条件下)；

(3)完好率=实际观测得到的历元数/预计观测到的历元数。

具体过程如图 4.17 所示。

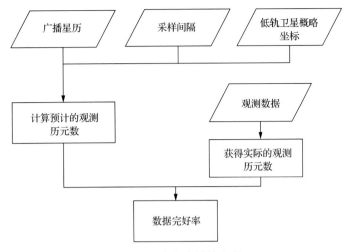

图 4.17 完好率计算流程

2. 评估结果

对 2012 年 7 月 10~27 日的星载 GPS 数据进行了质量分析，数据质量评价的主要方面有数据完好率、伪距多路径观测误差(MP1、MP2)、观测数与周跳数的比值(o/slps)，具体见表 4.5。由表 4.5 可以看出，P2 码多路径观测误差小于 P1 多路径误差(7 月 27 日 MP1 较大)，o/slps 变化幅度较大，在 26~41 之间变化，一定程度上反映了数据的稳定性和数据的质量变化。

表 4.5 资源三号卫星星载 GPS 观测数据质量评估结果

时间(年.月.日)	数据完好率/%	MP1/m	MP2/m	o/slps
2012.07.10	31	0.43	0.36	39
2012.07.11	34	0.42	0.36	39
2012.07.12	30	0.40	0.36	36
2012.07.13	32	0.43	0.37	36
2012.07.14	29	0.40	0.35	41
2012.07.15	31	0.41	0.38	26
2012.07.16	32	0.42	0.37	33
2012.07.17	33	0.44	0.36	36
2012.07.18	31	0.43	0.37	34
2012.07.19	31	0.40	0.36	39
2012.07.20	32	0.43	0.36	43
2012.07.21	32	0.42	0.36	37
2012.07.22	31	0.44	0.37	40
2012.07.23	33	0.44	0.35	40
2012.07.24	33	0.44	0.38	39
2012.07.25	34	0.42	0.35	40
2012.07.26	30	0.46	0.38	37
2012.07.27	33	1.76	0.36	36

4.4.3　事后精密定轨结果与精度验证

1. 数据来源

选取 2012 年 7 月 18~27 日共 10 天的星载 GPS 数据，通过无电离层组合消除电离层一阶延迟误差。定轨过程中使用到的各类数据见表 4.6。

表 4.6　定轨使用的各类数据来源

数据名称	来源	描述
星载 GPS 数据	国家测绘地理信息局卫星测绘应用中心	采样率为 1 秒的实测数据
GPS 卫星精密星历和钟差	ftp://ftp.unibe.ch/aiub/CODE/	GPS 精密星历及 30 秒钟差
SLR 数据	ftp://cddis.gsfc.nasa.gov/pub/slr/data/npt_crd	CRD 格式数据
GPS 接收机天线相位中心偏差	资源三号卫星研制文件	在星固系中，GPS 接收机天线相位中心与卫星质心之间的偏差
SLR 反射器质心偏差	资源三号卫星研制文件	在星固系中，SLR 反射器几何中心与卫星质心之间的偏差

2. 定轨策略

资源三号卫星定轨采用统计定轨原理和最小二乘批处理算法。选取的力学模型和估计参数见表 4.7(赵春梅和唐新明，2013)。

表 4.7　力学模型及解算参数

摄动力及解算参数		描　述
摄动力	地球重力场	GGM02c(100×100)阶
	N 体摄动	DE405
	固体潮摄动	IERS2003
	海潮摄动	CSR3.0
	太阳光压	BERN 9 参数模型
	经验摄动	每 15 分钟在 R、T、N 方向上各设置 1 个随机脉冲参数，共 96 组
解算参数	初始轨道	三维位置和速度
	太阳光压参数	9 个
	经验参数	每天 96 组随机脉冲参数

3. 精度评估

1) 重叠弧段检验

选取定轨弧长为 30 小时，轨道重叠 6 小时，选取中间的 3 小时重叠弧段进行比较。

2012 年 7 月 18~27 日，共有 9 个重叠弧段，第 1 重叠弧段精度在 X、Y、Z 和 R、T、N 方向上的变化情况如图 4.18 所示。可以看出，重叠弧段精度在 X、Y、Z 和 R、T、N 方向上变化幅度不大，没有明显的系统偏差，重叠弧段三维位置精度为 4.2 cm。

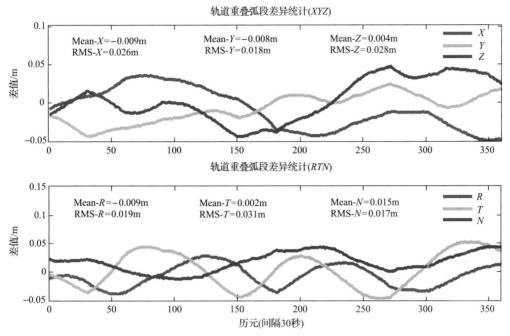

图 4.18　2012 年 7 月 18~19 日重叠弧段的轨道差异

7 月 18~27 日 9 个重叠弧段的轨道精度比较结果如图 4.19 所示，在 R、T、N 方向上的差异以及三维位置（POS）误差，具体见表 4.8。可以看出，重叠弧段的位置精度在 2.30~

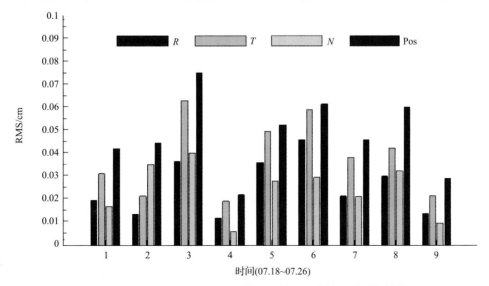

图 4.19　2012 年 7 月 18~27 日资源三号卫星定轨重叠弧段精度

表 4.8   2012 年 7 月 18~27 日资源三号卫星定轨重叠弧段精度统计   （单位：cm）

重叠弧段号	R	T	N	P_{os}
1	1.92	3.10	1.69	4.02
2	1.34	2.14	3.50	4.32
3	3.50	6.02	3.75	7.91
4	1.15	1.91	0.58	2.30
5	3.21	4.45	2.26	5.93
6	4.11	4.50	2.04	6.43
7	2.14	3.80	2.12	4.85
8	2.98	4.23	3.21	6.09
9	1.35	2.14	0.95	2.71

7.91 cm 之间，由于每一弧段均为独立定轨，可以认为定轨精度不相关，根据误差传播定律，可以求出资源三号卫星的定轨精度为 $\frac{2.30}{\sqrt{2}} \sim \frac{7.91}{\sqrt{2}}$ cm，即 1.63~5.59 cm。定轨精度的变化也在一定程度上反映星载 GPS 的精度和稳定性。

2）SLR 精度校核

2012 年 7 月 18~27 日，全球共有 17 个 SLR 站获得了资源三号卫星的 SLR 数据，图 4.20 反映了 SLR 直接测得的站星距与星载 GPS 定轨结果计算得到的站星距之差的变化。与 SLR 相比，站星距残差没有明显的系统误差(均值为–0.002 m)，均方根误差为 0.039 m。此精度与一般低轨卫星，如海洋二号卫星、GRACE 卫星等的定轨结果一致（赵春梅和唐新明，2013）。

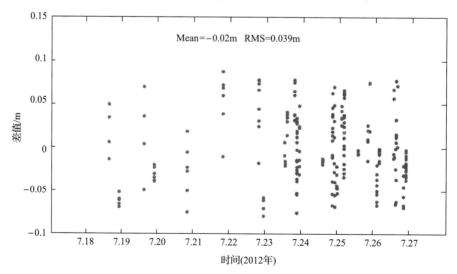

图 4.20   资源三号卫星 SLR 观测与星载 GPS 定轨结果的比较

4.4.4　星上实时定轨精度评估

星载 GPS 接收机可以对资源三号卫星进行星上实时定轨，可对卫星进行粗略定位，定轨结果随观测数据一同被地面站接收。将事后的星载 GPS 定轨结果与星上自主定轨结果进行了比较，结果如图 4.21 所示。可以看出，X、Y、Z 方向上轨道差异变换较为平稳，但存在系统偏差。

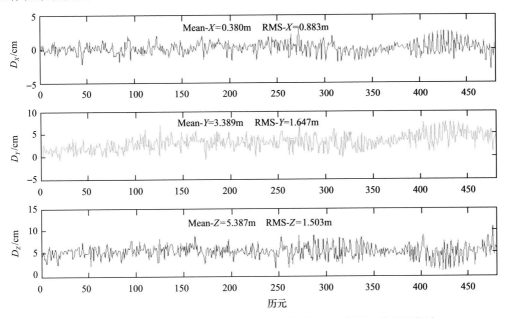

图 4.21　2012 年 7 月 18 日星载 GPS 定轨结果与星上数据比较差异统计

2012 年 7 月 18~27 日资源三号卫星实时定轨结果与事后精密定轨结果的差异统计见表 4.9 和图 4.22。图中，横坐标为时间，纵坐标分别表示均值(Mean)和均方根误差(RMS)

表 4.9　星载 GPS 定轨结果与星上实时定轨结果的比较

日期(年.月.日)	X/m		Y/m		Z/m	
	Mean	RMS	Mean	RMS	Mean	RMS
2012.07.18	0.380	0.883	3.389	1.647	5.387	1.503
2012.07.19	0.777	0.642	0.309	1.046	0.865	1.149
2012.07.20	−0.582	0.914	0.913	1.254	3.877	2.377
2012.07.21	−0.727	0.884	−0.151	1.278	2.102	2.019
2012.07.22	−1.308	0.867	1.271	1.947	3.672	1.087
2012.07.23	−0.887	0.762	3.504	1.818	5.939	1.609
2012.07.24	−2.447	1.028	1.028	1.410	5.649	2.351
2012.07.25	−1.557	1.156	0.735	1.507	3.039	2.499
2012.07.26	−0.420	0.578	1.440	1.183	4.605	1.318
2012.07.27	−1.305	0.947	−1.356	1.460	1.842	2.155

显然，由于星上实时定轨结果是采用 GPS 广播星历和接收机码观测值求得的，精度相对较低，存在比较明显的系统偏差。

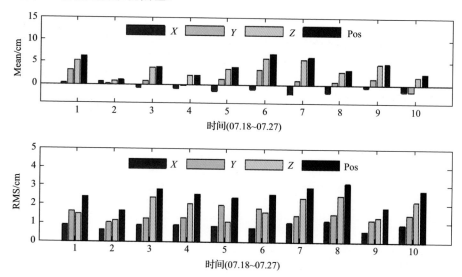

图 4.22　2012 年 7 月 18~27 日事后精密定轨结果与星上实时定轨结果比较

第5章　精密定姿技术

本章在介绍国内外当前主流测绘遥感卫星采用的星敏和陀螺精密定姿现状的基础上，主要阐述星敏和陀螺定姿相关问题，并分析资源三号卫星星敏和陀螺下传数据处理情况。

5.1　姿态的表达形式

姿态的数学描述可以采用欧拉角、四元数、Rodrigues 参数和方向余弦矩阵等方法。采用不同的姿态参数，可以构成不同的坐标系转换矩阵，称为姿态矩阵。因为卫星姿态是唯一确定的，因此，各种姿态参数之间可以互相转化。本节根据实际应用，简要介绍两种欧拉角、四元数两种主要姿态表达形式(娇媛媛，2007)。

1. 欧拉角

欧拉角是一种简便、直观且具有明显几何意义的姿态参数。根据欧拉定理，刚体绕固定点的角位移可以看作是绕该点的若干次有限转动的合成。在欧拉转动中，将参考坐标系转动三次得到星体坐标系。在三次转动中每次的旋转轴是被转动坐标系的某一坐标轴，每次的转动角即为一个欧拉角。图 5.1 中给出了最常用的 3-1-2 转动顺序，各次转角依次为 Ψ、Φ、θ，即为三个欧拉角，它们描述了星体坐标系与参考坐标系 $O\text{-}XYZ$ 之间的关系。

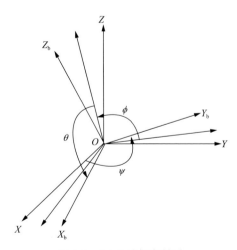

图 5.1　3-1-2 欧拉角转动

用欧拉角确定姿态矩阵是三次坐标转换矩阵的乘积：

$$A_{312}(\psi,\phi,\theta) = A_y(\theta)A_X(\phi)A_Z(\psi)$$

$$= \begin{pmatrix} \cos\psi\cos\theta - \sin\psi\sin\phi\sin\theta & \sin\psi\cos\theta + \cos\psi\sin\phi\sin\theta & -\cos\phi\sin\theta \\ -\sin\psi\cos\phi & \cos\psi\cos\phi & \sin\phi \\ \cos\psi\sin\theta + \sin\psi\sin\phi\cos\theta & \sin\psi\sin\theta - \cos\psi\sin\phi\cos\theta & \cos\phi\cos\theta \end{pmatrix} \quad (5.1)$$

三次坐标转换矩阵具有如下标准形式

$$A_z(\psi) = \begin{pmatrix} \cos\psi & \sin\psi & 0 \\ -\sin\psi & \cos\psi & 0 \\ 0 & 0 & 1 \end{pmatrix}, \quad A_x(\phi) = \begin{pmatrix} 1 & 0 & 0 \\ 0 & \cos\phi & \sin\phi \\ 0 & -\sin\phi & \cos\phi \end{pmatrix}, \quad A_y(\theta) = \begin{pmatrix} \cos\theta & 0 & -\sin\theta \\ 0 & 1 & 0 \\ \sin\theta & 0 & \cos\theta \end{pmatrix}$$

$$(5.2)$$

3-1-2 欧拉角与姿态矩阵元素的关系为

$$\psi = -\arctan\left(\frac{A_{yx}}{A_{yy}}\right), \quad \phi = \arcsin(A_{yz}), \quad \theta = -\arctan\left(\frac{A_{xz}}{A_{zz}}\right) \quad (5.3)$$

式中，$A_{ij}(i,j=x,y,z)$ 为姿态矩阵 A_{312} 的第 i 行第 j 列元素。

如果参考坐标系为轨道坐标系 $O\text{-}X_oY_oZ_o$，欧拉角 ϕ、θ、Ψ 分别被称为滚动角、俯仰角和偏航角。

2. 四元数

四元数是具有 4 个元素的超复数，它可以描述一个坐标系或一个矢量相对于某一坐标系的旋转。

定义如下 4 个元素：

$$\begin{cases} q_0 = \cos(\sigma/2) \\ \bar{q} = [q_1 \ q_2 \ q_3]^T = \sin(\sigma/2)e \end{cases} \quad (5.4)$$

式中，σ 为欧拉角；e 为欧拉转轴。将这 4 个元素按如下列向量形式组合：

$$q = \begin{bmatrix} q_0 \\ \bar{q} \end{bmatrix} = [q_0 \ q_1 \ q_2 \ q_3]^T \quad (5.5)$$

四元数有 3 个自由度，并且满足如下的规范化约束条件

$$q^T q = |\bar{q}|^2 + q_0^2 = 1 \quad (5.6)$$

四元数表示法的优点是具有一些简单、直接的运算及合成法则。对任意四元数 p、q，定义四元数乘积为

$$p \otimes q = \{p\}_L q = \{q\}_R p \tag{5.7}$$

式中，算子"$\otimes$"表示四元数的乘法运算，矩阵 $\{\overline{p}\}_L$、$\{\overline{q}\}_R$ 定义为

$$\{p\}_L = \begin{bmatrix} p_0 & -p_1 & -p_2 & -p_3 \\ p_1 & p_0 & -p_3 & p_2 \\ p_2 & p_3 & p_0 & -p_1 \\ p_3 & -p_2 & p_1 & p_0 \end{bmatrix} = p_0 I_{4\times4} + \begin{bmatrix} 0 & -\overline{p}^T \\ \overline{p} & [\overline{p}\times] \end{bmatrix} \tag{5.8}$$

$$\{q\}_R = \begin{bmatrix} q_0 & -q_1 & -q_2 & -q_3 \\ q_1 & q_0 & q_3 & -q_2 \\ q_2 & -q_3 & q_0 & q_1 \\ q_3 & q_2 & -q_1 & q_0 \end{bmatrix} = q_0 I_{4\times4} + \begin{bmatrix} 0 & -\overline{q}^T \\ \overline{q} & -[\overline{q}\times] \end{bmatrix} \tag{5.9}$$

式中，$[\overline{q}\times]$ 称为 q 的反对称阵，表示为

$$[\overline{q}\times] = \begin{bmatrix} 0 & -q_3 & q_2 \\ q_3 & 0 & -q_1 \\ -q_2 & q_1 & 0 \end{bmatrix} \tag{5.10}$$

根据四元数乘积的定义，对四元数 q 可以方便地定义其逆元素为

$$q^{-1} = \begin{bmatrix} q_0 & -\overline{q}^T \end{bmatrix}^T \tag{5.11}$$

则有

$$q \otimes q^{-1} = q^{-1} \otimes q = \begin{bmatrix} 1 & 0 & 0 & 0 \end{bmatrix}^T \tag{5.12}$$

根据欧拉旋转公式及四元数定义，四元数姿态矩阵可表示为

$$A(q) = (q_0^2 - |\overline{q}|^T)I_{3\times3} + 2\overline{q}\overline{q}^T - 2q_0[\overline{q}\times]$$

$$= \begin{bmatrix} 2(q_0^2 + q_1^2) - 1 & 2(q_1q_2 + q_0q_3) & 2(q_1q_3 - q_0q_2) \\ 2(q_1q_2 - q_0q_3) & 2(q_0^2 + q_2^2) - 1 & 2(q_2q_3 + q_0q_1) \\ 2(q_1q_3 + q_0q_2) & 2(q_2q_3 - q_0q_1) & 2(q_0^2 + q_3^2) - 1 \end{bmatrix} \tag{5.13}$$

注意到四元数姿态矩阵是由四元数 q 的二次项组成，因此，对于四元数 $-q = \begin{bmatrix} -q_0 & -\overline{q}^T \end{bmatrix}^T$，也可以得到上式所示的姿态矩阵。四元数的这种非唯一性是与欧拉轴/角的非唯一性相一致的。例如，假设欧拉旋转角分别为 0 和 2π，则相应的四元数分别为 $\begin{bmatrix} 1 & 0 & 0 & 0 \end{bmatrix}^T$ 和 $\begin{bmatrix} -1 & 0 & 0 & 0 \end{bmatrix}^T$，但物理意义上这两者实际代表同一种姿态、同一种旋转，并无区别。一般我们用四元数正值进行计算。

四元数表示的姿态矩阵的合成法则可表示为

$$A(q_3) = A(q_2)A(q_1) \tag{5.14}$$

将式(5.13)代入上式，展开求解，可得到四元数的合成法则为

$$q_3 = q_1 \otimes q_2 \tag{5.15}$$

注意四元数与姿态矩阵的合成顺序正好相反。假设已知初始四元数及目标四元数，则由式(5.15)很容易确定所需的机动四元数

$$q_{机动} = q_{初始}^{-1} \otimes q_{目标} \tag{5.16}$$

3. 欧拉角与四元数的关系

若按转序 3-1-2 进行三次欧拉转动，则其姿态角 (ϕ, θ, ψ) 与欧拉参数 q_i (i=0,1,2,3) 的相互表示关系式分别为

$$\begin{bmatrix} \phi \\ \theta \\ \psi \end{bmatrix} = \begin{bmatrix} \sin^{-1}[2(q_2q_3 + q_0q_1)] \\ \tan^{-1}\dfrac{2(q_1q_3 - q_0q_2)}{1 - 2(q_0^2 + q_3^2)} \\ \tan^{-1}\dfrac{[2(q_1q_2 - q_0q_3)]}{1 - 2(q_0^2 + q_2^2)} \end{bmatrix} \tag{5.17}$$

$$\begin{bmatrix} q_0 \\ q_1 \\ q_2 \\ q_3 \end{bmatrix} = \begin{bmatrix} \cos\dfrac{\phi}{2}\cos\dfrac{\theta}{2}\cos\dfrac{\psi}{2} - \sin\dfrac{\phi}{2}\sin\dfrac{\theta}{2}\sin\dfrac{\psi}{2} \\ \sin\dfrac{\phi}{2}\cos\dfrac{\theta}{2}\cos\dfrac{\psi}{2} - \cos\dfrac{\phi}{2}\sin\dfrac{\theta}{2}\sin\dfrac{\psi}{2} \\ \cos\dfrac{\phi}{2}\sin\dfrac{\theta}{2}\cos\dfrac{\psi}{2} + \sin\dfrac{\phi}{2}\cos\dfrac{\theta}{2}\sin\dfrac{\psi}{2} \\ \sin\dfrac{\phi}{2}\sin\dfrac{\theta}{2}\cos\dfrac{\psi}{2} + \cos\dfrac{\phi}{2}\cos\dfrac{\theta}{2}\sin\dfrac{\psi}{2} \end{bmatrix} \tag{5.18}$$

5.2　星敏定姿

5.2.1　概　　述

1. 发展历程

星敏的发展一共经历了 3 个阶段：基于析像管的星敏、第一代 CCD 星敏和第二代 CCD 星敏。星敏最早在 20 世纪 40 年代末到 50 年代初研制成功，主要用于飞机和导弹

的制导。60 年代中期,星敏开始应用于卫星及其他空间飞行器。一般采用析像管作为探测器件,如小型卫星(SAS-C),由于析像管使用聚焦和偏移线路的模拟器件,需要经过严格的校正后,姿态测量精度才达到 30″(王晓东,2003)。70 年代初电荷耦合器件(CCD)的出现,极大地促进了 CCD 星敏的研制和发展,早期的 CCD 星敏的姿态精度一般都达到几十角秒,称为第一代星敏。到 90 年代中,已发展到具有高可靠性、小型一体化、自主性强、大视场、高数据更新率、高精度等特性的第二代 CCD 星敏,其姿态测量精度一般优于 10″,一些小视场的星敏精度达到或优于 1″,如德国的 ASTRO15 CCD 敏感器。近几年出现了 CMOS APS(有源像元图像传感器),将会使星敏的发展出现新的飞跃(李杰,2005)。

当前广为应用的主要是 CCD 星敏。美国、俄罗斯、日本、ESA 各国、印度等都已成功研制出各种型号的星敏,且在卫星、飞船、航天飞机、空间站上广泛使用。

表 5.1 列出了国外几种星敏产品的指标。由于星敏光轴指向精度仅与恒星提取误差、恒星数量有关,光轴指向精度相对较高。而横滚角还与参加计算的恒星分布有关,可以看出星敏的光轴指向精度比横滚角精度高几倍。

表 5.1　几种星敏精度比较

产品	公司	精度
CNES	法国 MMS	<7.2 arcsec [1σ] pitch/yaw,<36 arcsec [1σ] roll
GNC	意大利 Officine Galieo	<7 arcsec [1σ]pitch/yaw,　<55 arcsec [1σ] roll
A-STR	意大利 Officine Galileo	<7 arcsec [3σ]Pitch/yaw,　<30 arcsec [3σ] roll
ASTRO APS	德国 Jena-Optronik GmbH	< 2 arcsec [1σ]pitch/yaw,　< 15 arcsec[1σ] roll
ASTRO 15	德国 Jena-Optronik GmbH	< 1 arcsec [1σ]pitch/yaw,　< 10 arcsec [1σ]roll

2. 定姿原理与流程

星敏定姿是通过恒星相机对恒星摄影,利用摄取的恒星影像确定飞行器(如卫星)的姿态的方法和技术。如图 5.2 所示,恒星 S_1、S_2、S_3 经过恒星相机的镜头在 CCD 上成像,构成恒星图形(星图),经过与恒星数据库比对识别出星图后,根据恒星的像点

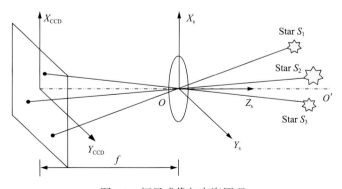

图 5.2　恒星成像与定姿原理

坐标和恒星的天球坐标可以计算出恒星相机在天球坐标系中的姿态，再由恒星相机与卫星本体的安装角就可以确定卫星的三轴瞬时姿态(龚健雅，2007)。

定姿的主要流程图如图 5.3 所示，分为导航星选取、导航星表建立、星像点提取、星图识别、姿态计算等步骤，简要阐述如下。

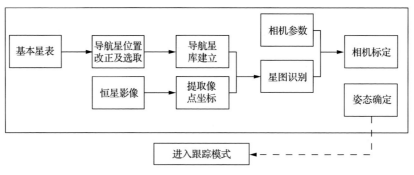

图 5.3　恒星定姿简要流程

(1)导航星选取。首先从全天球星表中选取出星敏可探测、分布均匀的恒星构成子星表；

(2)导航星表建立。以选取的子星表为基础，根据算法设计，构造用于星图识别的模型特征库，即导航星表；

(3)星像点坐标提取。星图获取后，根据星图提取算法获取当前拍摄星图上星像点的质心坐标；

(4)星图识别。将提取的质心坐标构成与模型特征库同构模式进行星图识别，找出星图上星像点对应的子星表中的恒星；

(5)相机标定。由于在星图识别和姿态计算过程中，均需要恒星相机参数参与计算。相机参数的精度对定姿的可靠性与精度有着不可忽视的影响，因此，恒星相机标定也是星敏定姿的重要步骤之一；

(6)姿态计算。利用识别的恒星在影像坐标系与天球坐标系中对应的位置信息，利用姿态确定算法获取当前的星敏的姿态。

5.2.2　星敏定姿

1. 星像点坐标提取

由于恒星可被认为是位于无限远处的点光源，其能量辐射到焦平面时，理论上星像点的能量将聚集在一个像元内。通常为了获得更高的精度，要设计一个散焦的光学系统，使星像点能量覆盖多个像元，通过亚像素质心提取算法可以得到亚像素级的质心。由于太空中环境复杂，CCD 相机系统的限制，拍摄的星图含有大量的噪声，并且曝光时还伴随着一定的拖尾，如何提升星像点质心提取精度是精密定姿的一个研究内容。

目前，星象点提取算法一般采用内插细分算法。其实现方法如图 5.4 所示，通过光学离焦，使恒星成像时像点亮度信号相对均匀地分布到相应位置上，通过阈值剔除图像背景噪声后，由内插算法求出星像精确位置。

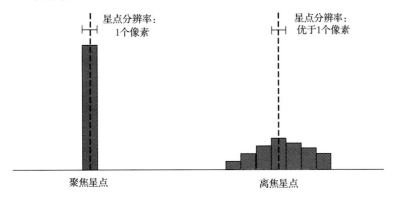

图 5.4　星像点采样原理(李平，2006)

内插细分测量的方法较多，典型的有矩心算法和高斯曲面拟合法等。

1) 矩心算法

灰度加权算法是传统灰度重心的改进算法(李平，2006)，由于恒星能量在水平和垂直方向上是独立的，因此按照水平、垂直两个方向分别求取质心，其计算公式为

$$
\begin{cases}
\bar{x} = \sum_{i=1}^{n} x_i p(x_i, y_i) \Big/ \sum_{i=1}^{n} p(x_i, y_i) \\
\bar{y} = \sum_{i=1}^{n} y_i p(x_i, y_i) \Big/ \sum_{i=1}^{n} p(x_i, y_i)
\end{cases}
\tag{5.19}
$$

式中，$\bar{x}$，$\bar{y}$ 为质心坐标；n 为图像占据的像素个数，且 $n \geq 2$；(x_i, y_i) 为第 i 个像素的坐标；$p(x_i, y_i)$ 为第 i 个像素的灰度值。

这种方法较多地利用了周围能量值比较低的像素，适用于比较对称的图像中，可显著降低每个测量数据对整个信号的影响，有利于消除系统误差，减小随机误差，提高值的稳定性和重复精度。它的这种优越性，使其成为星敏信号处理中超精度内插细分技术采用的最主要的算法。

2) 高斯曲面拟合法

由于在离焦过程中，恒星光斑近似服从高斯分布，因此，利用高斯分布函数进行星象点质心提取反算，具有切实可行性。假设每个像素的能量值 $p(x_i, y_i)$ 都服从以 (x_K, y_K) 为中心的二维高斯分布，其分布函数如下：

$$
p(x_i, y_i) = \frac{I}{2\pi \sigma_x \sigma_y} \exp\left(-\frac{(x_i - x_K)^2}{2\sigma_x^2} - \frac{(y_i - y_K)^2}{2\sigma_y^2} \right)
\tag{5.20}
$$

假设在 X 方向上和在 Y 方向上的标准差相等，即 $\sigma_x = \sigma_y = \sigma$，$\sigma$ 与散焦程度和像

差大小的综合效果有关，当 $\sigma < 0.671$ 时，有 95%以上的光能量落在 3×3 的窗口内（王广君和房建成，2005）。参数 I 与星等有关，星敏定型后，σ 为常数，I 与星等构成固定的函数关系。

利用最小二乘法可以计算出高斯函数的中心，即为星体的中心位置坐标。由于充分利用了星像灰度分布信息，高斯曲面拟合计算精度较高，抗干扰能力也较强。

2. 星图识别

星图识别是识别星图上的恒星像点对应的恒星是星表中哪颗恒星，建立两者一一对应的关系。星图识别是建立星像点和导航星关联的桥梁，是决定星敏定姿成功与否的关键。原始星表记录了星号、星名、星等、赤经、赤纬、自行等恒星数据(须同祺和李竞，2006)。恒星识别一般通过恒星构成的图形来与预先生成的导航星表进行比对来实现。导航星表是由基本星表根据识别算法所用的比对模式生成的数据库。基本星表是从原始星表中根据亮度、恒星天球分布等要求选取的子星表。星图识别根据卫星飞行过程中识别状态可分为全天自主识别和跟踪识别。全天自主识别不需要其他敏感设备(如陀螺仪)提供初始粗姿态，在完全自主工作状态下完成识别。在自主识别成功实现星图的初始捕获后，星敏信息处理系统将转入星图的跟踪过程。

由于全天自主识别模式相对复杂，具有较强的现实意义。本节将介绍几种典型的自主星图识别方法。根据比对的模式，目前比较流行的自主星图识别算法有三角形匹配算法、匹配组算法(Curtis et al.，1997；Xie et al.，2012)、栅格算法(Scholl，1993；Curtis et al.，1997；李立宏，2000)。

后续发展的方法主要有奇异值分解算法(Kalispell，1987；Juang et al.，2003)、基于遗传算法的方法(Paladugu et al.，2003；李立宏，2000)和基于神经网络的算法(Hong & Dickerson，2000；Paladugu & Dickerson，2000；李春艳，2003)等，这里不一一介绍。

1) 三角形匹配算法

三角形算法的核心思想是预先把基本星表中的恒星进行组合，构成三角形模式数据库(三角形导航星表)，在定姿时实时地把提取的恒星像点进行组合生成恒星三角形，然后与数据库中的同构三角形进行匹配，唯一地确定所摄影的恒星(Scholl，1993；Curtis et al.，1997；李立宏，2000)。

图 5.5 给出了三角形星模式识别算法的实现过程。首先从星敏实时星图中选取不共线三颗星组成一个待识别的星三角形，通过与导航星表中的星三角形进行比较，在满足匹配约束条件下完成对星模式的识别。

星模式识别的三角形算法具体实现过程如下：

(1)从星图中选出最亮的 a_k 恒星，组成 $C_{a_k}^3$ 个待识别的恒星三角形；

(2)对每一个星三角形，标记其顶点，三条边对应的星对角距按照升序排列，与导航星表中星对角距进行比较，找出满足差值在 $\pm \varepsilon_d$ (角距误差阈值) 范围内的星对；

(3)对于上一步得到的每一个星对，确定被标识的敏感器顶点星与对应导航星的星等误差是否在±ε_b（星等误差门限）范围内；如果是，把该导航星对放进匹配表中；

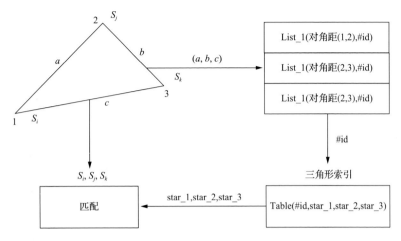

图 5.5　三角形星模式识别算法

（4）如果匹配表为空，显示匹配失败；否则，检查是否所有的导航星对在同样的星敏视场角范围内。如果不是，在同样的视场角内存在最大的导航星组，认为这一组为识别结果星组。否则，显示匹配失败。

2）匹配组算法

匹配组方法的原理是预先建立两两组合的星对数据库（星对角距导航星表），在定姿时实时地把提取的恒星像点组合成星对，然后与数据库中的星对进行匹配，通过多个匹配的星对（匹配组）唯一地确定所摄影的恒星（Curtis et al.，1997）。算法具体实现过程如下。

（1）从恒星星图中选出最亮的 a_k 个星像点对象；

（2）将 a_k 个星点对象分别作为顶点星，计算它与相邻星的星对角距，在导航星对角距数据库中找到误差在±ε_d 范围内的片段；

（3）对于星图中每一个星组，如果可能，标记每一个片段中星等误差在±ε_b 范围内的所有导航星；在适当的匹配组中记录每一个片段；

（4）通过确认匹配组中星对角距关系，找出最大一致匹配组；

（5）如果不存在最大一致匹配组，或者最大匹配组不充分满足条件，则算法失败；否则匹配组给出导航星和观测星之间正确的对应关系。

3）栅格算法

如图 5.6 所示，星图识别的栅格算法也是一种直观的方法（李立宏，2000）。其步骤如下：首先选择一颗星 S_i，在以 r 为半径的圆周外找一颗最近的星 S_n；以 S_i 为原点、从 S_i 到 S_n 的方向为 x 轴正向确定一个坐标系统，在该坐标系上定义一个网格：敏感器星图上在模式半径 r_p 范围内的所有观测星投影到这个网格上；网格大小为 $g×g$，典型情况下分辨率比敏感器 CCD 分辨率小得多；匹配模式是简单的位矢量，有观测星的网格值是 1，没有观测星的网格值是 0；这个模式就是星 S_i 的特征。

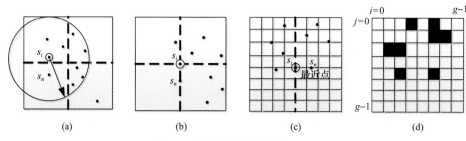

图 5.6 栅格算法中模式建立过程

该算法的具体实现过程如下：

(1) 从恒星星图中选出最亮的 a_k 个星对象；

(2) 对每一个星点对象，找出半径 r_p 外最近的一颗星，确定网格指向，然后利用整个视场形成一个模式；

(3) 找出导航模式中最相近的匹配模式，如果匹配数超过 m，就把敏感器观测星与模式相关联的导航星配对；

(4) 进行类似三角形算法的一致性检测，寻找视场角直径范围内最大识别星组，如果该组大小大于 1 则返回这一组的配对结果，如果不存在最大组，或者不能进行识别，则报告错误。

4) 几种典型星图识别算法的比较

目前几种主流星图识别算法都存在一些不足，如三角形存储容量大，不利于快速计算；栅格法对星等存在严重依赖，可靠性低；匹配组算法复杂，匹配速度慢。其优缺点归纳如表 5.2 所示。

表 5.2 常见星图识别算法比较

星模式识别算法	优点	缺点
三角形匹配算法	匹配简单	以三角形为基元，公共边重复存储，导航星表容量大且易冗余匹配
栅格算法	导航星容量小，识别率高	需 CCD 视场内有较多恒星，对视场和星等灵敏度有严格要求
匹配组算法	识别准确率可接近 100%	算法复杂，在识别过程中所需的运算量和存储容量都比较大

3. 星敏在轨标定

由于设计和制造过程的偏差，星敏工作过程中光、机、电性能的改变等，都会不同程度地给星敏引入误差，影响星敏的精度，需要对其进行标定，美国得克萨斯州 T&M 大学和 JPL 实验室在这个方面的工作比较突出。

恒星相机标定根据卫星发射前后可分为地面标定(孙才红，2002；Samaan，2003)和在轨标定(陈雪芹和耿云海，2006)。其标定的方法主要有利用恒星模拟器和精密转台标定(孙才红，2002)、利用天文方法来标定(李春艳等，2006)、基于恒星影像的标定(Samaan，2003；张辉等，2005)、利用多敏感器定姿相互标定(陈雪芹和耿云海，2006)

等、基于后方交会的标定方法(王之卓,1979;谢俊峰等,2011)等。标定的内容包括星像点与对应天球坐标系下经纬度的标定系数(孙才红,2002;李春艳等,2006),相机内部的参数(主距、主点、畸变差等)(Samaan,2003;郝雪涛等,2005;张辉等,2005;谢俊峰,2009)以及安装误差(陈雪芹和耿云海,2006)等。下面简要介绍一下基于观测矢量的标定方法(Samaan,2003)。

根据理想的小孔成像模型,星敏得到的测量星向量和星库星向量之间有一一对应关系,但是由于星敏参数改变,使得这种对应关系出现偏差。

如图 5.7 所示,每颗星在星表中有唯一的方向矢量,即

$$\hat{V}_i = \begin{pmatrix} \cos\alpha_i \cos\delta_i \\ \sin\alpha_i \cos\delta_i \\ \sin\delta_i \end{pmatrix} \tag{5.21}$$

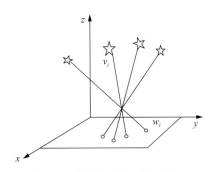

图 5.7 恒星摄影方向矢量图

式中,(α_i,δ_i) 是导航星表中序号为 i 的星的赤经和赤纬。经过星敏成像后,i 星在恒星相机 CCD 上的坐标为 (x_i,y_i),则对应的成像的测量向量为

$$\hat{w}_i = \frac{1}{\sqrt{((x_i-x_0)^2 + (y_i-y_0)^2 + f^2)}} \begin{pmatrix} -(x_i-x_0) \\ -(y_i-y_0) \\ f \end{pmatrix} \tag{5.22}$$

式中,f 为恒星相机的主距;(x_0,y_0) 是恒星相机主光轴与像面的交点。

当星敏处于某一姿态矩阵 $\boldsymbol{A}$ 时,i 星理想的测量矢量为 $\boldsymbol{w}_i$,和其固有的方向矢量 $\boldsymbol{v}_i$ 的关系为

$$\boldsymbol{w}_i = \boldsymbol{A}\boldsymbol{v}_i \tag{5.23}$$

理想得到的 i 星和 j 星之间的星对角距的余弦值为

$$\cos\alpha_{ij} = \boldsymbol{w}_i^{\mathrm{T}}\boldsymbol{w}_j = \boldsymbol{v}_i^{\mathrm{T}}\boldsymbol{A}^{\mathrm{T}}\boldsymbol{A}\boldsymbol{v}_j = \boldsymbol{v}_i^{\mathrm{T}}\boldsymbol{v}_j \tag{5.24}$$

把式(5.21)代入式(5.24),得到

$$G(x_0, y_0, f) = \hat{V}_i^{\mathrm{T}} \hat{V}_j - \frac{(x_i - x_0)(x_j - x_0) + (y_i - y_0)(y_j - y_0) + f^2}{\sqrt{(x_i - x_0)^2 + (y_i - y_0)^2 + f^2} \sqrt{(x_j - x_0)^2 + (y_j - y_0)^2 + f^2}} = 0 \quad (5.25)$$

其误差方程为

$$v_i = \frac{\partial G_i}{\partial \hat{f}} \hat{f} + \frac{\partial G_i}{\partial \hat{x}_0} \hat{x}_0 + \frac{\partial G_i}{\partial \hat{y}_0} \hat{y}_0 + (G_i - G(f, x_0, y_0)) \quad (5.26)$$

当视场内有 n 颗星时，存在 C_n^2 个星对角距，共 C_n^2 个误差方程，根据最小二乘原理，迭代解算 (f, x_0, y_0)。这种方法基于拍摄星图，可直接用于地面标定，若以地面标定参数为初值，也可以用于恒星相机的在轨标定。

4. 姿态确定

1）单星敏姿态确定

卫星姿态确定是根据矢量测量来确定姿态的，大多数算法都是求解一个著名的非线性最小二乘问题——Wahba 问题（Wahba，1965）或它的等价形式。

假设有 N 维单位矢量 V_k，$k=1$，$\cdots$，N。对每个矢量，对应的基于星敏本体坐标系的矢量为 V_{kb}，基于惯性坐标系的矢量为 V_{ki}。方向余弦矩阵为 A，则对每个矢量满足

$$V_{kb} = A V_{ki} \quad (5.27)$$

Wahba 问题就是求矩阵 A，使下式最小

$$J(A) = \frac{1}{2} \sum_{k=1}^{N} \omega_k \left| V_{kb} - A V_{ki} \right|^2 \quad (5.28)$$

在理想情况下，即对于 N 维矢量，等式 $V_{kb} = A V_{ki}$ 均满足，此时 $J=0$。如果存在误差或测量噪声，则 $J > 0$。对这个最小化问题，有两种基本算法：q-方法和 QUEST 算法。

a. q-方法

式（5.28）可以写为

$$\begin{aligned} J(A) &= \frac{1}{2} \sum \omega_K (V_{kb} - A V_{ki})^{\mathrm{T}} (V_{kb} - A V_{ki}) \\ &= \frac{1}{2} \sum \omega_K (V_{kb}^{\mathrm{T}} V_{kb} + V_{ki}^{\mathrm{T}} V_{ki} - 2 V_{kb}^{\mathrm{T}} A V_{ki}) \end{aligned} \quad (5.29)$$

由于 V_{ki}、V_{kb} 均为单位矢量，有 $V_{kb}^{\mathrm{T}} V_{kb} = 1$，$V_{ki}^{\mathrm{T}} V_{ki} = 1$，上式可简化为

$$J(A) = \frac{1}{2} \sum \omega_K (1 - V_{kb}^{\mathrm{T}} A V_{ki}) \quad (5.30)$$

求 $J(A)$ 最小化问题就是使 $J'(A) = -\sum \omega_K V_{kb}^{\mathrm{T}} A V_{ki}$ 最小或者使下式最大：

$$G(A) = \sum \omega_K V_{kb}^{\mathrm{T}} A V_{ki} \tag{5.31}$$

求取这个最小化问题的关键就是用四元数 $q = \begin{bmatrix} q_0 & \overline{q}^{\mathrm{T}} \end{bmatrix}^{\mathrm{T}}$ 来表示增益函数 $G(A)$。当用四元数表示时，$G(A)$ 可表示为

$$G(q) = q^{\mathrm{T}} \boldsymbol{K} q \tag{5.32}$$

$\boldsymbol{K}$ 为 4×4 矩阵，形式如下：

$$\boldsymbol{K} = \begin{bmatrix} S - \sigma I & Z \\ Z^{\mathrm{T}} & \sigma \end{bmatrix} \tag{5.33}$$

这里

$$
\begin{aligned}
B_{3 \times 3} &= \sum_{k=1}^{N} \varpi_k \left(v_{kb} v_{ki}^{\mathrm{T}} \right) \\
S_{3 \times 3} &= B + B^{\mathrm{T}} \\
Z_{3 \times 3} &= \begin{bmatrix} B_{23} - B_{32} & B_{31} - B_{13} & B_{12} - B_{21} \end{bmatrix}^{\mathrm{T}} \\
\sigma &= \mathrm{tr}[B]
\end{aligned}
\tag{5.34}
$$

考虑到四元数的约束条件，引入一个拉格朗日乘子后得到新的增益函数，可以表示为

$$G_1(q) = q^{\mathrm{T}} \boldsymbol{K} q \text{-} \lambda q^{\mathrm{T}} q \tag{5.35}$$

对上式 q 求导，并使表达式等于零，得到

$$\boldsymbol{K} q = \lambda q \tag{5.36}$$

显然，最优估计就是矩阵 $\boldsymbol{K}$ 的特征向量。而这里有 4 个特征值，每个特征值有不同的特征向量。当使 $G(q)$ 取得最大值时，这个特征向量就是卫星的姿态 q。由于 $G(q)$ 与 q 的关系为

$$
\begin{aligned}
G(q) &= q^{\mathrm{T}} \boldsymbol{K} q \\
&= q^{\mathrm{T}} \lambda q \\
&= \lambda q^{\mathrm{T}} q \\
&= \lambda
\end{aligned}
\tag{5.37}
$$

可知最大特征值对应的 $G(q)$ 最大，此时的特征向量就是卫星姿态的最小二乘估计。

b. QUEST 方法

对于给定的基于体坐标系的测量矢量和已知的基于惯性坐标系的矢量，q-方法给出了卫星姿态的优化最小二乘估计。该方法的核心就是求解矩阵 $\boldsymbol{K}$ 的特征值和特征矢量。

在工程中，对卫星姿态确定的实时性要求比较高，因此，需要寻找一种更有效的方法，即 QUEST 算法(Malcolm，2001)。卫星姿态确定即求解 Wahba 问题，就是使式(5.38)、式(5.39)最小：

$$J = \frac{1}{2} \sum_{k=1}^{N} \omega_k |V_{kb} - A V_{ki}|^2 \tag{5.38}$$

$$J = \sum \omega_k (1 - V_{kb}^T A V_{ki}) \tag{5.39}$$

或使式(5.40)、式(5.41)最大

$$G = \sum \omega_k V_{kb}^T A V_{ki} \tag{5.40}$$

$$G = \lambda_{opt} \tag{5.41}$$

由式(5.39)、式(5.40)、式(5.41)联立，可得

$$\lambda_{opt} = \sum \omega_k - J \tag{5.42}$$

特征值最优时，J 最小。

因此，特征值可写为

$$\lambda_{opt} = \sum \omega_k \tag{5.43}$$

定义：

$$p = \frac{\bar{q}}{q_4} \tag{5.44}$$

特征解问题可写为

$$p = \left[\left(\lambda_{opt} + \sigma \right) I - S \right]^{-1} Z \tag{5.45}$$

采用高斯消元法，上式可写为

$$\left[\left(\lambda_{opt} + \sigma \right) I - S \right] p = Z \tag{5.46}$$

姿态四元数归一化为

$$\bar{q} = \frac{1}{\sqrt{1 + p^T p}} \begin{bmatrix} p \\ 1 \end{bmatrix} \tag{5.47}$$

2) 双星敏姿态确定

单个星敏可以实现确定三轴姿态，如前所述，由于星敏光轴精度较横轴精度高，为了进一步提高姿态测量精度，一般卫星上搭载两台或两台以上星敏进行定姿，采用两台星敏光轴矢量进行双矢量定姿即可确定更高精度的三轴姿态。

这里简要介绍基于两台星敏的双矢量测姿原理。星敏信息包括两个星敏光轴在惯性系下的矢量 $v_1(x, y, z)$、$v_2(x, y, z)$ 和测量时间，由矢量 v_1、v_2 计算得到本体坐标系到空间惯性参考坐标系的旋转矩阵原理如下。

设本体坐标系为 S_m 和惯性坐标系为 S_r，转换矩阵 C_{mr}；两观测矢量 W 和 U 在 S_m 和 S_r 下的方向矢量为 W_1、W_2 和 U_1、U_2。

以这两个观测矢量建立参考坐标系 S_c，S_c 在 S_m 坐标系下的正交坐标基为

$$a = W_1, \ b = (W_1 \times W_2) / |W_1 \times W_2|, \ c = a \times b \tag{5.48}$$

S_c 到 S_m 的姿态转换矩阵为

$$C_{cm} = \begin{Bmatrix} a^T \\ b^T \\ c^T \end{Bmatrix} \tag{5.49}$$

同理，S_c 在 S_r 坐标系下的正交坐标基为

$$A = U_1, \ B = (U_1 \times U_2) / |U_1 \times U_2|, \ C = A \times B \tag{5.50}$$

S_c 到 S_r 的姿态转换矩阵为

$$C_{cr} = \begin{Bmatrix} A^T \\ B^T \\ C^T \end{Bmatrix} \tag{5.51}$$

由于 $S_c = S_m C_{cm} = S_r C_{cr}$，$S_m = S_r C_{mr}$，故有 $C_{mr} = C_{cr} C_{cm}^{-1}$，即得到卫星本体相对于惯性坐标系的姿态转换矩阵，由此可以得到本体坐标系与惯性坐标系之间的转换矩阵。

5.3 陀 螺 定 姿

5.3.1 概　述

1. 发展历程

现代陀螺仪是一种能够精确地确定运动物体方位的仪器，它是现代航空、航海、航

天和国防工业中广泛使用的一种惯性导航仪器，它的发展对一个国家的工业、国防和其他高科技的发展具有十分重要的战略意义。

陀螺是一种能够测量相对于惯性系统的旋转速率的传感器。陀螺作为卫星精密定姿的重要部件，它主要测量惯性系下卫星姿态变化角速度，直接影响卫星有控制的地面测图精度。

陀螺主要分为机械陀螺和光学陀螺两类，其中，当前光学陀螺主要包括光纤陀螺与激光陀螺。机械陀螺依赖于转动惯量或者机械振动，不易操控，并需要大量的维护，属于早期陀螺类型。机械式的陀螺仪对工艺结构的要求很高，结构复杂，它的精度受到了很多方面的制约。自从 20 世纪 70 年代以来，现代陀螺仪的发展已经进入了一个全新的阶段。目前国外陀螺制造技术已从机械陀螺发展到长寿命轻型光纤陀螺与激光陀螺，从而为现代卫星高精度姿态确定奠定了硬件基础。1976 年国外提出了现代光纤陀螺仪的基本设想，到 80 年代以后，现代光纤陀螺仪就得到了非常迅速的发展。现代光纤陀螺仪包括干涉式陀螺仪和谐振式陀螺仪两种，它们都是根据塞格尼克的理论发展起来的。与此同时，激光谐振陀螺仪也有了很大发展。由于光纤陀螺仪具有结构紧凑、灵敏度高等优点，与机械陀螺相比，光纤陀螺无运动部件和磨损部件，成本低，寿命长，重量轻，体积小，动态范围大，抗电磁干扰，无加速度引起的漂移，结构设计灵活，生产工艺简单，应用范围广。和光纤陀螺仪同时发展的除了环式激光陀螺仪外，还有现代集成式的振动陀螺仪，集成式的振动陀螺仪具有更高的集成度，体积更小，也是现代陀螺仪的一个重要的发展方向（肖文等，2003）。

美、法、俄等国均在该领域投入了大量人力物力，并取得很大成果，代表性产品有美国的液浮陀螺、动调陀螺、光纤陀螺（FOG）和半球谐振陀螺（HRG）姿态测量装置，它们的精度达到了 0.0001°/ h。国内目前用于卫星姿态测量装置以液浮陀螺仪为主（杨大明，2000），新型惯性测量装置尚处于研究阶段（潘旺华，2004；周朝阳，2008）。

2. 原理

传统机械陀螺是高速回转体，它具有定轴性和进动性两大特征。定轴性指回转体的自旋轴可在惯性空间定向；进动性就是当陀螺受到外力矩作用时，其自旋轴将沿最短的途径趋向外力矩矢量。陀螺作为空间飞行器的姿态敏感器，分成两种类型：单自由度速率陀螺和单自由度速率积分陀螺。前者可测量飞行器的姿态角速度，后者可测姿态角。

单自由度速率积分陀螺测量姿态角的原理如图 5.8 所示。陀螺的转子通过轴承安装在框架上，框架做成圆柱形浸在浮液等介质中，这就形成了阻尼器。在框架轴上装有传感器和受感器（力矩器）。在传感器输出为零时，陀螺转子的旋转轴定义为自转参考轴（SRA），把该时与 SRA 垂直的框架轴定义为输出轴（OA）；而输入轴（IA）与它们组成右手坐标系。

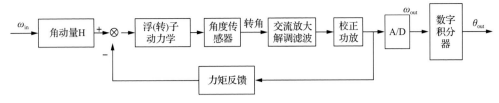

图 5.8 陀螺测量姿态角原理框图

5.3.2 陀 螺 定 姿

陀螺在短期使用中具有相当高的精度，特别是在姿态机动时，能在星上自主地确定姿态的变化过程，这是它的一个主要优点。在实际应用中，陀螺的漂移是不可避免的，随着时间的增加，漂移所造成的姿态确定误差也将逐渐增加。为了进一步了解陀螺定姿，下面介绍一下陀螺的观测模型。

陀螺观测模型方程为

$$\left.\begin{aligned}\omega_{gx} &= \omega_x + b_x + d_x + w_x \\ \omega_{gy} &= \omega_y + b_y + d_y + w_y \\ \omega_{gz} &= \omega_z + b_z + d_z + w_z \end{aligned}\right\} \tag{5.52}$$

式中，$\omega_{gi}(i = x, y, z)$ 为惯性单元(陀螺)的测量值；$b_i(i = x, y, z)$ 为相对测量轴的常值漂移；$\omega_i(i = x, y, z)$ 为惯性单元(陀螺)的理论测量值；$d_i(i = x, y, z)$ 为测量与时间相关的漂移；$w_i(i = x, y, z)$ 为随机漂移的高斯白噪声。b_i 及 w_i 满足：

$$\left\{\begin{aligned} &\dot{b}_i = 0 \\ &\dot{d}_i = -\alpha_i d_i + \alpha_i w_{di} \\ &E\left[w_i(t)\right] = 0, E\left[w_i(t)w_i(t-\tau)\right] = \sigma_{1i}^2 \delta(t-\tau) \\ &E\left[w_{di}(t)\right] = 0, E\left[w_{di}(t)w_{di}(t-\tau)\right] = \sigma_{2i}^2 \delta(t-\tau) \end{aligned}\right. \quad (i = x, y, z) \tag{5.53}$$

式中，$\alpha_i(i = x, y, z)$ 为常数(时间常数的倒数)；$w_{di}(i = x, y, z)$ 为白噪声。τ 为相关时间常数。

通常测量与时间相关的漂移 $d_i(i = x, y, z)$ 可以简化为常值漂移和白噪声的和(田蔚风，1998)，则陀螺观测模型可以简化为

$$\left.\begin{aligned}\omega_{gx} &= \omega_x + b_x + w_x \\ \omega_{gy} &= \omega_y + b_y + w_y \\ \omega_{gz} &= \omega_z + b_z + w_z \end{aligned}\right\} \tag{5.54}$$

式中，$\omega_{gi}(i=x,y,z)$ 为惯性单元（陀螺）的测量值；$\omega_i(i=x,y,z)$ 为惯性单元（陀螺）的理论测量值；$b_i(i=x,y,z)$ 为相对测量轴的常值漂移；$w_i(i=x,y,z)$ 为随机漂移的高斯白噪声。

陀螺可以直接提供角位移，如前所述，由于它的漂移性会造成误差，随着时间增加，漂移造成的误差也在增加。这里用陀螺频率积分（RIGs）来测量卫星的自身轴的角速度。陀螺频率积分的数学公式如下：

$$\Delta \Theta_i = \int_0^{\Delta t} (\omega_i + b_i)\mathrm{d}t \qquad (i=x,y,z) \tag{5.55}$$

式中，$\Delta \Theta_i$ 为卫星轴在 Δt 时间里的角位移；b_i 为陀螺的轴偏差值。以上基于陀螺单独定姿的情况。

实际上，卫星在长时间的轨道运行期间，惯性测量装置的陀螺漂移是主要的测量误差源，而陀螺漂移是难以补偿的，因此，必须定期校准测量单元的误差，使其积累误差影响最小。自 20 世纪 60 年代起，开始采用天文（星敏）/惯导系统的综合，如美国的 Landsat 地球资源卫星系列采用星敏和太阳敏感器、磁强计等对速率陀螺漂移进行补偿；法国的 SPOT 卫星等采用红外地平仪、太阳敏感器和磁强计对速率陀螺漂移进行补偿（刘星，2007）。

5.4　星敏/陀螺联合定姿

5.4.1　概　　述

星敏和陀螺是目前航天器姿态确定领域精度最高的两种测量部件。陀螺短期精度很高，但致命缺点是存在常值漂移，长期稳定性差，且没有绝对姿态基准。星敏的测量精度不如陀螺，但长期稳定性很好。因此，将这两种测量部件的信息进行融合确定航天器姿态是高精度姿态确定的主要手段。而对于测绘遥感卫星应用领域，经过事后处理得到的高精度姿态信息有着重要的意义。

在星载姿态敏感器精度已经确定的前提下，提高定姿精度的核心是提高姿态确定算法的性能。典型的基于矢量观测的卫星姿态确定算法大致可以分为两类：一类是确定性算法，它主要是基于 Wahba 问题的求解，在 5.2.2 节中有所描述；另一类是状态估计法，主要涉及非线性滤波技术、姿态确定系统建模、误差估计与补偿等问题。状态估计法是通过建立描述状态量变化的状态方程及观测方程，应用某种估计算法，根据观测信息在一定准则下获取状态量的最优估计。在卫星姿态确定中，结合卫星姿态动力学或运动学模型，建立卫星姿态变化的状态方程，根据一个时变的矢量测量来估计卫星姿态（只需要一个测量矢量即可）。同时，也可以将观测中的一些不确定因素，如敏感器偏差、对准误差等，作为状态变量的一部分进行估计。这样，能够在一定程度上消除某些测量不确定因素的影响，提高姿态确定精度。为了满足高精度姿态确定的需要，状态估计方法已经成为姿态确定的常用方法。

本节基于状态估计的姿态确定算法，对事后姿态确定方法进行了原理介绍、分析与验证。

5.4.2 卫星姿态运动学方程

由于四元数描述的姿态矩阵中不包含三角函数，不存在奇点，且约束条件简单，导数表达式易于应用，因此，采用四元数来描述卫星的姿态。本节中的姿态确定系统采用一组陀螺(包含 3 个陀螺，分别对应 3 个轴)和两个星敏构成。以下给出由姿态四元数描述的卫星运动学方程表达。

四元数的姿态运动学方程表示为

$$\dot{\boldsymbol{q}} = \frac{1}{2}\boldsymbol{q} \otimes \{0 \ \omega\} = \frac{1}{2}\begin{bmatrix} \boldsymbol{q}_0 & -\boldsymbol{q}_1 & -\boldsymbol{q}_2 & -\boldsymbol{q}_3 \\ \boldsymbol{q}_1 & \boldsymbol{q}_0 & -\boldsymbol{q}_3 & \boldsymbol{q}_2 \\ \boldsymbol{q}_2 & \boldsymbol{q}_3 & \boldsymbol{q}_0 & -\boldsymbol{q}_1 \\ \boldsymbol{q}_3 & -\boldsymbol{q}_2 & \boldsymbol{q}_1 & \boldsymbol{q}_0 \end{bmatrix}\begin{bmatrix} 0 \\ \omega_x \\ \omega_y \\ \omega_z \end{bmatrix} \tag{5.56}$$

5.4.3 星敏/陀螺联合滤波

星敏/陀螺联合滤波的工作原理如图 5.9 所示。

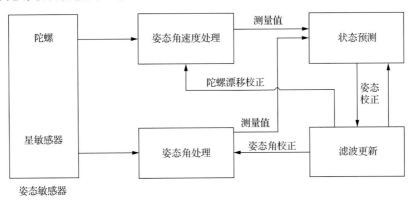

图 5.9 星敏/陀螺联合滤波原理图

(1)陀螺作为星体的短期姿态参考，能够连续提供星体的三轴姿态角速度信息，积分可得相应的姿态角。但由于存在陀螺漂移、初始条件不确定、积分误差等，由此而得到的姿态角信息中含有随时间增长的误差；

(2) 星敏作为星体的长期姿态参考以一定的采样频率提供星体三轴姿态四元数信息。以星敏的测量值作为基准，对陀螺的测量信息进行修正；

(3)根据星敏/陀螺的测量值，构成卫星姿态估计器，采用扩展卡尔曼滤波算法来估计姿态确定误差和陀螺的漂移误差，以及星敏的量测噪声，以提高卫星姿态确定系统的精度。

扩展 Kalman 滤波(Extented Kalman Filter，EKF)是解决姿态确定问题的比较典型的方法。EKF 是将适用于线性系统的卡尔曼滤波理论进行推广，进一步应用到非线性领域。它的基本思想是通过对非线性系统方程和量测方程进行一阶 Taylor 展开，将非线性系统近似线性化，然后采用基本的卡尔曼滤波方法进行状态估计。

Kalman 滤波首要是建立状态方程及量测方程。其中，根据陀螺测量模型和卫星姿态运动方程建立状态方程；由星敏测量数据建立量测方程。一般量测方程可以通过两种方式建立：①由星敏测量数据来建立；②也可以先用两个星敏的量测矢量进行"双矢量定姿"处理，将所得到的粗姿态作为系统的量测输入。下面简要介绍第一种方法。

1. 卫星姿态确定数学模型

根据卫星姿态确定的状态方程和观测方程，建立卫星姿态，确定数学模型如下：

$$\begin{cases} \dot{X}(t) = f[(t)] + g[X(t)]W(t) \\ Z(t) = h[X(t)] + V(t) \end{cases} \tag{5.57}$$

式中，$f[X(t)]$ 和 $h[X(t)]$ 均为关于 $X(t)$ 的非线性函数，所以所得姿态确定系统的模型为连续的非线性系统模型；$\dot{X}(t)$ 为待求的系统状态量。

2. 系统的状态方程

一般情况下，系统状态方程中的 $X(t)$ 有多种表示方法，比如直接表示为姿态四元数和陀螺漂移，也可以表示为姿态四元数误差和陀螺漂移误差等。由于陀螺漂移误差包括常值漂移和相关漂移，且相关漂移非常小，可以忽略，因此这里介绍的 $X(t)$ 表示为姿态四元数误差和陀螺常值漂移误差。四元数误差采用对应于估计姿态到真实姿态微小转动的偏差四元数。由于该偏差四元数表示小的转动，其标量部分接近于 1，因此姿态信息可以包含在四元数的矢量部分中，于是，$X(t)$ 为偏差四元数的矢量部分和陀螺漂移组成的六维向量，即作为滤波状态的无冗余表示。

姿态偏差四元数定义如下：

$$q = \hat{q} \otimes q_e \tag{5.58}$$

式中，q 代表惯性系到本体系的真实姿态四元数；q_e 为姿态偏差四元数；$\hat{q}$ 代表姿态四元数的估计值。此处偏差四元数、真实姿态四元数和估计姿态四元数之间为四元数乘法关系。

对式(5.58)求导，得

$$\dot{q} = \dot{\hat{q}} \otimes q_e + \hat{q} \otimes \dot{q}_e \tag{5.59}$$

结合式(5.56)可得

$$\frac{1}{2}q \otimes \begin{bmatrix} 0 & \omega \end{bmatrix} = \frac{1}{2}\hat{q} \otimes \begin{bmatrix} 0 & \hat{\omega} \end{bmatrix} \otimes q_e + \hat{q} \otimes \dot{q}_e \tag{5.60}$$

将式(5.58)代入上式并化简得

$$\dot{q}_e = \frac{1}{2}q_e \otimes \begin{bmatrix} 0 & \omega \end{bmatrix} - \frac{1}{2}\begin{bmatrix} 0 & \hat{\omega} \end{bmatrix} \otimes q_e \tag{5.61}$$

因为 $\bar{\omega} = \omega - b - v$，$\hat{\omega} = \omega - \hat{b}$，所以

$$\Delta\omega = \bar{\omega} - \hat{\omega} = -(b - \hat{b}) - v = -\Delta b - v \tag{5.62}$$

再结合式(5.61)，化简并略去高阶小量可得

$$\dot{Q}_e = -[\hat{\omega}\times]Q_e - \frac{1}{2}(\Delta b + v) \tag{5.63}$$

式中，$q_e = \begin{bmatrix} q_{e0} \\ Q_e \end{bmatrix}$，$\dot{q}_{e0} = 0$

$$\Delta\dot{b} = n \tag{5.64}$$

从以上的推导过程中可以看到，误差四元数自然地降阶为三个独立变量，从而有效地避免了由四元数的非独立性而导致滤波过程中协方差阵的奇异性问题。

采用星敏补偿陀螺漂移，设估计的陀螺漂移为 $\hat{b}$。

结合式(5.63)和式(5.64)得滤波器状态方程如下：

$$\begin{bmatrix} \dot{Q}_e \\ \Delta\dot{b} \end{bmatrix} = \begin{bmatrix} -[\omega\times] & -\frac{1}{2}I_3 \\ 0_{3\times3} & 0_{3\times3} \end{bmatrix}\begin{bmatrix} Q_e \\ \Delta b \end{bmatrix} + \begin{bmatrix} -\frac{1}{2}I_3 & 0_{3\times3} \\ 0_{3\times3} & I_3 \end{bmatrix}\begin{bmatrix} v \\ n \end{bmatrix} \tag{5.65}$$

从上式可以得到卫星姿态确定的数学模型如下：

$$\dot{X}(t) = F(t)X(t) + GW(t) \tag{5.66}$$

式中，$F(t) = \begin{bmatrix} -[\omega\times] & -\frac{1}{2}I_3 \\ 0_{3\times3} & 0_{3\times3} \end{bmatrix}$，$X(t) = \begin{bmatrix} Q_e \\ \Delta b \end{bmatrix}$，$G = \begin{bmatrix} -\frac{1}{2}I_3 & 0_{3\times3} \\ 0_{3\times3} & I_3 \end{bmatrix}$，$W(t) = \begin{bmatrix} v \\ n \end{bmatrix}$，$W(t)$ 为过程噪声，满足 $E\{W_k\} = 0$，$E\{W_k W_j^T\} = Q\delta_k$，式中，$Q$ 为系统噪声的方差阵，假设为非负定阵。

对滤波状态方程进行离散化到二阶为

$$X_k = \phi_{k,k-1}X_{k-1} + \Gamma_{k-1}W_{k-1} \tag{5.67}$$

上式中

$$\phi_{k,k-1} = I_{6\times 6} + F \cdot T + \frac{T^2}{2}F^2$$

$$\Gamma_{k,k-1} = \left(I_{6\times 6} \cdot T + \frac{T^2}{2}F + \frac{T^3}{6}F^2 \right) G$$

式中，T 为采样时间。

公式 (5.67) 即为构建的 EKF 滤波系统状态方程。

3. 系统的测量方程

EKF 滤波的测量方程可以直接利用星敏的输出来建立。

测量方程为

$$Z_k = H_k X_k + V_k \tag{5.68}$$

式中，$H_k = \begin{bmatrix} I_{3\times 3} & 0_{3\times 3} \end{bmatrix}$，$X(t) = \begin{bmatrix} Q_e \\ \Delta b \end{bmatrix}$，$V_k$ 为系统噪声，满足 $E\{V_k\} = 0$，$E\{V_k V_j^{\mathrm{T}}\} = R\delta_k$，

式中，R 为量测噪声的方差阵，其初值大小与星敏本身的测量精度有关。

4. 基于 EKF 滤波的姿态估计

选择状态变量 $X(t) = \begin{bmatrix} \Delta q_1 & \Delta q_2 & \Delta q_3 & \Delta b_x & \Delta b_y & \Delta b_z \end{bmatrix}^{\mathrm{T}} = \begin{bmatrix} Q_e \\ \Delta b \end{bmatrix}$，利用状态方程

(5.67) 和测量方程 (5.68)，开展基于 EKF 滤波的姿态估计。具体的滤波过程如下。

1）状态预测

星敏没输出值之前，在 t_{k-1} 时刻对下式预测 t_k 时刻的四元数和常值漂移：

$$\dot{q}_{k/k-1} = \frac{1}{2} q_{k-1} \otimes (\omega)_{k-1} \tag{5.69}$$

$$b_{k/k-1} = b_{k-1} \tag{5.70}$$

$(\omega)_{k-1}$ 与陀螺输出角速度 $(\omega_g)_{k-1}$ 的关系为

$$(\omega)_{k-1} = (\omega_g)_{k-1} - b_{k-1}$$

误差协方差阵 $P = E\{\Delta X \quad \Delta X^{\mathrm{T}}\}$ 的预报计算为

$$P_{k/k-1} = \phi_{k,k-1} P_{k-1} \phi_{k,k-1}^{\mathrm{T}} + \Gamma_{k-1} Q_{k-1} \Gamma_{k-1}^{\mathrm{T}} \tag{5.71}$$

Q_{k-1} 为系统过程噪声的方差阵。

由于采样时间为小量，状态转移矩阵可表示为

$$\phi_{k,k-1} = I_{6\times6} + F \cdot T + \frac{T^2}{2} F^2 \tag{5.72}$$

2）测量更新

根据式(5.68)可以得到观测矩阵 $\boldsymbol{H}_k$，采用下式计算滤波增益

$$\boldsymbol{K}_k = \boldsymbol{P}_{k/k-1} \boldsymbol{H}_k^T \left(\boldsymbol{H}_k \boldsymbol{P}_{k/k-1} \boldsymbol{H}_k^T + \boldsymbol{R}_k \right)^{-1} \tag{5.73}$$

则状态量的更新值为

$$\boldsymbol{X}_k = \boldsymbol{X}_{k/k-1} + \boldsymbol{K}_k (Q_e - HX_{k/k-1}) \tag{5.74}$$

获得 t_k 时刻的状态变量 $\boldsymbol{X}_k = \begin{bmatrix} Q_e^T & \Delta b_k^T \end{bmatrix}^T$ 后，采用常规方法来修正陀螺漂移：

$$b_k = b_{k/k-1} + \Delta b_k \tag{5.75}$$

误差协方差阵的更新计算为

$$\boldsymbol{P}_k = \left(I - K_k \boldsymbol{H}_{k/k} \right) P_{k/k-1} \left(I - K_k \boldsymbol{H}_{k/k} \right)^T + K_k R_k K_k^T \tag{5.76}$$

其中上式中的 $H_{k/k}$ 有了新的定义：

$$\boldsymbol{H}_{k/k} = \frac{\partial h \left[X(t_k), t_k \right]}{\partial X(t_k)} \Bigg|_{X(t_k) = \hat{X}_k} \tag{5.77}$$

姿态四元数的修正方程为

$$\hat{q}_k = q \otimes \begin{bmatrix} \sqrt{1 - \|Q_e\|^2} \\ Q_e \end{bmatrix} \tag{5.78}$$

经过以上一系列公式校正了状态变量后，状态变量的预测值需要赋值为零，即 $\hat{X}_{k+1/k}$ 要赋值零。其中，$\hat{q}_k$ 即为四元数表示的联合定姿结果。

5.4.4　仿真试验分析

为了进一步阐明 EKF 滤波原理与方法。下面利用星敏/陀螺参数进行仿真试验分

析。基于 EKF 进行星敏/陀螺联合滤波，利用高精度星敏测量值标定陀螺常值漂移，同时进行星敏/陀螺联合定姿，提高星敏/陀螺测量精度。

1. 星敏/陀螺参数设置

设定三个积分陀螺，分别与三个星体坐标轴重合，其理论陀螺角速度（rad/s）：

$\omega_x = \cos(10.0\omega_0 t) \times 10^{-4}$，$\omega_y = \cos(8.0\omega_0 t) \times 10^{-4}$，$\omega_z = \cos(5.7\omega_0 t) \times 10^{-4}$，其中，$\omega_0$ 为轨道角速度。

星敏/陀螺仿真参数设置如下：

星敏输出频率：4Hz

陀螺输出频率：4Hz

采样时间：3000s

采样点：12000

星敏测量误差：5 arcsec

陀螺测量噪声：0.005 deg/h

常值漂移误差：0.003 deg/h

常值漂移：（1 −1 1）deg/h

基于以上参数，仿真星敏/陀螺在轨道坐标系下的姿态角度和角速度输出结果如图 5.10 和图 5.11 所示。

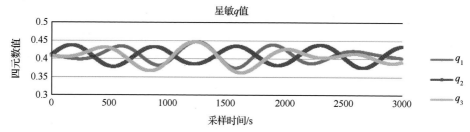

图 5.10　仿真四元数输出（轨道系）

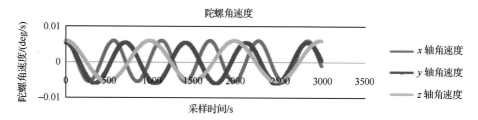

图 5.11　仿真角速度输出（轨道系）

为了滤波过程阐述方便，下面给出几组仿真的星敏和陀螺输出值。

表 5.3　星敏输出姿态

采样时刻	q_1	q_2	q_3	q_4(标量)
0.25 秒	0.408275	0.408357	0.408115	0.707106
0.5 秒	0.408254	0.408418	0.408122	0.707078
0.75 秒	0.408195	0.40844	0.408242	0.70703
1 秒	0.408199	0.408525	0.408179	0.707016
…	…	…	…	…

表 5.4　陀螺三轴角速度

采样时刻	x 轴	y 轴	z 轴
0.25 秒	0.00602017	0.00546462	0.00602018
0.5 秒	0.00601792	0.00546239	0.00601798
0.75 秒	0.00600342	0.00544793	0.00600355
1 秒	0.00600862	0.00545319	0.00600886
…	…	…	…

2. 星敏/陀螺联合滤波过程

以第 0.25 秒为起始时刻，利用 EKF 滤波的状态方程和测量方程开展姿态估计。具体的滤波过程如下。

1）设置初值

以第 0.25 秒为起始时刻，星敏在该时刻输出姿态为当前时刻的最优估计，并以此基础，结合陀螺角速度信息，估计下一时刻即第 0.5 秒的姿态信息。设定状态变量 $X(t) = \begin{bmatrix} 0 & 0 & 0 & 0 & 0 & 0 \end{bmatrix}^T$，系统噪声方差矩阵初值设为

$$Q_{6\times6} = \begin{bmatrix} 1.0 & 0 & 0 & 0 & 0 & 0 \\ 0 & 1.0 & 0 & 0 & 0 & 0 \\ 0 & 0 & 1.0 & 0 & 0 & 0 \\ 0 & 0 & 0 & 1.0 & 0 & 0 \\ 0 & 0 & 0 & 0 & 1.0 & 0 \\ 0 & 0 & 0 & 0 & 0 & 1.0 \end{bmatrix} \times 1000$$

。按照星敏测量精度，设置初始的测量噪声方

差矩阵：$R_{3\times3} = \begin{bmatrix} 0.001389 & 0 & 0 \\ 0 & 0.001389 & 0 \\ 0 & 0 & 0.001389 \end{bmatrix}$。

下面简要给出如何利用第 0.25 秒(前一时刻，设为 $k-1$ 时刻)实现第 0.5 秒(当前时刻，设为 k 时刻)的最优估计。

2）状态预测

首先设定 $k-1=0$，$k=1$，即星敏还未输出第 0.5 秒（k 时刻）的姿态值之前，利用第 0.25 秒（$k-1$ 时刻）测量值，如表 5.3。基于式（5.69）、式（5.70）预测第 0.5 秒时刻的四元数和常值漂移：

$$\boldsymbol{q}_{1/0} = \begin{bmatrix} 0.70708 & 0.40827 & 0.40842 & 0.40811 \end{bmatrix}$$

$$\boldsymbol{b}_{1/0} = \begin{bmatrix} 0 & 0 & 0 \end{bmatrix}$$

第 0.25 秒时刻的陀螺漂移值对当前时刻的测量值进行修正，得到

$$\boldsymbol{\omega}_0 = \begin{bmatrix} 0.00602017 & 0.00546462 & 0.00602018 \end{bmatrix}$$

利用式（5.71）预报误差协方差阵得到

$$\boldsymbol{P}_{1/0} = \begin{bmatrix} 1000.00000035 & 0 & 0 & 0 & 0 & 0 \\ 0 & 1000.00000035 & 0 & 0 & 0 & 0 \\ 0 & 0 & 1000.00000035 & 0 & 0 & 0 \\ 0 & 0 & 0 & 1000.00000083 & 0 & 0 \\ 0 & 0 & 0 & 0 & 1000.00000083 & 0 \\ 0 & 0 & 0 & 0 & 0 & 1000.00000083 \end{bmatrix}$$

利用式（5.72），计算状态转移矩阵为

$$\boldsymbol{\phi}_{1,0} = \begin{bmatrix} 0.999998 & 0.001506 & -0.001365 & -0.125 & -9.41e-005 & 8.54e-005 \\ -0.001504 & 0.999998 & 0.001506 & 9.41e-005 & -0.125 & -9.41e-005 \\ 0.001367 & -0.001504 & 0.999998 & -8.54e-005 & 9.41e-005 & -0.125 \\ 0 & 0 & 0 & 0 & 0 & 0 \\ 0 & 0 & 0 & 0 & 0 & 0 \\ 0 & 0 & 0 & 0 & 0 & 0 \end{bmatrix}$$

3）测量更新

利用式（5.73）计算滤波增益：

$$\boldsymbol{K}_1 = \begin{bmatrix} 0.999911 & -4.6e-011 & -5.0e-011 \\ -4.6e-011 & 0.999911 & -4.6e-011 \\ -5.0e-011 & -4.6e-011 & 0.999911 \\ -7.99857 & 0.00601 & -0.00547 \\ -0.00601 & -7.99857 & 0.00602 \\ 0.00547 & 0.00602 & -7.99857 \end{bmatrix}$$

利用式(5.74)计算状态量的更新值为

$$X_0 = \begin{bmatrix} -1.6e-005 & 8.6e-006 & 9.0e-006 & 0 & 0 & 0 \end{bmatrix}$$

采用常规方法来修正陀螺漂移

$$b_1 = \begin{bmatrix} 0 & 0 & 0 \end{bmatrix}$$

利用式(5.76)计算误差协方差阵

$$P_1 = \begin{bmatrix} 0.00139 & 0 & 0 & 0 & 0 & 0 \\ 0 & 0.00139 & 0 & 0 & 0 & 0 \\ 0 & 0 & 0.00139 & 0 & 0 & 0 \\ 0 & 0 & 0 & 1000 & 0 & 0 \\ 0 & 0 & 0 & 0 & 1000 & 0 \\ 0 & 0 & 0 & 0 & 0 & 1000 \end{bmatrix}$$

利用式(5.77)更新四元数值为

$$q_1 = \begin{bmatrix} 0.40825 & 0.40842 & 0.40812 & 0.70708 \end{bmatrix}$$

q_1 即为第 0.5 秒时刻的联合定姿结果。

经过以上一系列公式校正了状态变量后,状态变量的预测值需要赋值为零,即 $X_{2/1}$ 要赋值零。重复以上步骤,即可完成整个仿真数据滤波。

3. 实验结果与分析

1)滤波结果

a. 姿态四元数及角速度

基于仿真试验数据,利用 EKF 滤波进行姿态估计的结果如图 5.12、图 5.13 所示。从总体上看,滤波前后测量数据变化不大,姿态变化应在角秒量级。

b. 陀螺漂移

基于仿真数据滤波的三轴陀螺漂移值的估计结果如图 5.14 所示。

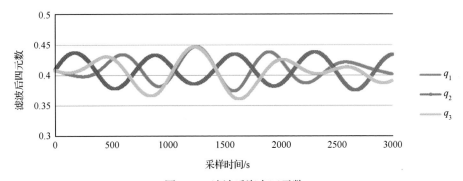

图 5.12　滤波后姿态四元数

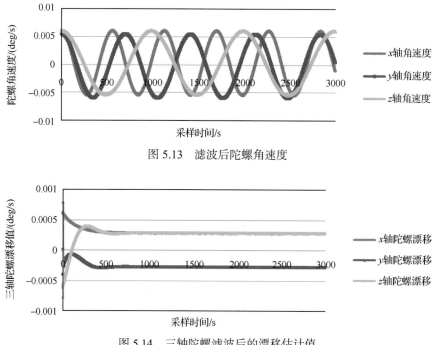

图 5.13　滤波后陀螺角速度

图 5.14　三轴陀螺滤波后的漂移估计值

从图 5.14 中可以看出，陀螺在 x，y，z 三轴上漂移，由于给漂移初值任意设定为 $(0, 0, 0)$，在前 50 个采样点振荡，最终收敛在 $(0.000277545-0.000276576\ 0.000278968)$ （单位：deg/s）左右，与仿真中给定的理论值 $(0.00027778, -0.00027778, 0.00027778)$（单位：deg/s）基本一致，漂移估计非常精确。

2）滤波前后精度对比

以星敏/陀螺未加入随机误差的仿真输出值为理论值，对滤波前后的姿态输出结果进行精度对比分析。利用式 (5.17) 将四元数转换到欧拉角，统计滤波前后欧拉角的误差值变化，如图 5.15、图 5.16 所示。

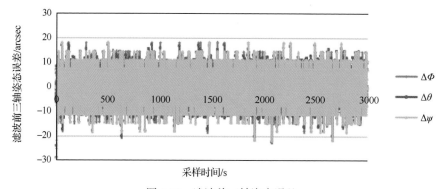

图 5.15　滤波前三轴姿态误差

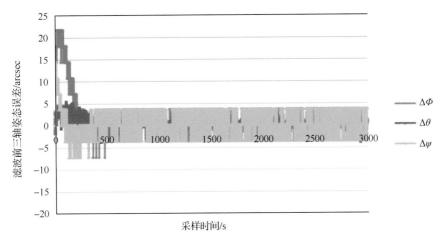

图 5.16　滤波后三轴姿态误差

从图 5.15 和图 5.16 可以看出，滤波前姿态误差在–10～10 角秒上下浮动，滤波后，除滤波初期震荡导致误差较大外，滤波后姿态误差在–5～5 角秒。滤波可以明显地减少随机误差的影响，有效提高姿态测量精度。

5.5　资源三号卫星实测数据处理与分析

本试验为资源三号卫星姿态数据事后处理系统软件的处理结果，包含基于星图的单星敏定姿和星敏/陀螺联合姿态确定的两部分。其中，星敏定姿主要是利用国产 APS 星敏下传的原始星图进行姿态确定。星敏/陀螺联合处理是利用 3 个星敏和陀螺测量数据进行联合滤波处理，获得卫星姿态。联合处理的后处理结果与星上定姿结果进行对比，同时利用控制点进行姿态精度验证。

为了保证实验的完整性，根据已有的地面控制数据，选用资源三号卫星在轨运行稳定后第 381 轨（2012 年 2 月 3 日）、第 457 轨（2012 年 2 月 8 日）和第 785 轨（2012 年 2 月 28 日）星上实传数据。

5.5.1　基于星图的星敏定姿结果

1. 基于星图的星敏定姿方案

以资源三号卫星国产 APS 星敏下传的原始星图为试验数据，在分析影响星敏定姿精度误差源的基础上，开展事后定姿处理。

基于星图的星敏定姿与验证方案如图 5.17 所示。

1）星图处理

在星图在轨实时处理过程中无法考虑成像器件及在轨环境变化对星图成像质量的影响，势必会降低星像点质心提取精度。针对星图中因 CCD 器件问题出现的"死像元"

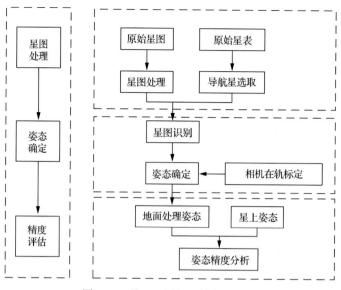

图 5.17　基于星图的星敏定姿方案

等情况，采用多帧星图数据判断和对比，确定并剔除"死像元"，避免参与质心提取和识别。针对受背景噪声影响出现的影像亮度非均匀性，先从统计分析星图亮度信息，确定星图背景阈值，减少固化背景噪声对信号的干扰，提高恒星质心提取精度。对于分离出的恒星信号，采用背景自适应预测的质心提取方法进行像点定位。

2）姿态确定

首先在满足星敏探测能力的前提下，确定星等阈值，构建完备的基本星表。按照匹配算法模型建立导航星表，利用星图质心提取得到的星像点坐标构建匹配模型，从而完成星图识别。基于星图识别的结果，先利用观测矢量的星敏在轨标定方法进一步检校相机参数，得到更加精确的恒星相机参数。在此基础上，再利用 QUEST 等姿态确定算法进行静态姿态估计。

3）精度评估

采用两种精度评估方法对事后定姿结果进行分析：第一种是与星上星敏定姿结果进行对比，主要分析两者差值；第二种采用多项式拟合方法消除光轴指向精度中存在的系统误差部分，基于随机误差来评估对比星上和事后光轴指向精度。

a. 与星上 q 值对比

以星上某一时刻为基准，利用以下公式计算误差四元数

$$\Delta q = \hat{q}^{-1} \otimes q \tag{5.79}$$

式中，$\hat{q}$ 为估计四元数；q 为理想四元数。

作为姿态误差小量，计算得到的误差四元数可以近似转换为星敏本体坐标系相对于地心惯性坐标 J2000 三轴欧拉角误差。通过 Δq 近似得到 3 个欧拉角误差，计算方法为

$$\delta\theta \approx 2q_2, \quad \delta\lambda \approx 2q_1, \quad \delta\phi \approx 2q_3 \tag{5.80}$$

b. 基于多项式拟合精度评价

星敏光轴指向精度反映了星敏的测量精度。由于星敏测量存在一定的系统误差,在将姿态转换到光轴指向后,用多项式拟合消除光轴指向系统误差,统计随机误差部分表示指向精度。光轴指向在惯性系下的坐标为

$$[2(q_1q_3 + q_0q_1) \quad 2(q_2q_3 - q_0q_1) \quad -q_1^2 - q_2^2 + q_0^2 + q_3^2] \tag{5.81}$$

式中,q_0 为标量;q_1,q_2,q_3 为矢量。将每一采样时刻的光轴指向(惯性系下)作为一多元函数,列写其最小值点应满足的方程,解方程求得未知系数,从而得到拟合曲线。拟合后随机残差表示光轴指向精度。

2. 实验结果与分析

1) 试验数据

实验采用的原始星表是 HIP(J2000)星表,其中主要数据类型包括星号、视星等(visual magnitude,简称 VM,下同)、赤经(时分秒)、赤纬(角分秒)等,星等阈值范围为 0~7 mV,去掉双星变星后,共 9744 颗恒星构成基本星表。

资源三号卫星国产 APS 星敏参数如下:视场口径为 20°×20°,APS 面阵大小采用 1024×1024(单位:像素),像素大小为 15 μm,相机主距为 43.3 mm,主点设计值为(512,512)(单位:像素),相机曝光时间一般为 250 ms(可调)。

试验采用的星图为卫星第 381 轨中国产 APS 星敏在卫星过境时以 2Hz 频率拍摄大约 9 分钟的数据,它通过二进制打包存储并下传到地面接收站数据解包检验完全有效,共计 1090 帧星图。该轨第一帧星图显示如图 5.18 所示。

图 5.18 原始星图(2012-2-3-11-7-51.264513(UTC 北京时间))

2）星图处理实验结果与分析

按照事后定姿方案进行实验，下面以第一帧（图5.18）为例，给出相应的过程结果，并采用两种评估方法对全轨姿态结果进行精度分析。

（1）星图预处理结果

通过多帧数据统计，计算并统计星图各行各列的灰度值均值，第一帧星图行列灰度均值如图5.19所示。可以看出，统计列方向灰度均值，呈现两边亮、中间暗的特点，列方向变化较小，整体呈现图像下部亮度增强趋势。因此，在质心提取前，需要进行灰度均匀性校正，即针对每列以图像中能量的均值加3倍中误差作为灰度阈值，分离出背景噪声，从而消除背景噪声的影响。

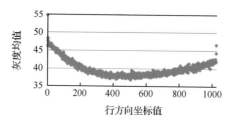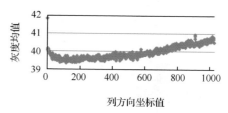

图 5.19　原始星图行列灰度均值统计

图 5.20　均匀性校正后星图

（2）星点质心坐标提取

在完成星图预处理的基础上，对恒星信号区域进行提取，窗口设定3×3或者5×5，窗口大小一般取决于恒星能量分布范围。采用消除背景阈值后的灰度加权质心法进行星像点质心提取，第一帧星图上提取的6颗恒星的质心定位结果见表5.5。

（3）导航星选取

根据星敏探测能力，选取星等范围在0~7星等恒星9744颗，采用格网方法将天球上导航星细分为均匀的区域，然后在各区域内根据恒星亮度优先原则进行挑选，最终确定4971颗恒星构成基本星表。选取前后的恒星分布如图5.21所示。

表 5.5 第一帧星图星象点质心坐标

序号	灰度均值	X 坐标/像素	Y 坐标/像素
0	102	397.13	−4.99063
1	76	11.1431	238.996
2	54	156.985	−4.97157
3	59	369.927	41.9531
4	54	−490.953	−234.932
5	49	438.953	−36.0426

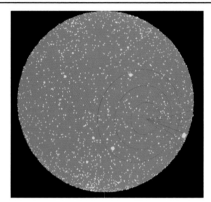 

(a) 原始导航星分布(HIP) 　　　(b) 选取后导航星分布

图 5.21 导航星选取前后恒星分布对比(HIP，VMT=7.0)

(4)星图识别结果

根据匹配组星图识别算法设计，具体步骤如 5.2.2 节所示。利用选取的 4971 颗导航星构成的基本星表，利用导航星的赤经和赤纬计算视场范围内任意两颗恒星星对角距，构建星对角距索引库。以第一帧星图为例，利用第一帧星图提取的 6 个恒星质心像点坐标，如表 5.5 所示，利用星像点坐标计算星对角距，建立星对角距匹配模型，完成与星对角距索引库进行比对匹配，取最大的匹配组作为星图识别结果。6 个恒星像点匹配到的导航星结果见表 5.6：

表 5.6 第一帧星图识别结果

导航星序号	赤经/(°)	赤纬/(°)	星象点坐标/像素	
			X 轴	Y 轴
297	390.786	0.101654	397.13	−4.99063
298	236.61099	7.35323	369.927	41.9531
788	233.701	10.5389	156.985	−4.97157
789	234.123	10.0105	438.953	−36.0426
1278	222.847	19.100599	−490.953	−234.932
1295	236.547	15.4219	11.1431	238.996

(5) 在轨标定

根据步骤 (1)~(4)，对第 381 轨星图数据全部完成星图识别，选出 10 帧恒星像点分布均匀的星图识别数据作为恒星相机标定数据。以恒星相机设计参数为初值，采用 5.2.2 节中基于观测矢量的星敏在轨标定方法，将主距 f，主点 x_0、y_0 作为标定参数，迭代求取最优解。若残差的中误差大于前一次时，迭代终止。本实验迭代 5 次结束，得到各参数的标定结果。标定结果见表 5.7，其中，x_0 和 y_0 分别为主点，f 为主距，p 表示像素 (pixel)。

表 5.7　相机标定结果

标定参数	主距 f/p	主点	
		x_0/p	y_0/p
设计参数值	2886.67	512	512
标定结果	2885.04	513.64	507.42
标定精度	1.63	1.64	−4.58

(6) 定姿结果

利用星图识别的结果和星敏标定参数，采用 Quest 姿态确定方法获取星敏在惯性 J2000 坐标系下的姿态。基于第一帧星图计算姿态四元数结果如表 5.8 所示。第 381 轨下传全部星图处理结果如图 5.22 所示，横轴为时间，单位为秒，纵轴为四元数 q 值，q_0 为标量，q_1–q_3 为矢量。

表 5.8　第一帧星图定姿结果

q_0	q_1	q_2	q_3
0.51833082	0.60930104	0.11735727	−0.5884833

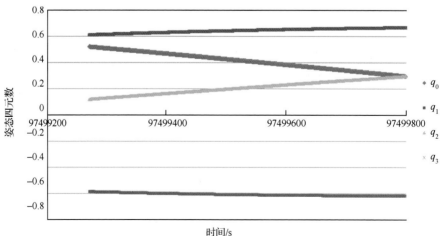

图 5.22　星敏后处理定姿结果 (整个采样时段内 1090 帧)

(7) 定姿精度评估结果

a. 与星上 q 值对比

资源三号卫星下传国产 APS 星敏星上定姿频率为 4 Hz，不仅与下传星图频率(2 Hz)不一致，而且测量时刻也不对应，两者相差 0.0004～0.0005 秒不等，在对比前对事后定姿结果(四元数)进行球面内插到同一时标后，计算相同时刻星上与地面事后处理的姿态差值。试验结果如图 5.23 所示，其中，x 坐标轴是以 2009 年 1 月 1 日为起始的累计秒。

从图中可以看出，x 轴差值相对较大，y 和 z 轴相对较小，x、y、z 轴中误差统计结果分别为 15.6395 角秒、7.2238 角秒、1.92676 角秒。

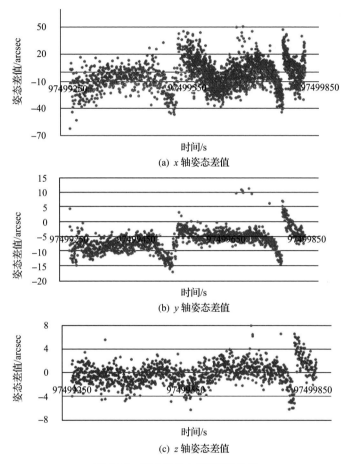

图 5.23　第 381 轨三轴姿态差值

b. 基于多项式拟合精度评价

试验选定 5 次多项式对光轴指向进行拟合，拟合后随机残差表示指向精度，纵轴为姿态差值，单位为角秒，横轴为采样点，星上和事后光轴指向误差分别如图 5.24 所示。

因为下传的星上实时姿态(4 Hz)与星图(2 Hz)频率不同，所以，尽管采样间隔时间基本一致，星上和事后计算的姿态数据采样密度也不一致，分别为 2190 帧和 1090 帧。从图 5.24 上看，两者总体变化趋势大致相同。经统计，星上和事后指向中误差分别为 2.18

角秒(1σ)和 1.82 角秒(1σ)，说明事后定姿精度较星上有进一步提高。

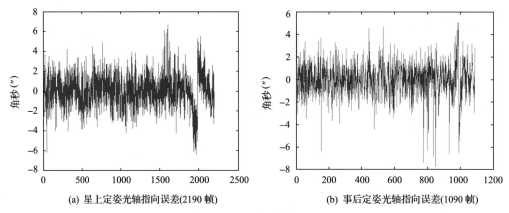

(a) 星上定姿光轴指向误差(2190 帧)　　　(b) 事后定姿光轴指向误差(1090 帧)

图 5.24　星上事后光轴指向精度对比

5.5.2　联合滤波处理

1. 资源三号卫星联合滤波处理方案

星敏/陀螺联合定姿是利用星敏、陀螺测量数据进行事后地面滤波处理，获取惯性系下更高精度的姿态的过程，其具体技术流程如图 5.25 所示，主要包括遥测数据的无效值辨识剔除、双星敏定姿、基于 EKF 的联合定姿等。

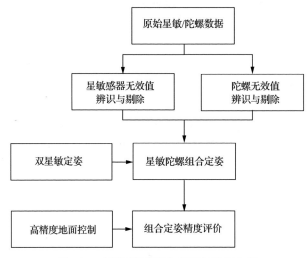

图 5.25　星敏/陀螺联合定姿与验证方案

1) 星敏/陀螺数据无效值辨识与剔除

由于星地传输时信号接收不稳定，星上下传的原始星敏/陀螺测量数据存在丢帧等情况，因此，在对星敏(q 值)、陀螺角速度数据解包后，需要对原始姿态观测数据预处理，剔除由于数传通道或偶然误差带入的无效值,防止其进入滤波器导致整个定姿计算发散。

2) 双星敏定姿

尽管单星敏能够确定三轴姿态,根据星敏的定姿原理,至少两个星敏联合观测才能确保卫星三轴高精度的绝对姿态。以双星敏定姿为例,如 5.2.2 节中所述,首先分别实现单星敏定姿,得到两个星敏光轴分别在惯性系下的矢量 v_1、v_2,利用矢量 v_1、v_2 计算得到星敏坐标系到空间惯性参考坐标系的旋转矩阵。再利用星敏相对与本体安装关系,计算得到本体坐标系相对于惯性坐标系的姿态。

3) 基于扩展 Kalman 滤波的星敏/陀螺联合定姿

星敏、陀螺联合定姿,以星敏/陀螺观测模型和姿态运动学方程等为基础,将陀螺漂移误差和安装角误差作为状态量,构建扩展 Kalman 滤波实时估计,获取最优的高频姿态角速度和姿态四元数。

2. 实验结果与分析

1) 试验数据

本试验选用资源三号 01 星第 381 轨、457 轨、785 轨同步串口下传原始姿态数据作为试验对象。对三轨星上下传的原始二进制文件进行解包后,分别包括 2190、2178、2074 帧星敏/陀螺原始观测数据,姿态获取频率为 4Hz,与对地光学相机同步开机,持续大约 8~9 分钟。下面将以这三轨数据为基础开展事后组合定姿试验,并利用对应的影像数据和地面控制数据对姿态精度进行评估。

2) 组合定姿实验

a) 姿态预处理

在解包过程中,首先利用以 4 Hz 时间连续序列为基础,对三轨原始姿态数据丢帧、少帧的姿态数据进行辨识。在此基础上,对姿态粗差进行滤除,并基于前后姿态值进行内插。在组合定姿前,星敏与星敏以及陀螺之间,需要对准时标。并利用星敏/陀螺与卫星本体坐标系的安装矩阵,将星敏/陀螺输出值统一到以卫星本体为基准的坐标系下。

b) 双星敏定姿结果

在组合定姿中,三轴绝对姿态一般由双星敏定姿来提供。这里采用时间同步采样的 ASTRO-10 星敏 A 和 B 进行双星敏定姿,作为和三个陀螺进行组合定姿的输入。

基于 5.2.2 节中双星敏定姿步骤,以第 381 轨第一组双星敏观测值为例。

星敏 A 定姿输出结果用四元数表示为 $\boldsymbol{q}_A = \begin{bmatrix} 0.20317 \\ -0.04083 \\ -0.58351 \\ 0.78522 \end{bmatrix}$。

星敏 B 定姿输出结果用四元数表示为 $\boldsymbol{q}_B = \begin{bmatrix} 0.20317 \\ -0.04083 \\ -0.58351 \\ 0.78522 \end{bmatrix}$。

利用式(5.13)计算星敏 A 光轴在卫星本体坐标系中的矢量

$$\boldsymbol{W}_1 = \begin{bmatrix} -0.29537 \\ 0.50060 \\ -0.81373 \end{bmatrix}$$

同理，计算星敏 B 光轴在卫星本体坐标系中的矢量

$$\boldsymbol{W}_2 = \begin{bmatrix} 0.82244 \\ 0.42224 \\ -0.38120 \end{bmatrix}$$

利用 $a = \boldsymbol{W}_1$，$b = (\boldsymbol{W}_1 \times \boldsymbol{W}_2)/|\boldsymbol{W}_1 \times \boldsymbol{W}_2|$，$c = a \times b$，计算 $\boldsymbol{S}_m$ 到 $\boldsymbol{S}_c$ 的姿态转换矩阵 $\boldsymbol{C}_{cm}$ 为

$$\boldsymbol{C}_{cm} = \begin{bmatrix} -0.29537 & 0.15906 & -0.94205 \\ 0.50060 & -0.81408 & -0.29441 \\ -0.81373 & -0.55855 & 0.16083 \end{bmatrix}$$

星敏 A 光轴的惯性坐标系下的矢量 $\boldsymbol{U}_1 = \begin{bmatrix} -0.30123 \\ -0.27142 \\ 0.91411 \end{bmatrix}$，星敏 B 光轴在惯性坐标系下的

矢量 $\boldsymbol{U}_2 = \begin{bmatrix} -0.14645 \\ -0.98857 \\ -0.03590 \end{bmatrix}$。

$\boldsymbol{S}_c$ 到 $\boldsymbol{S}_r$ 的姿态转换矩阵为 $\boldsymbol{C}_{cr} = \begin{bmatrix} -0.30123 & 0.95135 & 0.06481 \\ -0.27142 & -0.15070 & 0.95059 \\ 0.91411 & 0.26875 & 0.30360 \end{bmatrix}$

利用 $\boldsymbol{C}_{mr} = \boldsymbol{C}_{cr}\boldsymbol{C}_{cm}^{-1}$，计算 $\boldsymbol{C}_{mr} = \begin{bmatrix} 0.17924 & -0.94435 & -0.27583 \\ -0.83931 & -0.29306 & 0.45791 \\ -0.51326 & 0.14943 & -0.84512 \end{bmatrix}$

利用式(5.13)，将 $\boldsymbol{C}_{cm}$ 反求姿态四元数，

$$\boldsymbol{q} = \begin{bmatrix} -0.76115 \\ 0.58584 \\ 0.25918 \\ 0.10132 \end{bmatrix}$$

即为当前时刻卫星本体相对于惯性坐标系的姿态。

c）基于 EKF 滤波的星敏/陀螺联合定姿结果

将星敏和陀螺数据的时标对齐，采样时间为 $T = 0.25$ 秒。按照 EKF 滤波姿态估计流程，设定滤波中各参数的初值。

将第一组双星敏定姿结果 $q = \begin{bmatrix} -0.76115 \\ 0.58584 \\ 0.25918 \\ 0.10132 \end{bmatrix}$ 直接作为最优估计值。

第一次状态量初值设为 0，即 $X(t) = \begin{bmatrix} 0 & 0 & 0 & 0 & 0 & 0 \end{bmatrix}^T$。

系统噪声方差矩阵初值设为 $Q_{6 \times 6} = \begin{bmatrix} 1.0 & 0 & 0 & 0 & 0 & 0 \\ 0 & 1.0 & 0 & 0 & 0 & 0 \\ 0 & 0 & 1.0 & 0 & 0 & 0 \\ 0 & 0 & 0 & 1.0 & 0 & 0 \\ 0 & 0 & 0 & 0 & 1.0 & 0 \\ 0 & 0 & 0 & 0 & 0 & 1.0 \end{bmatrix}$。

按照星敏 3 角秒（3σ）测量精度，测量噪声方差矩阵

$$R_{3 \times 3} = \begin{bmatrix} 2.1154e-010 & 0 & 0 \\ 0 & 2.1154e-010 & 0 \\ 0 & 0 & 2.1154e-010 \end{bmatrix}$$

按照 5.4.3 节中 EKF 定姿流程，具体实施步骤与 5.4.4 节中仿真试验步骤一致，对第 381、457、785 轨姿态进行处理，试验结果如图 5.26、图 5.27、图 5.28 所示。x 轴为时间（累计秒，从 2009 年 1 月 1 日开始计时累积），单位为秒，y 轴为四元数。q_1、q_2、q_3 为四元数矢量。

3）基于地面控制点的后处理姿态精度验证

根据卫星获取姿态时所拍摄的区域，地面控制选取两个验证区，一个位于山西太原附近，

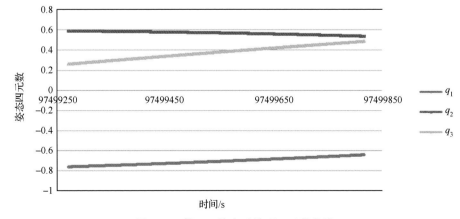

图 5.26　第 381 轨事后处理四元数曲线

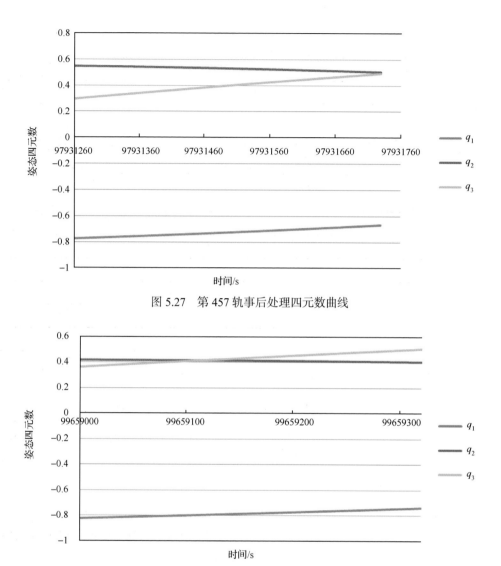

图 5.27　第 457 轨事后处理四元数曲线

图 5.28　第 785 轨事后处理的四元数曲线

区域长 300 km，宽 50 km 左右，覆盖第 381 和 457 轨影像部分区域，主要为山区。另外一个位于天津附近，长 50 km，宽 50 km，覆盖第 785 轨影像部分区域，为平原地形。验证区均采用 CORS 技术量测的外业点，精度为 3~5 cm；采用人工刺点方式获取像控点。在第 381、457 和 785 轨影像上均匀分布的 8、8、11 个控制点，全部作为检查点检查无控制直接定位精度。为了避免姿态系统偏差的影响，试验中第 381 轨仅用于补偿载荷安装系统误差的偏置矩阵，在此基础上，下面主要比较第 457 和 785 轨姿态精度。

　　比较事后处理的四元数和星上下传的四元数，得到误差四元数，并转换为三轴姿态确定误差曲线，第 457 轨、第 785 轨的姿态误差曲线分别如图 5.29 和图 5.30 所示。

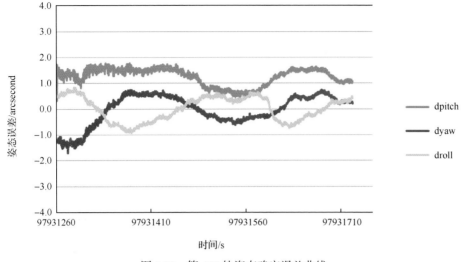

图 5.29　第 457 轨姿态确定误差曲线

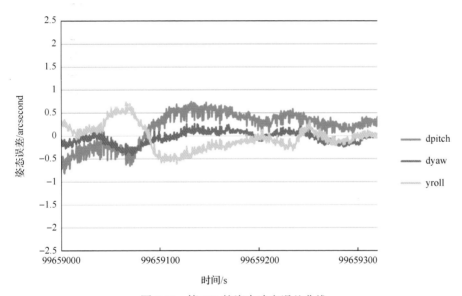

图 5.30　第 785 轨姿态确定误差曲线

　　从上图中事后姿态与星上在轨姿态对比发现,除由于参考基准不同引起系统误差外,两者随机误差差值 1 角秒左右。说明了姿态事后处理方案的有效性。

　　为了进一步分析和对比两者精度,利用严密成像模型对资源三号卫星前、正、后视影像进行立体几何定位,进行无控制定位精度评估。为了避免控制点参与对精度评估的影响,所有控制点全部作为检查点。在比较星上和事后姿态精度时,所有其他参数如相机内的参数、轨道参数均不变。轨道数据采用精密定轨结果,外参数采用第 381 轨进行偏置矩阵标定结果,将其外推到第 457、785 轨中,利用星上和事后姿态进行无控定位、结果如表 5.9 和表 5.10 所示。

表 5.9 第 457 轨无控制定位结果比较

三轴	姿态	最小值/m	最大值/m	中误差/m
X	星上	4.01	12.15	8.08
	事后	2.75	11.07	7.11
Y	星上	7.01	15.47	12.27
	事后	6.43	14.67	11.57
Z	星上	0.73	7.32	3.63
	事后	0.14	6.29	3.63

表 5.10 第 785 轨无控制定位结果比较

三轴	姿态	最小值/m	最大值/m	中误差/m
X	星上	9.49	13.03	11.47
	事后	8.62	11.91	10.31
Y	星上	0.10	3.86	2.29
	事后	0.06	2.13	1.19
Z	星上	6.90	13.12	9.80
	事后	3.52	10.73	6.80

从表 5.9、表 5.10 中两轨数据地面实验对比结果来看，利用事后定姿进行几何定位精度优于星上姿态的几何定位精度，且与两者姿态相对差值基本一致，说明事后定姿可进一步提高卫星姿态，为国产测绘遥感卫星几何精度提升提供技术支撑。

第6章 几何检校场系统

6.1 国内外几何检校场建设情况

6.1.1 国内检校场现状

在我国卫星遥感发展早期，由于影像分辨率不高、几何定位精度低等特点，对卫星影像的应用往往局限于定性分析。而随着卫星影像分辨率的逐步提高，人们对影像的定量分析越来越多，对卫星影像定位精度的要求也越来越高，其应用也越来越广泛。

在资源三号卫星上天之前，我国还没有专门的卫星遥感几何检校场，只有太原的航空几何检校场。过去，卫星的几何检校都是根据影像选取控制点进行，这样存在很多问题，如影像所在区域地形不具有代表性、控制点资料陈旧等，使得检校的结果也不具有代表性，无法将检校的结果推广利用。卫星的几何检校需要满足很多条件才能完整、可靠地分析评价卫星成像几何性能，成像模型参数才能精确处理卫星遥感影像，从而促进卫星影像的应用。因此，只有建立地面几何检校场才能根本解决卫星影像定位精度的问题。国内西安测绘研究所王任享院士从 20 世纪 70 年代就注意到高精度几何定标对于高分辨率卫星应用的重要性，提出了类似航空影像几何定标的方法——整体定标技术，对模拟的高分辨率星载三线阵影像进行了一系列模拟定标试验(王任享, 1998)。CBERS1-02 和 CBERS2-03 等国产卫星只对相机和卫星平台之间的静态几何参数进行了定标，没有对相机内定向参数和轨道姿态等动态参数进行定标(徐建艳等, 2004；张过等, 2007；祝小勇等, 2009)。

6.1.2 国外检校场现状

国外在卫星几何检校方面已经有几十年的研究历史，如 SPOT 系列卫星从 SPOT 1 上天开始，一直到 SPOT 5，一共有 40 年的在轨几何检校经验，并且在全球建设了多个几何检校场用于卫星在轨几何检校；IKONOS、ALOS 等卫星均通过几何检校提高了定位精度。

1. SPOT

SPOT 卫星根据检校内容的不同分为外检校和内检校。外检校是标定相机坐标系相对与卫星本体坐标系的转换关系；内检校是标定每个 CCD 在相机坐标系下的指向。

外检校和内检校都需要检校场，但是根据检校内容的不同和方法的差异，在选择检校场的时候也有差异。

外检校利用普通检校场高精度的地面控制点进行检校。SPOT 5 检校时用到了全球分布的地面检校场，最初的时候发现 SPOT 5 影像的绝对定位精度随着纬度呈现出一定的规律，因此，希望通过全球分布的检校场建立"纬度"模型消除该误差，随后，发现了该误差是由于星敏错误的初值引起的，将星敏的值调整正确后，便消除了该误差；利用全球分布的检校场还能有效地检验检校结果的可靠性。

内检校是利用内定向检校场的高精度高分辨率航空影像采用成像几何模型生成模拟影像，与真实影像做配准对内方位元素进行标定。

根据统计的资料，SPOT 有全球分布的 21 个几何检校场，这些检校场为 SPOT 卫星的在轨检校提供了保障(Bouillo et al., 2002；Bouillon et al., 2003)(图 6.1～图 6.3)。

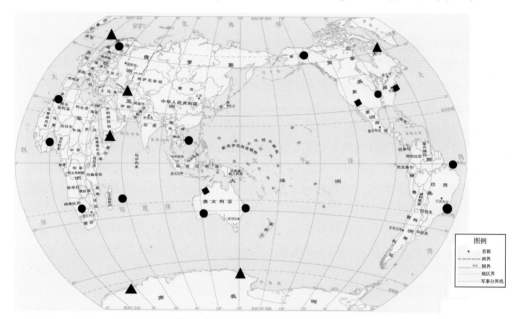

●主要检校场；▲次要检校场；◆废弃检校场

图 6.1　SPOT 的全球分布检校场(Bouillon et al., 2004)

图 6.2　SPOT 位于法国南部内检校场的卫星影像　　图 6.3　SPOT 位于法国南部检校场的检校用
　　　　　　　　　　　　　　　　　　　　　　　　　　　　　　航空影像(Gachet, 2004)

2. IKONOS

IKONOS 是世界上第一个高分辨率商业遥感卫星系统，自从 1999 年 9 月发射升空之后，美国空间成像公司就把在轨几何定标作为实现相机几何技术参数精化的关键环节，利用多个检校场进行几何定标工作，为确保卫星影像达到设计时的定位精度奠定了基础。用于 IKONOS 检校的地面检校场主要分布在凤凰城、圣地亚哥、澳大利亚和西得克萨斯，这些地区被选作检校场主要是由于其地理多样性，气候晴朗无云获得影像的可能性高（Dial and Grodecki, 2002; Grodecki and Dial, 2002）。

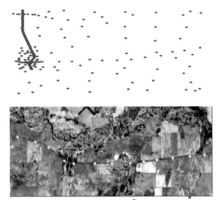

面积：20 km×30km　　　　　　　　　面积：100 km×100km
控制点个数：140　　　　　　　　　　控制点个数：200

图 6.4　IKONOS 美国卫星测图精度检校场示意图（Gene Dial et al., 2002）

3. ALOS

ALOS 标定工作组在 ALOS 发射之前，即制订了标定和验证计划，分析系统成像特点，拟定基本工作流程。针对检校场地点选取及控制点布设情况进行了规划，并根据卫星覆盖情况，在本国及澳大利亚部分地区预设了 3 个几何检校场，分别实现对 ALOS 成像不同方面的检校（Tadono et al., 2004；Ulander et al., 2006；V R P et al., 2011）。

检校场 1：主要用于 ALOS 单景影像的检校处理，主要目的是用来标定相机各镜头（前、后、正视）线阵 CCD 在焦平面上的相对位置及其变形情况，以及验证相机在短时间内的成像稳定性，当然也可进行其他定位实验。检校场 1 位于日本东京北边的 Tsukuba 市（图 6.5），面积大小为 100 km×40 km，以 5 km 的间距密集布设 GCP，其中，东半部 40 km×40 km 的区域采用 1∶2500 的城市规划图进行 GCP 采集，而西半部 60 km×40 km 的区域则采用 DGPS（实时差分 GPS）方法采集 GCP。该区域比 ALOS 一景影像的范围（35 km×35 km 或 70 km×35 km）要大，控制点密集且精度高，控制点由人工在卫星影像上识别并标注，在部分困难区域需借助覆盖该区域的航空影像或高分辨率卫星影像（IKONOS）采用影像匹配的方法确定控制点。

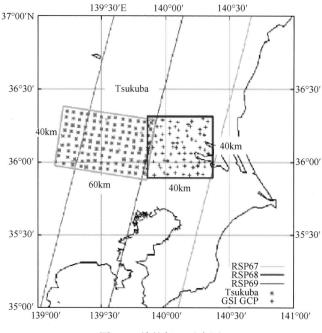

图 6.5　检校场 1 示意图

　　检校场 2：主要用于标定 3 个镜头之间的相对位置(前后镜头倾角，三条 CCD 平行性)，ALOS 检校组认为，三线阵相机各镜头之间的相对位置关系对于建立传感器严格成像模型、确定内定向元素和利用立体像对定位生成 DEM 均具有重要意义。采用同时获取的同一轨道的前、后及正视影像(Triplet mode)联合解算可以消除由于温度等原因对传感器各镜头造成的不同影响，从而有助于实现对传感器相对位置的准确标定。检校场 2 由三部分组成(图 6.6)，沿 ALOS 同一轨道方向依次排列，前后地面距离约为 614 km，与 ALOS 成像时前后视的地面间距基本一致，因此，该检校区域可在三线阵立体成像模式(Triplet mode)下同时获取前、后、正视影像。上部 GCP 区域 1 面积约为 70 km×10 km，与下部 GCP 区域 2 相同，分别对应前、后视影像；中部 GCP 区域 3 面积为 70 km×25 km，对应正视影像。区域 1 和区域 3 采用 DGPS 技术以 5 km 间隔采集控制点，区域 2 采用双频 GPS 静态测量采集控制点。区域 3 也可以作为密集 GCP 区起到与 Tsukuba 检校场相同的作用，事实上在 ALOS 标定组的初始计划中，即以 Tsukuba 检校场作为中间区域的 GCP 区，这样可以大大削减检校场整体建设成本，但由于受地形限制等原因而被迫将各区域上移，形成图 6.6 所示的分布态势。

　　检校场 3：ALOS 标定组认为卫星在轨温度的变化对传感器成像精度有重要影响，特别对 CCD 变形的影响尤为明显。而卫星在轨较短的成像时间内，地面跨度已经很大，排除其他微小或小概率的影响因素，卫星在轨温度的变化主要与星下点纬度有关，因此，CCD 变形与纬度的变化存在一定影响关系，而利用卫星在一段相对较长的时间内(100 秒左右)跨度南北半球同纬度地区的成像进行分析检校，可以评估纬度(温度)变化对 CCD 几何变形的影响。而要求南北半球两检校区域处于同一条卫星轨道，则有助于排除其他因素的额外影响。如图 6.7 所示，沿检校场 1、2 所在同一卫星轨道下延到至澳大利

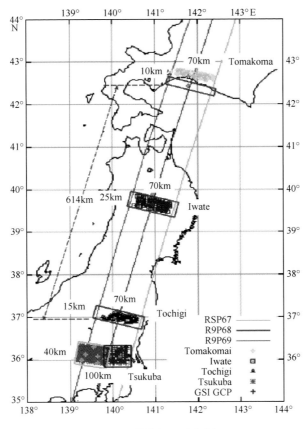

图 6.6　检校场 2 示意图

亚西南地区（南纬 30°～35°），位于城市 Kalgoorlie 与 Esperance 之间，与检校场 1（北纬 36°）、检校场 2（北纬 36°～43°）沿赤道大体对应。由检校场 3 到检校场 1，该长条带区域对应卫星在轨时间约为 91 秒。

　　ALOS 还利用世界多个国家和地区的检校场开展检校工作。例如，在 2006 年 12 月 20 日 GAEL Consultant 发布的 ALOS 检校和验证报告中，介绍了利用法国、西班牙、南非的检校场进行检校的情况。

　　在实施上述检校过程中，为实现 GCP 在卫星影像上的高精度识别与定位，均采取了人工识别与影像匹配（借助同区域参考影像，如大比例尺航空影像或高分辨率遥感卫星影像 IKONOS、QuickBird 等）相结合的方式。此外，ALOS 还在其他一些实验区域进行了检校。包括前期的 Piemont（Italy），Saitama（Japan），Bern/Thun（Switzerland），Kazaki（Japan）4 个检校区，后又利用 Zurich/Winterthur（Switzerland），Sakurajima（Japan），Wellington（South Africa）3 个实验区域进行了检校。其主要特点有：检校场覆盖区域具有不同的地形、地貌特点，平坦地区、山地丘陵等；同时在不同检校区针对不同地形控制点数目及分布大不相同；在检校场选取和控制点布设时考虑了利用已有条件，达到节约成本等目的。

4. MOMS-2P

自 1979 年起,德国空间规划重点关注的是高分辨率光电模式多光谱/立体扫描仪(Modular Optoelectronic Multispectral /Stereo Scanner(MOMS))。在这一框架下,第一代两通道的空间传感器(MOMS-01)分别在 1983 年和 1984 年成功发射完成,这是首次采用推扫式成像机理的空间传感器。第二代传感器(MOMS-02)在 1993 年发射完成。它包含两组成像设备:一组是由正视、前视 21°、后视 21°的 4.3m 分辨率全色谱段三线阵成像设备(MOMS-02P);一组是覆盖可见光、近红外的 13m 分辨率四个波段的多光谱成像设备。

MOMS-2P 几何检校包括实验室检校和在轨几何检校两部分。在轨几何检校采用了附加参数的自检校光束法区域网平差方法。在实验数据上,分别针对两种立体成像模式选择同轨长条带多景影像构成区域网,并在各条带有交叉区域的情况下,联合组成大区域网进行平差,实现检校参数的进一步精化。现以 DLR 组织的针对 MOMS-2P 在轨几何检校为例作简要说明(Kornus et al., 1996)。

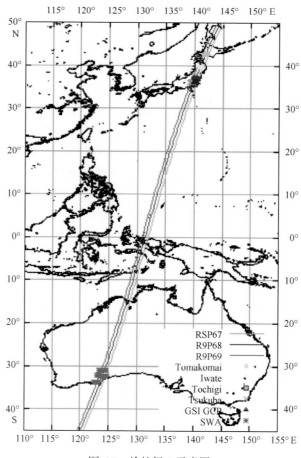

图 6.7　检校场 3 示意图

如图 6.8 所示，几何检校区域共三条影像，位于德国南部和奥地利部分地区。

(1)右上角像幅较窄的为条带 T083C，1997 年 3 月 14 日成像模式 A(三线阵全色影像)降轨阶段获取，地面分辨率为 5.9 m 和 17.6 m，条带长度约为 400 km，共 9 景影像(25~33)，含 23310 条 CCD 影像。

(2)右下区域为条带 T08C5，1998 年 5 月 8 日成像模式 B(前后全色 CCD 加 1 条多光谱 CCD)降轨阶段获取，地面分辨率为 17.3 m，条带长度约为 600 km，共 7 景影像(11~16)，含 34920 条 CCD 影像。

(3)左上角区域为条带 T08FE，1998 年 6 月 25 日成像模式 B 升轨阶段获取，地面分辨率为 17.1 m，条带长度约为 700 km，共 7 景影像(17~23)，含 40720 条 CCD 影像，T08FE 与前两个条带分别有部分区域重合，从而可将 3 个条带合成为一个大区域网。

参与自检校平差及精度验证的共有 3 种点：1 是控制点；2 是检查点；3 是连接点。由于 MOMS-2P 影像空间分辨率较低，因此控制点和检查点直接在 1：5 万地形图上选取，其平面和高程精度均为 2.5 m；连接点则采用影像匹配的方法自动选取，匹配精度在良好状态下为 0.1 像元，但在一些困难地区难以达到这种精度，特别是在立体模式获取影像时，利用正视多光谱蓝色波段影像与前后视全色波段影像进行匹配，由于同名点在左右影像成像特点可能不一致，因此加大了影像匹配的难度。

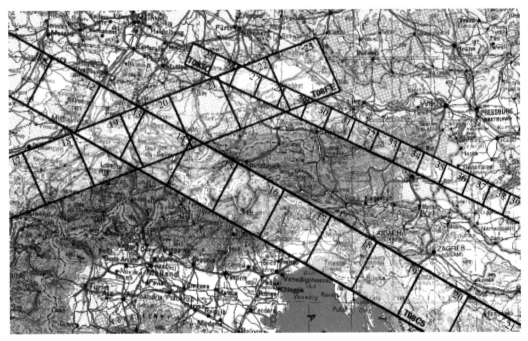

图 6.8　MOMS-2P 在轨几何检校示意图

检校实验过程分为两部分：首先以单条带为单位分别进行自检校区域网平差，先以全部控制点进行解算，后以部分控制点进行解算，其余点作为检查点配合该地区 DTM 进行精度检测；在分条带检校的基础上，以三条带构成区域网进行联合平差。解算过程中试验了不同控制点与检查点的组合方案，采用定向片法进行外方位元素建模，试验了定向片不同间隔对解算精度的影响。

6.2　几何检校场建设方案

6.2.1　资源三号检校场功能

由于资源三号卫星对于几何精度有较高的要求，在卫星在轨运行阶段需要对卫星平台上涉及定位的各个设备参数和设备之间的几何关系进行标定。地面检校场作为高精度的几何基准，对卫星进行高精度几何标定和成像质量分析，达到上述的成像 CCD 探元在本体坐标系中的指向标定到 0.3 像元。需要利用地面几何检校场开展的主要工作如下。

1. 内方位元素标定

在轨标定资源三号 4 个相机(前视、正视、后视相机和多光谱相机)的内方位元素和畸变，具体包括：

(1) 4 个相机的视主点、主距；

(2) 4 个相机内的分片 TDI CCD 在焦平面内的相对位置；

(3) 4 个相机内的镜头畸变，主要是径向畸变；

(4) 4 个相机内的分片 TDI CCD 变形等。

2. 外方位元素标定

外方位元素在轨标定的内容包括：

(1) 4 个相机与某一星敏之间的夹角；

(2) 4 个相机之间的夹角；

(3) GPS 提供的卫星位置的修正参数；

(4) 卫星姿态的短周期变化。

3. 内外方位元素稳定性检验

在轨检验相机内外方位元素的稳定性，并标定出卫星姿态的长周期变化。具体内容包括：

(1) 4 个相机的视主点位置的稳定性；

(2) 4 个相机的主距大小的稳定性；

(3) 4 个相机内的分片 TDI CCD 在焦平面内的位置的稳定性；

(4) 4 个相机镜头畸变的稳定性；

(5) 4 个相机内的分片 TDI CCD 变形的稳定性；

(6) 4 个相机与星敏之间夹角的稳定性；

(7) 4 个相机之间的夹角的稳定性；

(8) 卫星姿态的长周期变化。

4. 与几何相关的辐射标定

在轨标定影响卫星影像几何定位精度的影像的辐射量，包括：

（1）4 个相机的 MTF；

（2）4 个相机的像元分辨率；

（3）4 个相机的信噪比和响应一致性。

5. 立体测图真实性检验

利用资源三号卫星在平地、丘陵、高山等不同地形区域摄取的影像，全面检验和评价资源三号卫星影像的立体测图能力，评价内容包括：

（1）三线阵影像在平地、丘陵、高山 DEM 生成精度评价；

（2）4 个相机的地理框架要素提取能力评价；

（3）4 个相机影像的有控制/无控制定位精度评价；

（4）4 个相机的误差补偿模型检验。

6.2.2　资源三号检校场的指标要求

为了使资源三号卫星影像能够用于 1∶5 万地形图的立体测图和 1∶2.5 万地形图的修测，对地面检校场建设指标要求如下。

（1）在不侧摆的情况下，能够利用地面检校场完成内方位元素标定、外方位元素标定、内外方位元素稳定性检验、与几何相关的辐射标定，以及立体测图精度检验，半年内至少一次；

（2）地面检校场的建设要能满足内方位元素标定精度优于 0.3 像元的要求；

（3）地面检校场的建设要能满足内方位元素稳定性的标定精度优于 0.3 像元的要求；

（4）立体测图真实性检验区要能满足检验利用资源三号卫星影像测制的 1∶5 万地形图、1∶5 万数字高程模型、1∶5 万正射影像图精度的要求，以及利用资源三号卫星影像修测的 1∶2.5 万地形图精度的要求。

6.2.3　资源三号几何检校场设计基本条件

SPOT 5 和 IKONOS 这两颗卫星是都是线阵 CCD 传感器，都能获得立体影像，是测图遥感卫星的代表。SPOT 系列卫星在轨 40 年的标定经验具有较高的可行性与可靠性，并且其有关检校方法的资料相对较多；IKONOS 星作为高分辨率商业卫星的代表，其应用较广泛，因此，借鉴这两颗卫星的在轨标定方法和检校场的特点，来设计资源三号卫星的检校场。

SPOT 在轨检校时，根据标定参数的不同用到不同的检校场，我们将其称为外定向检校场和内定向检校场。外定向检校场和内定向检校场在选址建设时，选址条件相似，但内定向检校场具有特殊性。对于外检校场，通过资料的收集与对外交流，选址建设的重点是需要低云量并有一定数量的 GPS 控制点的地区。对于内检校场，内定向检校场是用于拍摄精确的航空影像作为参考数据用于内方位元素的标定，与卫星影像进行匹配获得高密集的控制点，来进行高精度的内方位元素标定，检校场地物波谱不单一，且地物波谱信息终年变化不大，确保参考影像与真实影像配准的精度；检校场的面积达到幅宽要求，尤其是垂直线阵方向，这样才能完整地检校所有的 CCD，可选择已经具有较高精度的航空影像(水平精度及高程精度较好)及 DEM 的地区。

有关资源三号卫星几何检校场的建设，主要考虑内检校场的建设，从选址问题着手研究。利用检校场进行在轨检校时要求获取的检校场卫星影像尽可能清晰有效，同时考虑地形对参数求解的影响等，通过资料分析与总结，形成如下 5 个选址基本条件：①气象条件；②地形条件；③控制点条件；④面积条件；⑤成本条件。

1. 气象条件

检校场研究的对象主要针对光学卫星遥感影像。众所周知，气象是影响光学传感器能否获取有效影像最直接的因素。所以，对于卫星几何检校场的选址，要特别考虑该地区的气象状况。

由于卫星具有特定的运行周期，为了使卫星飞过几何检校场上空时能获得有效影像进行检校，则要求几何检校场常年天气状况良好。天气状况主要考虑云量和垂直能见度两个方面，这两个因素是影响成像质量的关键。

云量是指云遮蔽天空视野的成数。全天无云，总云量记为 0；天空完全被云所遮蔽，记为 10；云占全天十分之一，总云量记为 1；云占全天十分之二，总云量记为 2，其余依次类推。(地面气象观测规范)气象学上，将云量<5 时的天气称为晴天，即少云天气；云量>5 称为阴天，即多云天气。

垂直能见度是指视力正常的人，在当时天气条件下，能够从天空背景中看到和辨认的目标物(黑色、大小适度)的最大垂直距离。能见度主要受气溶胶、沙尘等影响，大量的气溶胶、沙尘悬浮于空中对能见度有较大的影响。

影像的成像质量(某一方面来说即人眼主观感觉到的影像是否清晰，地物是否易于辨认等)受云量和能见度的影响较大。对光学卫星来说，多云天气摄取的影像，地物完全被云遮盖，影响使用；若垂直能见度低，则会影响成像的质量，如清晰度不高、影像模糊等情况。因此，在几何检校场选址时，从气象条件考虑，需选择常年低云量、高能见度的地区。

2. 地形条件

在航空摄影测量中，通过空间后方交会进行内方位参数求解时，只有在一定条件下才有可能。当地面起伏不大时，若投影中心平移参数的系数与内方位元素的系数是有线性关联的，从而产生接近于奇异法方程的情况(摄影测量原理，王之卓)，这样解算得到的结果误差是很大的。因此，在航空摄影中对摄影机检校时，只有当地形起伏较大时，在竖直摄影条件下才有可能在空间后方交会，同时解算出内外方位元素，而对于航天星载线阵影像而言，由于小视场的情况，姿态、轨道、内方位元素本来就是相关的，即使高低起伏小一点，也仅仅是相关的程度稍大一些，高低起伏并不能解决内外方位元素的相关性，而且 1 km 高低起伏的地面，对于飞行在 500～800 km 高空的卫星来说，也是"平坦"地区，因此，在检校航天传感器时，对地形高低起伏这个方面没有严格的要求。并且高空运行的卫星，其投影类似于平行投影，不同高度的地形在影像上引起的位移可根据下式计算（图 6.9）：

$$H = V / \tan E \qquad (6.1)$$

式中，H 表示水平位置误差；V 表示相对高程；E 表示卫星高度角。

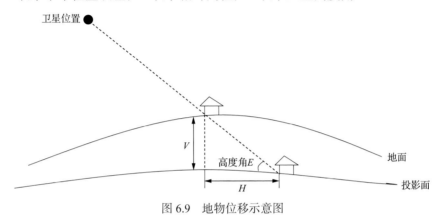

图 6.9　地物位移示意图

卫星的运动是较平稳的，其参数的变化也是很小的。假设在 60° 的高度角下，若姿态变化 1 角秒（1 角秒=0.000278 度），1000 m 相对高程引起的位移变化为 0.006 m，该位移转化到像方是一小量，几乎难以察觉，由此说明通过起伏的地形发现指向角度变化引起的位移误差不可行。通过上面的分析，地形起伏对于高空飞行的卫星的几何检校作用不显著。因此，在选择几何检校场建设地点时，宜选择地形较平坦的地区，便于实地勘察，以及几何检校场的建设和维护。

3. 控制点条件

控制点条件是为几何检校场建设做准备的。几何检校场实际就是拥有大量高精度地面控制点的区域。为了保证所布设地面控制点的精度，需要在检校场建设区域存在一定数量的高精度地面控制点，将这些高精度控制点作为基准点对新选择的地面控制点进行测量，确保控制点的精度。已有控制点的数目是影响成本的因素之一，已有的控制点越多，则需要建立的新的控制点相对较少，这样可以减少建设新控制点的数量，降低成本。

根据采样定律，如果航空影像的 GSD 为卫星影像 GSD 的 1/10，并且影像模拟需要的 DOM 的平面精度和 DSM 的高程精度优于 1/10 个卫星影像 GSD，则 DOM 和 DSM 误差引起的卫星模拟影像的误差可以忽略不计。针对资源三号卫星的影像而言，分辨率最高为 2.1 m，因此，航空影像的制作 DOM 的分辨率至少为 0.2 m，高程精度优于 0.2 m，根据国家规范，因此需要 1∶2000 的正射影像和 DEM。

4. 面积条件

面积条件是保证一景影像得到全面检校的基础，该条件要求检校场足够大，至少满足一景影像的覆盖范围，避免局部检校带来的不准确性。不同的传感器对检校场面积的要求不同，面积条件与传感器的幅宽相关。

由于要利用地面检校场定期、高精度地检校 4 台相机(前视、正视、后视相机和多光谱相机)的内方位元素和畸变等重要参数，半年内能够利用地面检校场完成内方位元素标定和内外方位元素稳定性检验至少一次，几何检校场的面积应能满足要求。

几何检校场的宽度指垂直于轨道方向的地面跨度。资源三号装载的前视、正视、后视和多光谱相机的有效覆盖宽度为 50～60 km，同轨三度重叠区域(图 6.10)与三线阵相机前后覆盖区域的偏差约±5 km，根据指标计算卫星指向精度约±2 km，考虑卫星调轨精度和轨道漂移等因素等。资源三号卫星的轨道是太阳同步圆轨道，有拼接测绘功能(图6.11)，即卫星过境 5 天后对相邻区域进行拼接成像，在赤道上相邻间距约 45 km，北纬35°区域约 37 km。内方位元素几何检校场垂直于轨道方向的宽度应接近 100 km。

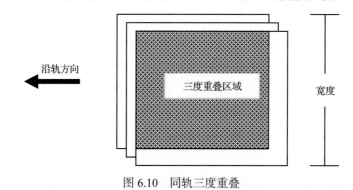

图 6.10　同轨三度重叠

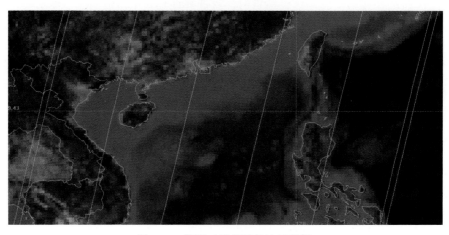

图 6.11　资源三号相邻轨迹示意图

根据内方位元素检校的方法，内方位元素的最终标定值是多次内方位元素标定结果的平均，沿轨道方向需要有足够的长度。根据初步模拟试验和技术分析，并参照国外卫星的检校经验，沿轨道方向需要提供几千次的摄影测量观测值才能初步达到检校精度。在进行立体摄影测量时，卫星平台在短周期的稳定性影响成像质量和测图精度，通过内方位元素检校场检查卫星平台的稳定性和特定频段的运动情况，并验证适合于资源三号卫星的高精度姿态运动模型，以改善摄影测量立体测图精度。为保证一景影像得到全面检校的基础，避免局部检校带来的不准确性。则根据上述分析，对于资源三号卫星内方位元素检校场最佳大小应大于 100 km×50 km，实际建设时可根据基础数据调整。

5. 成本条件

在几何检校场建设的时候，还有很多制约成本条件的因素。例如，交通、已有控制点以及可以作为控制点的自然地物等。在选择控制点的时候，尽量利用自然地物，而避免大量的制造控制点地标。人造控制点地标不仅造价较高，而且易遭人为损坏，而自然地物相对专门建造的地标而言，廉价并有利于长期保存。同时，检校场建好后需要定期的维护，这涉及交通是否便利等问题。因此，成本条件可从上述方面做考虑，选择低成本的地区。

6. 其他条件

上述选址条件即卫星几何检校场选址的大致条件。在建设内定向检校场时，还应根据内检校方法的特性，除上面提到的几个基本条件外，还应做如下考虑。

(1)检校场地物波谱不能单一，且地物波谱信息终年变化不大，确保参考影像与真实影像配准的精度。

(2)检校场的面积达到幅宽要求，尤其是卫星飞行时沿 CCD 线阵方向，这样才能完整地检校所有的 CCD 单元。

(3)为节约成本，可选择已经具有较高精度的航空影像(水平精度及高程精度较好)及 DEM 的地区，否则，需要对选择的地区进行航空摄影测量，获得一定精度的参考数据。

6.3 检校场地选址分析

由于我国地域宽广，如果直接将上述的几个条件综合进行检校场的选择，存在一定困难。可通过分步选择，选择适合作为几何检校场建设的地区，以此降低工作的复杂度。

6.3.1 全国气象和地形条件选址分析

基于上述选址条件的云量和地形条件，在全国范围内找出低云量和地形较平坦的区域。

1. 全国范围选址试验数据

气象数据采用全国 30 年(1971～2000 年)累年平均总云量分布图。地形数据采用全国 1:5 万 DEM 数据开展。

在全国范围内满足云量条件(年平均云量<5 成)和地形条件(局部高差小于 100m)的区域主要分布在新疆、内蒙古、甘肃、河北、吉林、山东、天津等地。列出图中满足条件的几个区域如表 6.1 所示。

表 6.1　满足云量和地形条件的区域列表

区域	省	市、县	大致范围	
1	新疆	昌吉回族自治州 克拉玛依市	左上：85.29E, 45.96N 左下：85.33E, 41.90N	右上：89.31E, 44.78N 右下：91.33E, 39.71N
2	新疆	巴音郭楞蒙古自治州	左上：85.33E, 41.90N 左下：85.33E, 41.90N	右上：91.21E, 40.83N 右下：91.33E, 39.71N
3	甘肃	敦煌市	左上：94.51E, 40.62N 左下：84.51E, 40.18N	右上：92.25E, 40.66N 右下：95.25E, 40.25N
4	青海省	海西蒙古族藏族自治州	左上：92.69E, 38.77N 左下：91.89E, 38.11N	右上：92.27E, 36.70N 右下：97.29E, 36.13N
5	内蒙古	额济纳旗	左上：99.89E, 41.76N 左下：99.91E, 40.18N	右上：102.06E, 41.81N 右下：102.03E, 40.34N
6	甘肃	民勤县		
7	内蒙古	巴彦淖尔市		
8	内蒙古	鄂托克前旗东南部		
9	内蒙古	乌审旗东北部		
10	内蒙古	呼伦贝尔市西部		
11	黑龙江	佳木斯市附近		
12	内蒙古	正蓝旗		
13	内蒙古	呼和浩特市西南部		
14	河北省	石家庄市 沧州市 邢台市	左上：114.55E, 38.37N 左下：114.57E, 36.21N	右上：116.02E, 38.37N 右下：116.02E, 36.21N
	山东	聊城市		
	天津市	静海县	左上：116.02E, 39.62N 左下：116.02E, 37.01N	右上：117.55E, 39.57N 右下：117.56E, 37.01N
	北京	北京市		
	山东	滨州市		
		保定市		
	河北	沧州市		
		衡水市		
15	吉林	白城市 四平市 松原市	左上：120.35E, 43.79N 左下：120.31E, 42.45N	右上：125.55E, 48.41N 右下：125.51E, 43.68N
	内蒙古	通辽市 兴安盟 赤峰市		
	黑龙江	齐齐哈尔市 大庆市		
	辽宁	阜新市 沈阳市		

1) 新疆 —— 昌吉回族自治州地区

昌吉回族自治州(简称昌吉州)位于新疆维吾尔自治区中部，天山北麓，准噶尔盆地南缘。

2) 新疆 —— 巴音郭楞蒙古自治州地区

巴音郭楞蒙古自治州简称巴州。巴州地处新疆维吾尔自治区东南部，东邻甘肃、青海，南倚昆仑山与西藏相接；西连新疆和田、阿克苏地区，北以天山为界与伊犁、塔城、昌吉、乌鲁木齐、吐鲁番、哈密等地州市相连。

3) 甘肃 —— 敦煌市地区

敦煌市位于甘肃省西北部，隶属甘肃省酒泉市管辖。敦煌境内东有三危山，南有鸣沙山，西面是沙漠，与塔克拉玛干相连，北面是戈壁，与天山余脉相接。

4) 青海 —— 海西蒙古族藏族自治州地区

区域中部主要包含塔尔木市。位于海西蒙古族藏族自治州境南部，西接新疆维吾尔自治区，南与西藏自治区毗邻。

5) 内蒙古 —— 额济纳旗地区

额济纳旗地处祖国北疆，位于内蒙古自治区最西端。东与阿拉善右旗毗邻，西南与甘肃省酒泉市交界，北与蒙古国接壤。

6) 甘肃 —— 民勤县地区

民勤县地处甘肃省河西走廊东北部，南依武威，西毗镍都金昌，东北和西北面与内蒙古的左、右旗相接。

7) 内蒙古 —— 巴彦淖尔市地区

巴彦淖尔市地区东接包头市，西邻阿拉善盟，南隔黄河。

8) 内蒙古 —— 鄂托克前旗东南部地区

鄂前旗位于内蒙古自治区西南部，为毛乌素沙漠的腹地。北与鄂托克旗相依；东与乌审旗相连；南与陕西省靖边、定边两县及宁夏回族自治区盐池县毗邻；西与宁夏陶乐县、灵武县接壤。

9) 内蒙古 —— 乌审旗东北部地区

乌审旗位于鄂尔多斯草原西南部，内蒙古自治区最南端，地处内蒙古高原与黄土高原的过渡地带。地处毛乌素沙漠腹部，地势由西北向东南倾斜。属温带大陆性季风气候。

10) 内蒙古 —— 呼伦贝尔市西部地区

呼伦贝尔市西部位于内蒙古高原东北部，北部与南部被大兴安岭南北直贯境内。东部为大兴安岭东麓，东北平原——松嫩平原边缘。地形总体特点为：西高东低。地势分布呈由西到东地势缓慢过渡。呼伦贝尔市气候分布特点以大兴安岭为分界线。气候类型为：岭东区为季风气候区，岭西区为大陆气候区。岭东地区为半湿润地区多分布为森林——大兴安岭林区。岭西地区为半干旱地区多分布为半干旱草原——呼伦贝尔草原。

11) 黑龙江 —— 佳木斯市附近地区

区域主要位于中国东北的松花江、黑龙江、乌苏里江汇流而成的三江平原腹地。

12) 内蒙古 —— 正蓝旗地区

正蓝旗地区地势西南高、东北低。旗境北部为著名的浑善达克沙地的中东段，为典型的坨甸相间地貌类型。在沙丘间形成的平坦草地上发育着疏林、灌丛和草甸，与其他草原构成独特的牧区风光。南部为低山丘陵地貌，是燕山北缘的低山丘陵与大兴安岭西南缘的低山丘陵交会地带，山间分布有面积较大的草原。

13) 内蒙古 —— 呼和浩特市西南部地区

呼和浩特地区位于内蒙古自治区中南部，主要为土默川平原地形。

14) 北京、天津、河北地区

北京、天津、河北位于华北地区，北京、天津两市的外围。西北部为山区、丘陵和高原，其间分布有盆地和谷地，中部和东南部为广阔的平原。实验选择的区域为河北省西南方向的平原，多以耕地为主。

15) 辽宁、吉林、黑龙江地区地区

东北三省属于寒带大陆性季风气候，四季都是寒冰时期。地形以山地、平原、河流为主。

2. 全国气象和地形条件选址总结分析

根据上述 15 个地区初步分析，新疆巴音郭楞蒙古自治州选定的范围在库尔勒城区附近天气在西部甚至全国是最好的，地形大部分比较平坦，且有库尔勒城区和周围的道路的特征地物比较多等，这些条件相对于西部昌吉回族自治州敦煌市、海西蒙古族藏族自治州等相对最优。从初步分析来看，民勤县和鄂托克前旗等主要是沙地覆盖，特征地物较少；内蒙古呼和浩特市相对巴彦淖尔市等相对最优。北京附近、吉林一带交通便利，人工特征地物较多。

综合考虑新疆巴音郭楞蒙古自治州；辽林中部、吉林北部、黑龙江西部一带这四个地区初步符合上述检校场需求和检校场设计原则。下面对这四个区域进行详细分析。

6.3.2 重点区域优化选址分析

根据前面确定的四个详细分析区域,以内蒙古呼和浩特市西南部和北京、天津、河北一带为例,对这两个区域在气象条件、地形条件、控制点条件、面积条件、成本条件等进行详细评价,选择合适的区域。

1. 遥感影像覆盖效率分析数据概况

我们统计了 2007 年资源二号 03 星影像覆盖上述两个区域的影像云量信息,分析比较上述两个区域的影像获取效率。

图 6.12 和图 6.13 是统计云量的影像数据的元数据信息和云量影像缩略图。

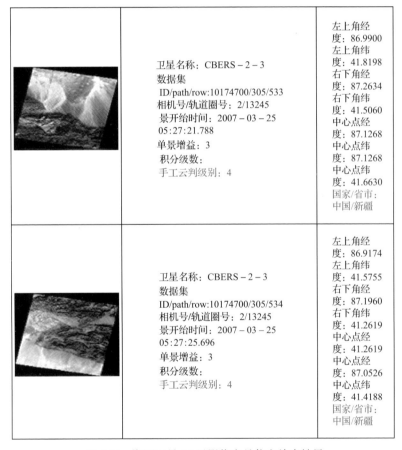

	卫星名称:CBERS–2–3 数据集 ID/path/row:10174700/305/533 相机号/轨道圈号:2/13245 景开始时间:2007–03–25 05:27:21.788 单景增益:3 积分级数: 手工云判级别:4	左上角经 度:86.9900 左上角纬 度:41.8198 右下角经 度:87.2634 右下角纬 度:41.5060 中心点经 度:87.1268 中心点纬 度:87.1268 中心点纬 度:41.6630 国家/省市: 中国/新疆
	卫星名称:CBERS–2–3 数据集 ID/path/row:10174700/305/534 相机号/轨道圈号:2/13245 景开始时间:2007–03–25 05:27:25.696 单景增益:3 积分级数: 手工云判级别:4	左上角经 度:86.9174 左上角纬 度:41.5755 右下角经 度:87.1960 右下角纬 度:41.2619 中心点经 度:41.2619 中心点经 度:87.0526 中心点纬 度:41.4188 国家/省市: 中国/新疆

图 6.12 资源二号 03 星影像产品信息检索结果

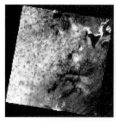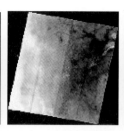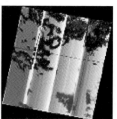

图 6.13　资源二号 03 星影像产品云量判别不同等级缩略图

2. 重点区域云量分析数据概况

本数据集是从月报表数据文件中提取 1951～2005 年 02、08、14、20 时 4 次观测云量资料，进行质量控制后，按 1971～2000 年新 30 年整编的统计方法，计算总低云量日、月、年值以及晴阴日数。在处理过程中，将白天与夜间观测云量分别统计。

表 6.2　云量观测数据内容

数据质量描述：
经过质量控制，详见《云资料概况与质量控制》
数据处理过程：
(1)对于质量检查后的数据处理见《云资料概况与质量控制》
(2)对于从 4 次定时值到日、月、年值按 1971～2000 年新 30 年整编的统计方法处理
数据来源：地面天气现象观测台，地面天气报 A0/A1 文件
数据集分类：地面气象资料
更新频率：不定期
关键词
学科分类关键词：云，云量
地理范围关键词：全国
层次关键词：地面
空间分辨率：
参考系：兰勃脱
时间标识
制作时间：20060430
制作类型：生产
地理覆盖范围
地理范围描述：中国
最西经度：75.14E
最东经度：132.58E
最北纬度：52.58N
最南纬度：16.32N
垂向覆盖范围
垂向最低：
垂向最高：
垂向度量单位：
垂向基准名称：
时间覆盖范围
起始时间：19510101
终止时间：20051231
观测或统计频次：日、月、年

按照不同年份拆分成单文件，文件格式如下。

日值资料——每站、年、月、日一行记录，记录顺序为从左至右为：区站号、年、月、日、日平均总云量、日平均低云量，要素间均用空格作为间隔符；

月值资料——每站、年、月一行记录，记录顺序为从左至右为：区站号、年、月、月平均总云量、该月日平均总云量大于 8 成日数、该月日平均总云量小于 2 成日数、月平均低云量、该月日平均低云量大于 8 成日数、该月日平均低云量小于 2 成日数，要素间均用空格作为间隔符；

年值资料——每站、年一行记录，记录顺序为从左至右为：区站号、年、年平均总云量、该年日平均总云量大于 8 成日数、该年日平均总云量小于 2 成日数、年平均低云量、该年日平均低云量大于 8 成日数、该年日平均低云量小于 2 成日数，要素间均用空格作为间隔符；

年、月、日平均总云量、低云量：整型，单位 0.1 成

年月日平均总(低)云量<2.0 成日数：整型，单位：日

年月日平均总(低)云量>8.0 成日数：整型，单位：日

表 6.3　中国地面天气现象观测台站信息

中国地面天气现象数据集台站信息(1951～2005 年)

区站号	站名	省名	纬度度分	经度度分	拔海 0.1 米		开始年月		截止年月	
50163	漠　河	黑龙江	5258	12231	4330	4342	1957	04	2005	12
50246	塔　河	黑龙江	5221	12443	3619	3630	1960	12	2005	12
50349	新　林	黑龙江	5142	12420	4946	4962	1972	01	2005	12
50353	呼　玛	黑龙江	5143	12639	1774	1780	1954	01	2005	12
50425	额尔古纳右旗	内蒙古	5015	12011	5814	5823	1957	01	2005	12
50434	图里河	内蒙古	5029	12141	7326	7337	1957	01	2005	12
50442	大兴安岭	黑龙江	5024	12407	3717	3734	1966	07	2005	12
50468	黑　河	黑龙江	5015	12727	1664	1674	1959	01	2005	12
50514	满洲里	内蒙古	4934	11726	6617	6632	1956	12	2005	12
50527	海拉尔	内蒙古	4913	11945	6102	6112	1951	01	2005	12
50548	小二沟	内蒙古	4912	12343	2861	2872	1957	01	2005	12
50557	嫩　江	黑龙江	4910	12514	2422	2430	1951	01	2005	12
50564	孙　号	黑龙江	4006	10701	2345	2360	1054	01	2005	12

3. 域选址具体分析

1) 巴音郭楞地区

中国最干旱的地区，位于新疆维吾尔自治区东南部，简称巴州。巴州大部分处于天山南麓和塔里木盆地北和东北缘，小部分位于塔里木盆地东南缘和昆仑山、阿尔金山北麓间。气候非常干旱，年降水量大多在 100 mm 以下，个别县(如若羌、且末等)仅有 10～25 mm。

1	50136	2005	1	1	38	0
2	50136	2005	1	2	100	0
3	50136	2005	1	3	50	0
4	50136	2005	1	4	58	0
5	50136	2005	1	5	0	0
6	50136	2005	1	6	0	0
7	50136	2005	1	7	85	0
8	50136	2005	1	8	10	0
9	50136	2005	1	9	8	0
10	50136	2005	1	10	25	0
11	50136	2005	1	11	78	0
12	50136	2005	1	12	10	0
13	50136	2005	1	13	5	0
14	50136	2005	1	14	10	0
15	50136	2005	1	15	23	0
16	50136	2005	1	16	43	0
17	50136	2005	1	17	75	0
18	50136	2005	1	18	65	0
19	50136	2005	1	19	33	0
20	50136	2005	1	20	33	0
21	50136	2005	1	21	3	0
22	50136	2005	1	22	63	0
23	50136	2005	1	23	90	0
24	50136	2005	1	24	25	0
25	50136	2005	1	25	18	0

1	50136	2005	1	42	5	10	0	0	31
2	50136	2005	2	37	4	11	1	0	28
3	50136	2005	3	44	4	8	3	0	29
4	50136	2005	4	67	10	1	17	0	18
5	50136	2005	5	60	8	3	27	0	10
6	50136	2005	6	64	9	2	29	0	10
7	50136	2005	7	63	9	2	28	0	12
8	50136	2005	8	57	7	1	26	0	12
9	50136	2005	9	60	8	2	27	0	11
10	50136	2005	10	59	4	2	12	0	22
11	50136	2005	11	54	8	7	2	0	29
12	50136	2005	12	44	8	11	0	0	31
13	50246	2005	1	43	4	10	0	0	31
14	50246	2005	2	36	3	14	1	0	28
15	50246	2005	3	40	3	10	3	0	30
16	50246	2005	4	65	10	2	13	0	21
17	50246	2005	5	65	12	3	33	0	11
18	50246	2005	6	62	11	1	32	2	13
19	50246	2005	7	65	10	0	37	5	12
20	50246	2005	8	56	5	2	32	2	10
21	50246	2005	9	57	7	2	28	1	13
22	50246	2005	10	53	7	5	12	0	23
23	50246	2005	11	48	8	8	3	0	27
24	50246	2005	12	33	6	14	0	0	31
25	50349	2005	1	45	4	9	0	0	31
26	50349	2005	2	34	3	14	2	0	28
27	50349	2005	3	38	3	9	7	0	27
28	50349	2005	4	71	13	2	43	2	9
29	50349	2005	5	64	10	2	39	1	5
30	50349	2005	6	66	10	2	33	0	10

图 6.14　地面天气现象观测数据月、日平均云量数据实例

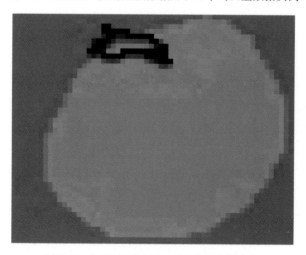

图 6.15　巴音郭楞地区 30 年平均云量信息

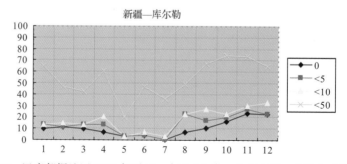

图 6.16　巴音郭楞地区 2005 年无云、小于 0.5 成、小于 1 成、小于 5 成的概率

图 6.17　巴音郭楞地区附近地形概况

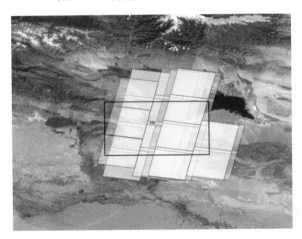

图 6.18　巴音郭楞地区附近覆盖影像(3)

表 6.4　巴音郭楞地区影像云量统计表

总计	0	1	2	3	4
总景数			21	4	12
百分比			0.5675	0.1081	0.3243

2) 呼和浩特

呼和浩特位于内蒙古自治区中部，境内主要分为两大地貌单元，即：北部大青山和东南部蛮汉山为山地地形。南部及西南部为土默川平原地形，地势由北东向南西逐渐倾斜。海拔最高点在大青山金銮殿顶部，高度为 2 280 m；最低点在托克托县中滩乡，高度为 986 m，市区海拔为 1 040 m。试验选择的区域主要为呼和浩特市托克托县，它属于温带大陆性气候，四季分明，日照充足，年均气温 7.3℃，年均降雨量 362 mm。

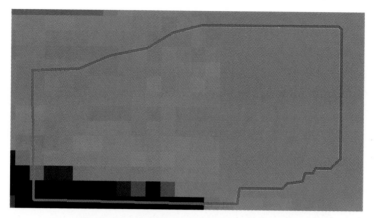

图 6.19 呼和浩特地区 30 年平均云量信息

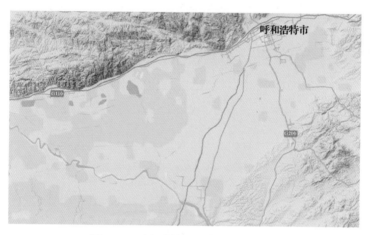

图 6.20 呼和浩特地区附近地形概况

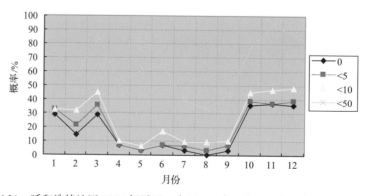

图 6.21 呼和浩特地区 2005 年无云、小于 0.5 成、小于 1 成、小于 5 成的概率

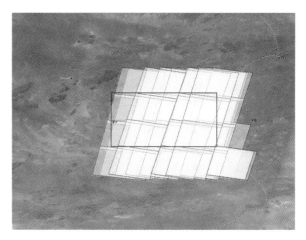

图 6.22　呼和浩特地区附近影像覆盖情况

表 6.5　呼和浩特地区影像云量统计表

总　计	0	1	2	3	4
总景数	16	0	27	10	24
百分比	0.2077	0	0.3506	0.1298	0.3116

3）白城附近地区

白城市位于吉林省西北部，嫩江平原西部，科尔沁草原东部。东、东南与吉林省松原市的前郭尔罗斯蒙古族自治县、乾安县接壤；南与吉林省松原市的长岭县毗邻。西、西北与内蒙古自治区的科尔沁右翼中旗、突泉县、科尔沁右翼前旗相连；北、东北与黑龙江省泰来县、杜尔伯特蒙古族自治县、肇源县隔江。

白城市属温带大陆性季风气候。年均日照时数 2 919.4 小时，年均气温 4.9℃，无霜期 157 天，满足了农作物生长的需要，光热条件优越于吉林省其他地区。年均降水量 407.9 mm，分布不均，秋冬雨雪少，春季降雨少。大风日数多，年均 8 级以上大风 24 天。冰雹出现在 5～9 月。

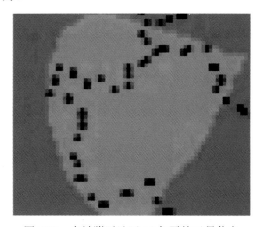

图 6.23　白城附近地区 30 年平均云量信息

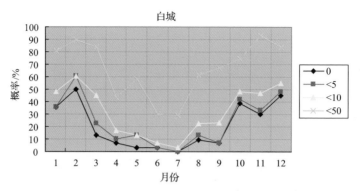

图 6.24　白城附近地区 2005 年无云、小于 0.5 成、小于 1 成、小于 5 成的概率

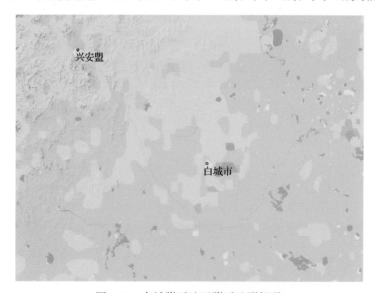

图 6.25　白城附近地区附近地形概况

图 6.26　白城附近地区影像覆盖情况

表 6.6　白城附近地区附近影像云量统计表

总计	0	1	2	3	4
总景数	8	2	34	13	5
百分比	0.1290	0.0322	0.5483	0.2096	0.0806

4）北京周围试验区

北京、天津、河北位于华北地区的腹心地带，北京、天津两市的外围。地势由西北向东南倾斜。西北部为山区、丘陵和高原，其间分布有盆地和谷地，中部和东南部为广阔的平原。实验选择的区域基本为河北省西南方向的平原。河北一带属于温带季风气候–暖温带、半湿润–半干旱大陆性季风气候，特点是冬季寒冷少雪，夏季炎热多雨；春多风沙，秋高气爽。年平均气温在 4～13 ℃，1 月–4～2 ℃，7 月 20～27 ℃，大体西北高、东南低，各地的气温年较差、日较差都较大，全年无霜期 110～220 天。年日照时数 2400～3100 小时；年均降水量 300～800 mm；1 月平均气温在 3℃以下，7 月平均气温 18℃至 27℃，四季分明。

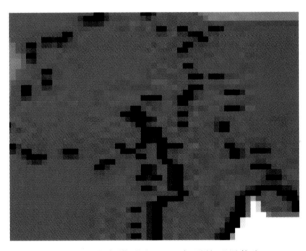

图 6.27　北京附近地区 30 年平均云量信息

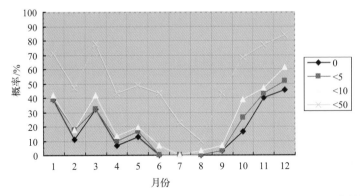

图 6.28　北京附近地区 2005 年无云、小于 0.5 成、小于 1 成、小于 5 成的概率

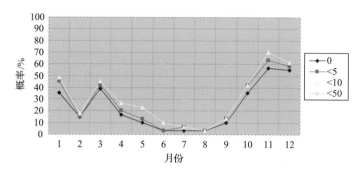

图 6.29　天津附近地区 2005 年无云、小于 0.5 成、小于 1 成、小于 5 成的概率

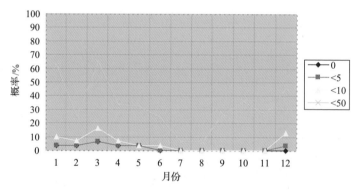

图 6.30　河北沧州附近地区 2005 年无云、小于 0.5 成、小于 1 成、小于 5 成的概率

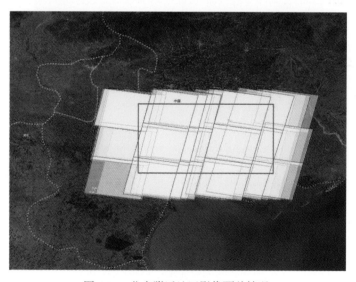

图 6.31　北京附近地区影像覆盖情况

表 6.7　北京附近地区附近影像云量统计表

总计	0	1	2	3	4
总景数	6	3	38	23	29
百分比	0.0769	0.0384	0.4871	0.1538	0.2435

图 6.32　天津附近地区影像覆盖情况

表 6.8　天津附近地区附近影像云量统计表

总计	0	1	2	3	4
总景数	15	0	87	21	37
百分比	0.0925	0	0.5370	0.1296	0.2283

图 6.33　沧州附近地区影像覆盖情况

表 6.9　沧州附近地区附近影像云量统计表

总计	0	1	2	3	4
总景数	6	0	82	17	43
百分比	0.0405	0	0.5540	0.1148	0.2905

4. 四个重点区域选址总结

对四个重点区域的平均云量和资源二号 03 星影像覆盖效率进行了详细的对比分析。如图 6.34 和图 6.35，东北的试验区白城与其他区域的平均云量相当，人工判别的有效数据(云量等级四)相对较低，主要是东北部地区平均气温偏低，地表覆盖受雪或霜冻影响时间较长，在选择检校场地时可以根据检校时间在夏秋季开展检校可以在东北进行。

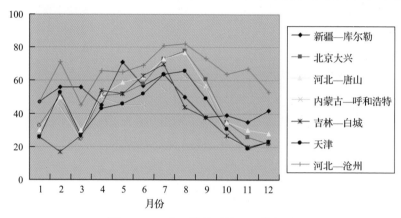

图 6.34　四个区域月平均云量分布图

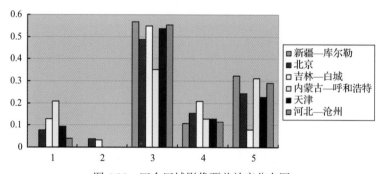

图 6.35　四个区域影像覆盖效率分布图

对比北京、天津、河北唐山、河北沧州的平均云量，河北沧州整体上云多于另外三个地区。北京、天津、河北平原一带地形基本一致，地表覆盖基本一致，但考虑河北往南天气云量逐渐增多，在开展检校场地选址时，尽量选择北京、天津、河北中部平原一带。内蒙古、新疆的天气地理情况优于河北、东北，但是基本地理信息数据和开展试验的人员等可能较大，在开展检校场选址时，可以综合考虑这些因素进行权衡比较后确定。

由于我国地域辽阔，如果直接将上述的几个条件综合进行检校场的选择，存在一定困难。可通过分步选择，选择适合作为几何检校场建设的地区，以此降低工作的复杂度。

6.3.3　资源三号卫星数字几何检校场概况

卫星影像数字几何检校场是指符合检校场选址要求的高精度高分辨率航空影像和高精度数字高程模型的几何检校场，利用数字几何检校场，可以与真实影像做密集匹配，获取用于几何检校的检校控制点。

综合考虑检校场选址要求，为开展资源三号卫星在轨几何检校，选址于天津市附近 3600 km²(70 km×51.5 km)建设数字几何检校场，地形为平地，高差低于 12 m。

对该区域进行 0.2 m 高精度航空摄影，利用航空摄影测量技术生成 1∶2000 比例尺真彩色数字正射影像(DOM)、1∶2000 比例尺数字高程模型(DEM)数据。

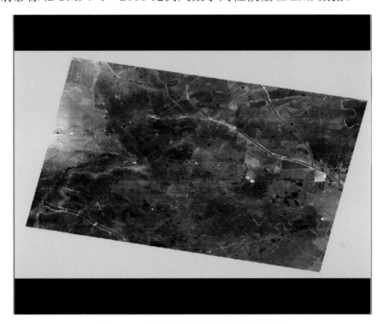

图 6.36　天津数字几何检校场缩略图

6.4　专业测绘标志设计

6.4.1　国内外遥感处理人工标志概况

发达国家最先采用自然地物作为参照对低分辨率卫星传感器进行在轨几何定标。随着高分辨率卫星传感器的发展，轻小型的人工标志点代替自然目标进行几何定标也在蓬勃发展。

1. 人工固定标志

美国斯坦尼空间中心(SSC)地面检校和验证场也利用表面为高反射材料的人造目标对 IKONOS、QuickBird 等高分辨率卫星传感器进行在轨几何定标。如图 6.37 所示，检校场内均匀分布了三大类人工固定标志点，其中包括：45 个大地测量目标点(geodetic target)，该标志为外径 2.44 m、内径 0.6 m 的双圆形标志，具有较高的亮度；136 个直径范围为 2.44～9 m 的井盖(painted manhole cover)，这些井盖表面为反射率 65%的高反射涂料；17 个 A 级界标(A-order monument)。基于野外 GPS 接收机，这些人工标志点中心的平面测量精度均优于 3 cm，高程测量精度优于 9 cm，能作为高精度的地面控制点使用(Béatrice Berthelot et al., 2008)。

图 6.37　美国 SSC 地面检校和验证场

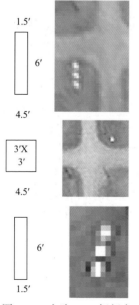

图 6.38　人造 GCP 标板点

2. 标板点

IKONOS 卫星在 2001 年分别获取了美国 South Dakota 州中东部城市 Brookings SD 的影像数据。随后，South Dakota 州立大学(SDSU)对该地区的影像进行了在轨测试和评估，利用区域内的多种自然地物和人工地物作为随机分布的几何标志点，USGS EROS(EDC) 则利用一些均匀分布、清晰成像的 GCP 标板点(Artificial GCP Panels)作为人工标志点。如图 6.38 所示，GCP 标板点一般南北对齐放置，地面控制点选在中间方块的正中心位置，由于必须保证板间的缝隙足够大，以利于在影像上识别，两头的标板往往较大，给布设带来了较大难度；此外，表面反光材料亮度太高，反而给地面控制点的像点定位带来了一定困难(Gene Dial and Jacek Grodecki，2002)。

3. 基于点源法的人工标志

点源法又分为主动光源法和被动点源法。

1) 主动式光源

法国 CENS 在 Fauga-Mauzac Center 利用聚光灯(spotlight)为点源对 SPOT 卫星传感器进行在轨检测，这种人工主动光源通过姿态调整装置跟踪传感器成像，使卫星传感器 MTF 检测不再受白天黑夜限制；但是作为点源的聚光灯需要大功率(3KW)的野外电源。另外，人工光源与太阳存在光谱非一致性，给辐射标定结果带来较大误差(图 6.39)。

图 6.39　主动式点源(氙气等、聚光灯)

2) 被动式光源 (Helder et al., 2003)

美国 South Dakota 州立大学的 D. Helder 等利用凸面镜(convex mirror)反射太阳光作为点源对 QuickBird Ⅱ(分辨率为 0.61 m)进行在轨检测，凸面镜以一定的束散角反射太阳光，既能保证点源有一定的亮度，又能使点源易于被卫星传感器捕捉成像，但是较大口径的反射镜容易引入天空漫射光，增大点源影像的背景噪声，如图 6.40 所示。

图 6.40　凸面镜(convex mirror)点源

　　中国科学院安徽光机研究所进行了基于反射点源的卫星几何检校标志点的研究，如图 6.41 所示，并为国产卫星的检校做了初步实验。

图 6.41　反射镜点源

4. 移动靶标

　　目前，由防水面料和特殊反射涂料制作的移动靶标常被用于国内外星载相机在轨辐射标定和分辨率测试中，如图 6.42 所示。

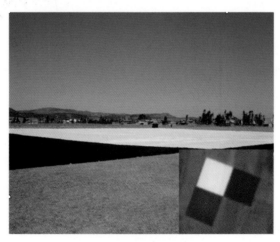

图 6.42　在轨测试靶标

6.4.2　移动式检校作业方案设计

　　标定时间窗口和精度是评价卫星测图精度在轨检校能力的重要指标。标定时间窗口的大小取决于气象条件、检校场数据的获取频率、卫星的稳定性指标和卫星重访周期等因素。在检校精度上，需要考虑的因素较多，也较为复杂，包括人工标志点和自然标志点的类别(反射率、对比度)、标志点的分布及个数、地域等，并且对于全色三线阵相机和多光谱相机而言，所侧重的因素有所差异，对于全色三线阵相机而言，为了测定三台相机之间的辐射响应一致性，需要地面标志点具有漫反射特性；对于多光谱相机，则注重地面标志点的光谱平坦性；此外，还需要考虑相机辐射质量对地面标志点成像清晰度和灵敏度的影响。

考虑到资源三号卫星 59 天的回归周期和高几何精度的要求、固定几何检校场建设周期和场地数量等跟不上检校频率的要求，在建设固定几何检校场的同时，开展移动式检校作业方案设计，能有效保障资源三号检校周期和几何精度。

1. 移动式检校装备检校能力分析

移动式检校装备在一定程度上可以克服目前固定检校场数量少、检校周期长的问题。一套装备可以选择在多个场地灵活布设，从而起到多个固定检校场的作用，并且可以灵活规避气候条件的影响。根据资源三号卫星的轨道参数，一个回归周期为 59 天。如果利用同一地面固定检校场，两次检校的时间间隔至少为 59 天。当前由于全球气候变化，极端气候现象出现越来越多，很难根据以往气象数据长期预测一个地区的长期气候情况。由于天气情况，可能数月无法有效获取固定检校场的影像数据。检校专用测绘装备的布设可以根据地理条件、气象预报结果择机安排，有效回避气候所造成的影响。采用移动检校设备，可以完成多次检校，有效提供检校次数。

2. 专业测绘标志布设场地选择

根据历史气象数据，全国范围内年平均云量在 5 成以下、地形较平坦的区域如图 6.86 所示。因此，专用测绘装备选择在新疆、甘肃（敦煌）、内蒙古、华北地区机动布设，以每个可用天气概率为 50% 估计，则在 4 个检校场地机动后，可用天气概率在同一季节可接近 100%。

3. 外业作业装备方案设计

为了满足卫星测图精度检校的技术指标要求，有必要采用可移动的专业测绘标志作为高精度的几何基准，需要配备相应的外业作业装备，包括野外作业运输工具、各种通信设备、野外测量设备和辐射定标设备等，如图 6.43 所示。

4. 专用测绘标志

国产卫星的成像质量和国外同等分辨率的卫星相比较低，综合前面各种技术因素分析，为实现亚像元高精度在轨几何标定，需要采用专用测绘标志，即除了充分利用检校场内典型点状体、线状体和面状地物作为参照目标外，根据资源三号相机的实际分辨率设置高精度的专用测绘标志，以满足内外方位元素高精度几何定标的需要。当卫星测图精度检校场在我国西北等地区时，地面标志以专用测绘标志为主，自然标志点为辅；当卫星测图精度检校场在我国南部自然地物丰富的地区时，地面标志则以自然标志点为主，专用测绘标志为辅。

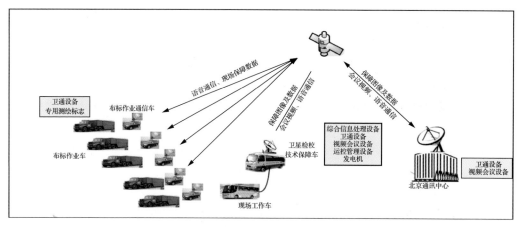

图 6.43　外业作业装备系统组成

　　高分辨相机的小尺度像元特点使布设人工目标作为卫星传感器在轨几何定标参照成为可能，专用测绘标志能不受自然条件的限制，通过目标反射特性和几何特性研究使定标参照具有更优越的参照特性(多级反射率、优良的朗伯性、均匀性、光谱平坦性等)。根据相机定标需要科学设计定标参照的位置、方向、对比度和尺度大小，同时一定数量的标志点集中布设，形成网格布局，将使同步标定的精度和效率大大提高。

　　田字形专用测绘标志由高、低反射率标志材料在地面拼成田字几何图案，可作为地面标志控制点，用于遥感卫星在轨几何定标。专用测绘标志以高强度和良好耐候性的材料为基底，表面涂覆漫射光学面层而成，其通过人工配方获得高低适当的反射率，具有朗伯性、面均匀性及光谱平坦性等光学特性，可作为卫星传感器地面目标参照；专用测绘标志材料通过人工裁剪，配以拼接、固定附件，可在地面布设形成规则几何外形，作为高精度的几何定位标志；同时，专用测绘标志材料具有抗风、抗辐照、抗老化、表面可擦洗等良好的环境适应性，便于野外布设。

　　资源三号卫星影像的最低空间分辨率是 6 m(多光谱影像)，考虑到相机弥散斑大小、质心算法精确定位的实际需要以及采样的不准确性，拟采用田字形专用测绘标志，如图 6.44 所示，由高对比度黑色区域和白色区域组成黑白相间的正方形，其中心点是整个专用测绘标志的中心。田字形专用测绘标志是边长为 40 m 的正方形，由四块边长为 20 m 的块状标志构成。

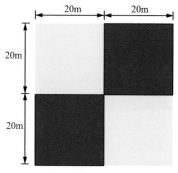

图 6.44　田字形专用测绘标志

田字形专用测绘标志作为卫星遥感影像几何标志点，具有如下特点。

(1)田字形专用测绘标志影像具有更高的标识和定位精度。高反射率靶标和低反射率靶标形成较高的对比度(大于 12∶1)；二维刃边十字标志，可实现高精度中心点定位；通过小角度偏移布设(相对卫星扫描迹线)，对平直刃边实现优于 0.1 像素的亚像元采样；基于田字形专用测绘标志参照可对卫星遥感影像进行同步辐射校正及 MTF 补偿，改善影像清晰度。

(2)田字形专用测绘标志作为几何标志点具有多功能和高效率。基于田字形专用测绘标志光谱平坦性，可以实现对全色、多光谱甚至高光谱多种遥感相机进行综合标定；基于田字形专用测绘标志大面积布设，可以实现对优于 5 m 地面分辨率卫星遥感相机的同步标定；基于专用测绘标志优良的辐射和几何参照特性，可同时对卫星传感器进行辐射和几何综合标定；基于专用测绘标志的可拆解、可拼接和可移动性，能够实现对卫星遥感相机的轨道追踪，提高在轨检测效率，缩短定标周期，实现测绘相机的快速在轨标定能力。

6.4.3　专业测绘标志研制方案

专业测绘标志用于资源三号卫星有效载荷的几何检校、分辨率与 MTF 等成像质量及辐射特性在轨检测，以检验有效载荷的主要性能指标，掌握传感器系统实际工作状态下的几何形变、辐射特性和成像质量，保障后续各类数据产品的精度和可靠性。

1. 技术指标

(1)光谱范围：450～900 nm；

(2)方向-半球反射比：低反射幅条≤0.05，高反射幅条：0.55～0.60；

(3)光谱非平坦性：小于 5%(反射比 0.6 幅条)；

(4)朗伯性：45°入射、±30°观测的 BRF 值偏差小于±0.06(高反射幅条)；

(5)拉断强度：径向：≥25°N/3 cm，纬向：≥23°N/3 cm；

(6)撕裂强度：径向：≥20°N/3 cm，纬向：≥28°N/3 cm；

(7)单位面积重量：≤0.65 kg/m^2；

(8)标志数量：15 万 m^2；

(9)靶标提供像点坐标精度：优于 0.15 像元。

2. 使用要求

(1)通用性：单元标志之间可通用互换，组成多种专业测绘标志图案；

(2)温度范围：存储温度：−20°～65℃，使用温度：−10～50℃；

(3)防风等级：0℃ 以上可抗 5～6 级，0℃ 以下可抗 3～4 级风；

(4)可清洗性：标志表面的浮灰等可水清洗去除；

(5)人员穿软底鞋可以在敷设的标志表面行走；

(6)提供专业测绘标志使用维护存储保养说明，确保标志正常使用；

(7) 气象条件: 专业测绘标志布设时, 水平能见度应大于 5 km; 总云量小于 2 级;

(8) 场地要求: 专业测绘标志布设场地应为土质且较板结平整场地(操场), 坡度不大于 3°, 无乱石杂草植被根桩等能够破坏标志的尖锐物, 距标志布设场地周围 20 m 应开阔无建筑和植被遮挡;

(9) 运输与储存: 专业测绘标志及其辅助设备应按要求包装, 应能够适应三级公路以 40 km/h 速度运输。运输存储过程中避免层叠堆放, 避免重物挤压。存储场地应避太阳直射, 干燥通风, 远离火源, 不得与挥发性有机物共同存放。每次使用后应清理晾干收卷包装存放;

(10) 包装与标记: 专业测绘标志应整齐收卷捆扎存放和运输; 高、低反射幅条按照 2 条对合, 以金属收卷杆收卷, 并用防雨布包装; 完成包装的高、低反射幅条以 3 卷为一组置于金属支架内; 高反射幅条采用白色收卷杆收卷标记、低反射幅条采用黑色收卷杆标记; 锚固钢钎、肩衬钉应以专用包装箱包装。

3. 靶标方案设计

1) 标志材料选择

根据多年的标志研制和在轨检测应用经验, 考虑到野外工作的特点, 标志的材料选择由高度自动化控制的进口流水线生产的湿法 PU 革材料作为专业测绘标志的主要原材料, 其均匀一致性好、无光泽、表面可以清洗, 具有抗高低温、强度高、朗伯性好、耐候性好、重量轻的特点, 能够满足技术指标要求。

2) 标志结构设计

田字形专用测绘标志设计尺寸为 4×20 m×20 m, 由 16 条相同反射 1.25 m×20 m 辐条单元以拉链拉合的方式组合成一块 20 m×20 m 标志(标志结构如图 6.45 所示), 再分布有两块高反射标志和两块低反射标志组合成方形十字对顶角专业测绘标志(图 6.46)。

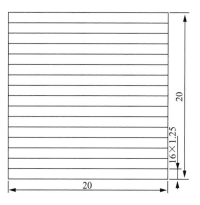

图 6.45 20 m×20 m 结构形式图

3) 辐条单元结构设计

根据通用性、互换性、轻量化和防风抗风设计需求, 对于高低反射辐条单元进行结构设计, 专业测绘标志辐条单元分别为黑色 1.25 m×20 m、白色 1.25 m×20 m, 靶标长边均安装有拉链和锚固气眼, 单元的两端均进行防风抗撕裂加固。可按照实验需求通过拉链拉合拼接成方形十字对顶角标志, 并使用锚固钢钎锚固于地面。

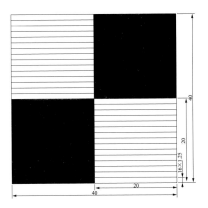

图 6.46　田字形专用测绘标志 4×20 m×20 m 结构图

4. 辅助设备

辅助设备主要包括防护设备、运输存放设备和布设工具等，根据专业测绘标志的尺寸做相应的配置。

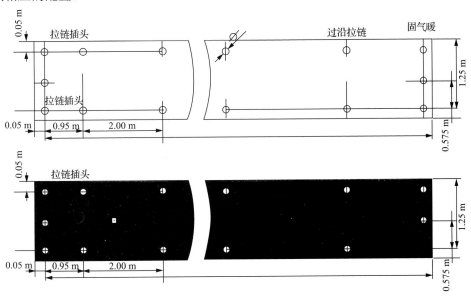

图 6.47　专业测绘标志单元 1.25 m×20 m 规格结构图

1) 防护设备

专业测绘标志的防护设备包括封边条、锚固钢钎、标志肩衬、肩衬钉、软底鞋、防雨布，用于标志防护、包装等。

封边条：用于专业测绘标志边界防风加固，由于标志由不透风的 PU 革连接而成，为了防止风从边界进入后将标志掀起撕裂，在标志的两边特别加装两条具有较密锚固钢钎密度的封边条用于防风加固。

锚固钢钎：用于专业测绘标志的防风固定。锚固钢钎采用低碳钢制作，长度为

200 mm，直径为 Ø10 mm。根据其锚固和易于起等功能开对其结构进行优化设计。

标志肩衬：作为标志边界用于周围环境与标志表面的光学隔离，同时也用于标志与地面的隔离，防止布设后收卷时地面的细小尖锐颗粒物附着于靶标上，收卷后对标志造成损伤。标志肩衬采用黑色聚乙烯编织物制作，每条长度 50 m，宽度 8 m。

肩衬钉：用于标志肩衬的防风。肩衬钉由 3.5 寸铁钉与人造革组成。

软底鞋：用于专业测绘标志布设过程中，防止皮鞋等硬底对标志造成伤害和避免弄脏标志表面，冬天起到对布设作业人员脚的保暖作用。

防雨包布：用于标志收卷后的包扎，采用带有捆扎收紧带的包装防雨布制作。专业测绘标志的防雨布长 150 cm、宽 120 cm。

2) 运输存放设备

专业测绘标志的运输/存放设备由收卷杆、运输存储支架及锚固钢钎箱、肩衬钉运输袋等组成。标志收卷时，两条对合收卷于收卷杆上，每三卷靶标置于一个运输存储支架上，以便于搬运，在运输存储支架的两端有定位销将标志固定。在运输时，将运输存储支架之间相互连接形成整体。

收卷杆：采用金属管材制作的收卷杆分为黑色和白色收卷杆，分别用于高反射标志和低反射标志的收卷存放和运输。一般两条标志对合收于一根收卷杆上。收卷杆的长度为 1.85 m，直径为 40 mm。

运输存储支架：运输存储支架用于标志的存放和运输，采用角钢制作，表面涂白漆，运输存储支架长、宽、高尺寸分别为长 1.85 m、宽 0.85 m、高 0.3 m；每个运输存储支架可存放 3 卷靶标。

锚固钢钎箱/肩衬钉运输袋：由金属制作，用于锚固钢钎、肩衬钉的运输、储存。

3) 布设工具

专业测绘标志的布设过程还需要一些专用的工具，由于专业测绘标志的布设对于黑白标志交界线的角度和直线度都具有较高的要求，布设需要配备一些专业的测量工具和辅助标识，测量工具有全站仪(带罗盘)或者 RTK-GPS 测量系统，辅助标识有用于边界标识的线绳和点位标识的钢钎和小红旗；标志布设过程中需要羊角手锤将锚固钢钎夯实于地面；标志撤收过程需要专用的起钉工具将锚固钢钎起开。

6.4.4　资源三号专业测绘标志建设情况

为支撑资源三号卫星几何检校，总定制几何 15 万 m^2，根据在轨标定需求拼装组合，最多可组合 40 m×40 m 的几何靶标 72 个。为保障外业几何检校工作的实施，同时定制了检校保障装备(图 6.48)。

检校保障装备主要是用于野外检校作业的车载装备、设备，包括对讲机、导航仪、气泵千斤顶等；同时还包括车载数据处理设备和通信设备，包括野外靶标布设仪器、车辆。现场布标作业车 7 辆，同时作业一周内可完成 98 个靶标的布设，大于资源三号卫星每次标定所需布量 70 个靶标的数量(表 6.10)。

(a) 专业测绘标志作业现场　　　　　　　　(b) 专业测绘标志存储

图 6.48　资源三号建设的专业测绘标志

表 6.10　检校技术保障车车载设备

编号	货物名称	配置及型号
1	卫星检校技术保障车	安凯客车
2	北斗一代/GPS 双模车载一体机	型号：XDT100YC/G
3	无线对讲机	型号：科立讯 PT568
4	军用罗盘	型号：DQL-5 型
5	汽车充气泵(含千斤顶)	风王 COIDO2151
6	INMARSAT 终端电话	ISatphone pro
7	刀片服务器	IBM HS22
8	刀片机箱	IBM eServer BladeCenter(tm) H
9	图形工作站	HP Z600
10	立体测图工作站	HP Z800
11	手轮脚盘	四维远见

卫星测图外业测量设备主要包括各类专用的检校外业测量仪器，包括各类辐射计、光谱辐射计等(表 6.11)。

表 6.11　检校外业测量设备

编号	货物名称	配置及型号
1	太阳辐射计(全自动太阳光度计)	CIMEL/法国 CE318N-EDS9
2	野外光谱辐射计(便携式地物波谱仪)	美国 SVC 公司/美国 HR-1024I
3	光谱辐射计(连续谱野外光谱辐射计)	中国科学院合肥物质科学研究院 AG-512SR
4	太阳光谱辐照度计	中国科学院合肥物质科学研究院 AG-512SSIR
5	漫反射白板	中国科学院合肥物质科学研究院 MFB99 500mm×500mm
6	漫反射灰板	中国科学院合肥物质科学研究院 MFB35 500mm×500mm
7	RTK GPS 接收机(1+3 型)	徕卡/瑞士 GS15
8	全站仪	徕卡/瑞士 TS15P R400
9	野外调绘数字终端(手持 GPS)	昊纬/上海 S22

第7章 光学卫星几何检校技术

在轨几何检校利用地面控制数据消除卫星在轨成像中影响几何定位精度的系统误差，提高卫星影像的几何质量：通过外方位元素检校消除姿轨测量、载荷安装等系统偏差，提高无控定位精度；通过内方位元素检校获取精确的相机成像参数，提高带控纠正精度。研究星载光学卫星的在轨高精度几何检校，对提升国产卫星影像几何定位精度具有重要意义。本章首先依据星上各误差项对几何定位精度的影响特性，构建适用于在轨几何检校的严密几何成像模型。在此基础上，详细介绍外方位元素检校及内方位元素检校方法。最后以资源三号卫星三线阵/多光谱影像作为实验数据，进行在轨几何检校试验。

7.1 用于检校的严密几何成像模型

基于资源三号卫星成像几何构建的严密几何成像模型能精确地恢复成像光线，实现精确几何定位。但是由于模型中参数较多，且存在较严重的相关性，并不适应直接用作在轨几何检校的几何成像模型。下面依据成像模型中平移线性量与旋转角度量的等效转换关系，对严密几何成像模型进行改化，构建在轨几何检校用的几何成像模型。

以轨道测量误差为例，其对几何定位精度的影响表现为平移误差，影响特性虽与姿态误差有所差异，但是两者可以依据一定的几何关系进行等效处理(刘斌，2011)。

如图 7.1 所示，S 表示当前时刻卫星成像的真实位置；DX 为卫星位置偏移误差(即轨道误差)。则易看出，轨道误差 DX 可以等效成姿态误差 $d\theta$，两者对几何定位精度影响一致。考虑严密几何成像模型中，$[D_x \quad D_y \quad D_z]^T$、$[d_x \quad d_y \quad d_z]^T$ 对几何定位精度的

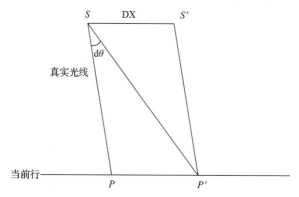

图 7.1 轨道误差等效成姿态误差示意图

影响完全一致，可以合并成等效的相机坐标系原点偏移误差$[\Delta X \quad \Delta Y \quad \Delta Z]^{\mathrm{T}}$，进一步依图 7.1 原理等效为相机安装角，合并成等效的 $\boldsymbol{R}_{\mathrm{camera}}^{\mathrm{boby}}$。因而，通过将严密几何成像模型中的线性平移量等效为角度旋转量，构建的用于在轨几何检校的几何成像模型如下：

$$\begin{bmatrix} X \\ Y \\ Z \end{bmatrix}_{\mathrm{WGS84}} = \begin{bmatrix} X_S \\ Y_S \\ Z_S \end{bmatrix} + m\boldsymbol{R}_{\mathrm{J2000}}^{\mathrm{WGS84}} \boldsymbol{R}_{\mathrm{body}}^{\mathrm{J2000}} \boldsymbol{R}_{\mathrm{camera}}^{\mathrm{body}} \begin{bmatrix} x - x_0 \\ y - y_0 \\ -f \end{bmatrix} \tag{7.1}$$

7.2　几何检校控制点提取

7.2.1　高精度配准

由于几何变形的存在及分辨率差异，直接利用卫星影像与已有 DOM 进行配准难度较大。因此，采用影像模拟技术，将 DOM 投影到卫星影像坐标空间并重采样至一致分辨率，进一步用仿真影像替代原 DOM 进行配准运算，更有利于实现高精度配准。

1. 影像模拟

影像模拟是利用星上测量的几何成像参数和地面高精度 DOM/DEM 数据，模拟卫星成像过程，将 DOM 投影到卫星载荷影像坐标空间并重采到与真实卫星影像一致分辨率。

影像模拟具体包含以下两个过程：l 行上 p 像素在 DEM 和 DOM 上定向和像素灰度重采样。

(1) l 行上 p 像素在 DOM 和 DEM 上定位：对于像素(p, l)（p 表示列，l 表示行），利用构建的严密几何成像模型完成该像素的地理定位。

(2) l 行 p 像素在 DOM 上的灰度重采样：像素(p, l) 在 DOM 上通常并非定位于整像素，需通过灰度重采样将采样后灰度赋予仿真影像(p, l) 像素。该步骤的关键点在于采样方法的确定。由影像采样和重建理论可知，理想的插值核函数是 sinc 函数，可以实现无失真，但是该函数在物理上不可实现，要实现这个无限扩展函数也不可能。于是各种有限宽度插值函数被提出用来逼近该函数，如较简单最近邻域法、双线性插值法。虽然这两种插值算法简单，但却是较差的低通滤波器。最邻近插值算法将会引入高频噪声，导致插值影像产生"马赛克"现象。双线性插值算法压缩了高频成分，使高频成分丢失，从而使插值影像边缘产生模糊现象。后来人们受到函数形状的启发，想到更为现实的插值方法——在函数上加非方形的窗函数，这个函数在 0～1 之间为正数，在 1～2 之间为负数，并要保留高频成分等。于是相继出现了高次插值算法，如双三次插值、双三次样条插值、中心函数等影像插值算法。而后续越来越多的研究表明，用非线性方法处理数字影像问题有其合理性，因为影像本身的物理机制是非线性的，人的视觉特性是非线性的。作为典型非线性逼近方法之一的有理函数逼近，能够克服多项式逼近存在的大扰度函数、指数函数、有理函数逼近效果不理想的弊端，同时有理函数属于简单函数类，虽然它比多项式复杂，却比多项式灵活，更能反映函数的特性(例如单调性、凹凸性)。Migliaccio 等(2007)针对 InSAR 影像采样提出了 Raised Cosine(RC)函数。RC 内插核函数满足 Nyquist 频率标准，并且作者将 RC 内插核与其他六种常见的内插核进行了比较，通过与其他的内插方法进行比较得出，RC 内插优于传统中最佳的十二点 Knab SW 算法，RC 六点内插方法的相位误差甚至比十二点的 Knab SW 算法的相位误差的四分之一还小(Migliaccio et al., 2007)。综上所述，本书采用六点 RC 内插方法对影像进行采样，精度可以满足要求。

(3)重复(1)～(2)生成整幅仿真影像。

2. 高精度影像配准算法

在指向角标定的内方位元素检校方法中，其控制点是通过影像配准方法获取的，因此，配准结果的好坏直接决定了检校精度的高低。采用高精度的配准算法，对保障几何检校结果的有效性、正确性至关重要。

目前，随着人们对影像配准方法的深入研究，越来越多的高精度配准算法被提出。其中，基于相位相关的配准方法因其抗噪性及健壮性等优点得到广泛关注。Sébastien Leprince 等详细介绍了一种基于相位相关的子像素级配准算法(Leprince et al., 2007)(本书简称"高精度相位相关配准算法")，徐鹏采用该方法进行大量分析及配准试验，得出其精度满足内方位元素检校精度(徐鹏，2010)。本书采用该配准算法，仅对此方法做简单介绍。

在高精度相位相关配准算法中，基于相位相关原理，分像素级配准及子像素级配准两步获取高精度配准结果。

1) 像素级配准

假设两景仅存在平移 $(\Delta x, \Delta y)$ 的影像 i_1、i_2，两者关系满足下式

$$i_2(x, y) = i_1(x - \Delta x, \ y - \Delta y) \tag{7.2}$$

分别记 I_1, I_2 是 i_1, i_2 的傅里叶变换，由傅里叶变换相关理论可知：

$$I_2(wx, wy) = I_1(wx, wy)\mathrm{e}^{-j(wx\Delta x + wy\Delta y)} \tag{7.3}$$

式中，wx 和 wy 为列和行方向的频率变量，其相位的差值仅取决于平移参数。则影像 i_1 和 i_2 的归一化互功率谱函数可表示为

$$C_{i_1 i_2}(wx, wy) = \frac{I_1(wx, wy)I_2^*(wx, wy)}{\left|I_1(wx, wy)I_2^*(wx, wy)\right|} = e^{j(wx\Delta x + wy\Delta y)} \tag{7.4}$$

式中，*表示复数共轭。$C_{i_1 i_2}(wx, wy)$ 的傅里叶逆变换是一个位于点 $(\Delta x, \Delta y)$ 处的二维脉冲函数：

$$F^{-1}\left\{e^{j(w_x\Delta_x + w_y\Delta_y)}\right\} = \delta(x + \Delta_x, y + \Delta_y) \tag{7.5}$$

$F^{-1}\left\{e^{j(w_x\Delta_x + w_y\Delta_y)}\right\}$ 中最大值对应的坐标即为平移参数。因此，影像的相对位移可以用相位相关的峰值进行估计。

在实际应用时，傅里叶变换对 i_1、i_2 的周期性有要求，而这是实际影像难以具备的。为减小高频边缘效应对配准精度的影响，采用加窗技术，对输入影像进行加权处理。考虑到升余弦窗口可很好地平衡减少伪频率和丢失信息两矛盾方，该方法中选择升余弦窗口进行加窗处理。

$$w_{rc}(x) = \begin{cases} \cos 2(\dfrac{\pi}{2\beta N}(|x| - N(\dfrac{1}{2} - \beta))), & N(\dfrac{1}{2} - \beta) \leqslant |x| \leqslant \dfrac{N}{2} \\ 1, & |x| < N(\dfrac{1}{2} - \beta) \\ 0, & \text{其他} \end{cases} \tag{7.6}$$

式中，β 为尺度因子，取值范围为 0～1/2。二维的窗口可以由两个一维的窗口按照类似方法构建。当 $\beta = 0$ 等价于一个长方形的窗口，当 $\beta = 1/2$ 等价于一个汉宁窗。

2) 子像素级配准

在高精度相位相关配准算法中，获得子像素级配准精度，即将基准影像的归一化互功率谱和待配准影像理论平移的归一化互功率谱的带权残差矩阵最小这一限制条件加入常规相位相关配准方法中(即最小值算法)。

定义 $Q(w_x, w_y)$ 为通过影像实际计算出来的归一化互功率谱，$C(w_x, w_y)$ 表示归一化互功率谱理论值，定义如下函数：

$$\phi(\Delta_x, \Delta_y) = \sum_{w_x = -\pi}^{\pi} \sum_{w_y = -\pi}^{\pi} W(w_x, w_y) \times \left| Q(w_x, w_y) - e^{j(w_x\Delta_x + w_y\Delta_y)} \right|^2 \tag{7.7}$$

求解出使 ϕ 最小的 (Δ_x, Δ_y)，便得到两景影像的相对偏移。令

$$\phi(w_x, w_y) = W(w_x, w_y) \left| Q(w_x, w_y) - C(w_x, w_y) \right|^2 \tag{7.8}$$

则上式可转换为

$$\begin{aligned}
\phi(w_x, w_y) &= W(w_x, w_y)[Q(w_x, w_y) - C(w_x, w_y)] \cdot [Q(w_x, w_y) - C(w_x, w_y)]^* \\
&= 2W(w_x, w_y)[1 - Q_R(w_x, w_y)\cos(w_x\Delta_x + w_y\Delta_y) - Q_I(w_x, w_y)\sin(w_x\Delta_x + w_y\Delta_y)]
\end{aligned} \tag{7.9}$$

式中，W 是用于保证相关无偏的频率掩膜，它在频率破坏处设值为 0，在没有破坏处设值为 1。令

$$
\begin{cases}
\mathrm{LS}_{i_1 i_2}(wx, wy) = \lg|(I_1(wx, wy)I_2^*(wx, wy))| \\
\mathrm{NLS}_{i_1 i_2}(wx, wy) = \mathrm{LS}_{i_1 i_2}(wx, wy) - \max\{\mathrm{LS}_{i_1 i_2}(wx, wy)\}
\end{cases}
\tag{7.10}
$$

式中，LS 表示取对数；NLS 表示归一化的对数，定义阈值 m，频率的掩膜可以定义如下：

$$
W_{i_1 i_2}(w_x, w_y) = \begin{cases}
0, & \mathrm{NLS}_{i_1 i_2}(w_x, w_y) \leqslant m \cdot \mu\{\mathrm{NLS}_{i_1 i_2}(w_x, w_y)\} \\
1, & \text{其他}
\end{cases}
\tag{7.11}
$$

利用 TPSS 算法可解求出式(7.9)中的 (Δ_x, Δ_y)，如果其是一个整数平移的话 $(\Delta_{x_0}, \Delta_{y_0}) = (-x_0, -y_0)$，记 $p_{x_i y_i}$ 为在坐标点 (x_i, y_i) 的相关幅值，我们可以利用下面的方法获得一个子像素级的估计：

$$
\begin{cases}
\Delta_{x_0} = -\dfrac{\sum\limits_{i=-1}^{1}\sum\limits_{j=-1}^{1} x_i p_{x_i y_i}}{\sum\limits_{i=-1}^{1}\sum\limits_{j=-1}^{1} p_{x_i y_i}} \\[4mm]
\Delta_{y_0} = -\dfrac{\sum\limits_{i=-1}^{1}\sum\limits_{j=-1}^{1} y_i p_{x_i y_i}}{\sum\limits_{i=-1}^{1}\sum\limits_{j=-1}^{1} p_{x_i y_i}}
\end{cases}
\tag{7.12}
$$

3) 影像配准的完整算法流程

假定 i_1 为参考影像，i_2 为仅与 i_1 存在平移关系的另一景影像，i_1 和 i_2 的分辨率相同，p_1, p_2 表示从两幅影像上提取出的重叠影像块，且 p_1, p_2 的窗口大小为 $2^M \times 2^M$ 像素，同时 2^M 必须大于影像块平移的两倍。

在影像相关过程中，通过迭代重新改正影像位置来补偿相对偏移，这种算法对噪声有很强的鲁棒性。当通过相位相关的峰值(下文简称峰值相关方法)取得影像快像素级的偏移后，利用子像素级步骤获取子像素配准结果。

(1)定义两个 $2^M \times 2^M$ 升余弦窗口，并且 w_{rc1} 的 $\beta_1 = 0.35$，w_{rc2} 的 $\beta_2 = 0.5$。

(2)令 $p_2^0 = p_2$，利用峰值相关方法使 $p_1(x, y)w_{rc1}(x, y)$ 和 $p_2^0(x, y)w_{rc1}(x, y)$ 进行相关，估计的平移记为 $(\tilde{\Delta}_x^0, \tilde{\Delta}_y^0)$。令 $(t_x^0, t_y^0) = ([\tilde{\Delta}_x^0], [\tilde{\Delta}_y^0])$，式中，$[\cdot]$ 表示取最近整数的运算符，让 $p_2^1(x, y) = p_2^0(x + t_x^0, y + t_y^0)$，重复步骤(2)直到 $t_x^i \leqslant 1$ 且 $t_y^i \leqslant 1$，如果这个条件没有达到，停止迭代并设 SNR $= 0$；如果达到这个条件，那么记 $n + 1$ 为取得收敛的迭代次数，然后定义 $(\Delta_{x0}, \Delta_{y0}) = (\tilde{\Delta}_x^n, \tilde{\Delta}_y^n)$，并设：

$$\begin{cases} T_x = \sum_{i=0}^{n} t_x^i \\ T_y = \sum_{i=0}^{n} t_y^i \end{cases} \tag{7.13}$$

(3) 将 $(\Delta_{x_0}, \Delta_{y_0})$ 作为初始值,利用相位最小值算法来相关影像块 $p_1(x,y)w_{rc2}(x,y)$ 和 $p_2^n(x,y)w_{rc2}(x,y)$,如果最小值算法是收敛的,那么求解出的 $(\Delta_{x\phi}, \Delta_{y\phi})$ 即为偏移,否则停止迭代,并设 $\mathrm{SNR}=0$。如果 $|\Delta_{x\phi}|>1.5$ 或 $|\Delta_{y\phi}|>1.5$,停止迭代,并设 $\mathrm{SNR}=0$。

7.2.2　专业测绘标志提取

靶标点是预先布设的人工特征标志点,其在卫星影像上灰度变化明显,易于识别。通常布设靶标时,对靶标中心的大地坐标、高程进行高精度 GPS 测量。卫星对靶标成像以后,可通过高精度靶标提取算法获取靶标中心的像点位置,从而为卫星影像的几何检校、几何精度验证提供高精度、高可靠的控制点。研究高精度靶标提取算法,是为资源三号卫星在轨检校获取控制点的重要内容之一。

针对以往分辨率较低的卫星影像,靶标点在影像上所占像素数有限,仅采取灰度质心法、差分法、多项式拟合法等就可以达到亚像素级,基本能满足几何检校工作。但资源三号卫星全色影像分辨率均在 4 m 以内(正视 2.1 m,前/后视 3.5 m),靶标在其影像上占取像素较多,灰度质心法、差分法等不足以保证高精度的亚像素级定位,这要求更高的影像靶标中心坐标提取算法。

靶标形状不同,所采取的提取方案也不同。其中,十字对顶角黑白靶标在影像上有最大对比反差,有利于从单张影像进行处理计算提取靶标中心位置的影像坐标。因此,当前资源三号卫星布设的靶标为十字对顶角黑白靶标(即田字形靶标)。对于这种靶标提取的高精度方法,需要求出行向边缘线(黑白交界线)及列向边缘线(图 7.2 中两条实线),两条线的交点即为靶标像点位置。

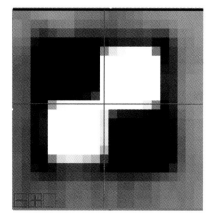

图 7.2　靶标示意图

通常是对每行(列)差分求出像素级黑白交界的位置,进一步选取交界附近若干像素进行多项式拟合,求取极值点作为亚像素级交界位置。然而,靶标范围内某些偏离靶标中心的像素灰度值由于受到调制传递函数影响,灰度不一定满足规律的变化。此时用多项式拟合,并不能很好地满足参与拟合计算的所有点,但是太少的点又不能拟合出合适的多项式曲线,曲线微分求极值就并不能很好地表示黑白交界的中心位置。

资源三号卫星靶标成像后,在影像上反映出由黑到白、由白到黑的灰度值变化特点,研究发现，黑白灰度变化符合刃边曲线规律，而 Boltzmann 函数曲线能很好地表现这一规律。因而采用用最合适的刃边曲线函数进行拟合，计算黑白变化中心点，多行多列计算黑白变化中心点坐标，最后直线拟合求交计算靶标中心点位置，如图 7.3 所示。用刃边曲线 Boltzmann 函数拟合点位，不仅最好地表现黑白边界处灰度值变化趋势，而且不用微分求极值，直接可以通过函数参数得到黑白交界中心位置，精度高，并且实用性好。

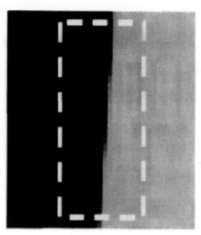

(a) 靶标边缘线　　　　　　　　　　(b) 边缘线亚像素点位

图 7.3　靶标边缘线提取示意图

本算法可以针对不同分辨率的十字对顶角靶标影像，例如，全色影像分辨率高于多光谱影像分辨率，而全色的正视影像分辨率要高于前后视分辨率。而不同分辨率的影像上，同一个靶标所占的像素大小不同。算法考虑不同分辨率的靶标影像上的最适宜拟合 Boltzmann 曲线的像素点个数不同，采取按照人眼看到的十字对顶角靶标白色区域所占的像素大小为窗口大小(size)，来计算得到窗口内自适应 Boltzmann 曲线的像素点个数。具体算法步骤如下。

(1)在靶标所在影像上得到靶标中心大致的位置，记录坐标(x, y)作为靶标中心坐标初始值，同时可以观察得到靶标有效区域，如图 7.4 所示，得到靶标窗口大小为 size；对于不同分辨率影像，靶标占到的像素大小不同，参数 size 不仅用来获取一定范围内的像素灰度值，而且对于自适应计算这块影像窗口内每行(列)中用来拟合 Boltzmann 曲线的像素个数。根据影像上靶标所占不同大小像素窗口实验分析，经验得到自适应计算公式为：每行(列)参与计算的像素个数为

$$m=[(size–10)/3+0.5]+3$$

式中，[·]表示向下取整，计算得到 n 个点用来拟合直线，其中 $n=m+2$；小于 $10×10$ 个像素窗口的最好还是做一次升采样，再进行计算，否则太少的像素个数拟合的 Boltzmann 曲线效果很差，影响提取精度。

(2)以初始点位(x, y)为中心，以 size 为窗口大小，读取影像中 size×size 大小的窗口灰度值；以(x, y)为中心计算以 size 大小的影像窗口的左上角点影像坐标为：

$$x_0 = x - [size/2], \quad y_0 = y - [size/2],$$

式中，[·]是向下取整；读取以(x_0, y_0)起点 size 为大小的窗口影像灰度值，得到影像块灰度矩阵。

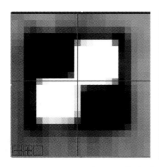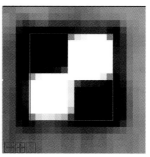

图 7.4　靶标初始位置示意图

（3）对于获取的 size 窗口影像灰度值进行差分计算；行方向上，按相邻列灰度值进行相减，得到一个行差分影像灰度矩阵；列方向上，按相邻行灰度值进行相减，得到一个列差分影像灰度矩阵。

（4）从行方向上，计算一列上灰度差分最大的点，作为初始黑白交界像素级中心，以此为中心，两边各取适当的像素点进行 Boltzmann 函数曲线拟合，计算参数，得到此列的黑白交界亚像素级中心，逐列进行计算，得到的中心点位进行最小二乘直线拟合，得到行方向上的黑白边界线，具体步骤如下。

a. 在一列上遍历灰度值差分最大的像素点，记为初始此列黑白交界像素级中心坐标。

b. 以像素级中心为起点，在此列上两边各取 $m/2$ 个像素点（m 为适合用来拟合 Boltzmann 曲线的像素个数，对 $m/2$ 向下取整数），把每个像素点所在行号 i 记为 x 坐标，原始影像灰度值记为 y 坐标。

c. 拟合 Boltzmann 函数方程为

$$y = A_2 + \frac{A_1 - A_2}{1 + e^{(x - x_0)/dx}} \tag{7.14}$$

逐列按照步骤 a 计算得到 m 个点(x, y)，代入 Boltzmann 函数方程最小二乘求解出 Boltzmann 函数的 4 个参数，其中，x_0 即为此列黑白交界处亚像素级行坐标 i，记下 x_0 为 y 坐标，记下列号 j 为 x 坐标，记录这个点坐标。

d. 计算得到的 n（n 为适合用来拟合直线的交界点个数）个点，最小二乘拟合解求行向上黑白界线的直线方程。

（5）从列方向上，计算一行上灰度值差分最大的点，作为初始黑白交界像素级中心，以此为中心，两边各取适当的像素点进行 Boltzmann 函数曲线拟合，计算参数，得到此列的黑白交界亚像素级中心，逐行进行计算，得到的中心点位进行最小二乘直线拟合，得到列方向上的黑白边界线。

a. 在一列上遍历灰度值差分最大的像素点，计为初始此列黑白交界像素级中心坐标。

b. 以像素级中心为起点，在此行上两边各取 $m/2$ 个像素点（m 为适合用来拟合

Boltzmann 曲线的像素个数，对 $m/2$ 向下取整数），把所在列号 j 记为 x 坐标，原始影像灰度值记为 y 坐标。

　　c. 逐行按照步骤 a 计算得到 m 个点 (x, y)，代入 Boltzmann 函数方程最小二乘求解出 Boltzmann 函数的 4 个参数，其中，x_0 即为此列黑白交界处亚像素级列坐标 j，记下 x_0 为 x 坐标，记下行号 i 为 y 坐标，记录这个点坐标。

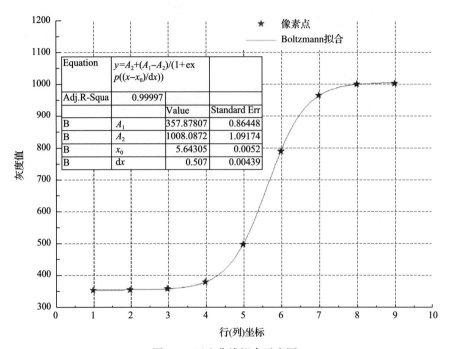

图 7.5　刃边曲线拟合示意图

　　d. 上面拟合计算得到的 n（n 为适合用来拟合直线的交界点个数）个点，最小二乘拟合解求列向上黑白界线的直线方程。

　　(6) 将得到的两条行列方向上的直线解求交点，交点坐标再加上窗口左上角点的原始影像坐标，得到的坐标即为十字对顶角靶标中心的影像坐标。

　　(7) 最小二乘拟合得到的两条直线方程，如图 7.6 所示，联立解方程组，得到唯一交点 (x, y)，即为该靶标影响窗口内的靶标中心相对坐标，与前面计算得到的靶标在原始影像上该窗口的左上角点坐标 (x_0, y_0) 相加，得到最终靶标在原始影像上的中心坐标。

　　本算法中，自适应计算合适用来拟合 Boltzmann 函数曲线的像素个数，对于最好的拟合曲线，表现黑白边界灰度阶跃变化起到关键作用，并且影响到后面直线拟合的精度，以及后续求交计算靶标中心亚像素级影像坐标的精度。

　　算法对于黑白边界灰度阶跃变化拟合非常逼近，考虑黑白对称，计算实际的黑白交界点坐标非常合理，解求的中点满足检校精度需求。

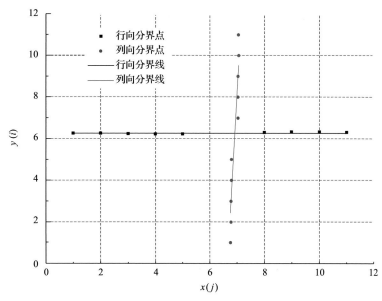

图 7.6　靶标横向、纵向边缘线拟合示意图

7.3　几何检校方法

7.3.1　外方位元素检校

遥感卫星影像进行地面几何处理时，因为存在姿轨测量误差及载荷安装误差，利用星上下传姿轨数据及实验室测量的载荷安装矩阵构建的成像光线指向，往往会偏离真实成像光线指向，造成几何定位精度和实际位置相差较大。外方位元素检校即标定出姿轨测量设备的系统偏差和在轨运行的载荷安装偏差，提高卫星影像的系统几何定位精度。

1. 偏置矩阵补偿

在卫星影像的几何后处理中，外方位元素参数偏差最终会引起光线指向偏离真实光线指向。通过在几何成像模型中引入偏置矩阵，修正因外参数误差引起的光线指向偏差，可以有效消除外参数误差。

所谓偏置矩阵，是由于卫星传感器的实验室安装参数在轨运行时的变化引起的系统偏差，这里定义正交旋转矩阵来补偿实际观测方向与理论观测方向之间的夹角(祝欣欣，2008；祝小勇等，2009)。式(7.15)中的 $\boldsymbol{R}_U$ 即为偏置矩阵。

$$\begin{bmatrix} X \\ Y \\ Z \end{bmatrix}_{\text{WGS84}} = \begin{bmatrix} X_S \\ Y_S \\ Z_S \end{bmatrix}_{\text{WGS84}} + m\boldsymbol{R}_{\text{J2000}}^{\text{WGS84}} \boldsymbol{R}_{\text{body}}^{\text{J2000}} \boldsymbol{R}_U \boldsymbol{R}_{\text{camera}}^{\text{body}} \begin{bmatrix} x - x_0 \\ y - y_0 \\ -f \end{bmatrix} \tag{7.15}$$

考虑到 $\boldsymbol{R}_U$ 为正交旋转矩阵，可将其分解：

$$\boldsymbol{R}_U = \begin{bmatrix} a_1 & a_2 & a_3 \\ b_1 & b_2 & b_3 \\ c_1 & c_2 & c_3 \end{bmatrix} = \boldsymbol{R}_\varphi \boldsymbol{R}_\omega \boldsymbol{R}_\kappa = \begin{bmatrix} \cos\varphi & 0 & -\sin\varphi \\ 0 & 1 & 0 \\ \sin\varphi & 0 & \cos\varphi \end{bmatrix} \begin{bmatrix} 1 & 0 & 0 \\ 0 & \cos\omega & -\sin\omega \\ 0 & \sin\omega & \cos\omega \end{bmatrix} \begin{bmatrix} \cos\kappa & -\sin\kappa & 0 \\ \sin\kappa & \cos\kappa & 0 \\ 0 & 0 & 1 \end{bmatrix}$$

$$(7.16)$$

这样，外方位元素检校可以通过解求偏置矩阵的 3 个角 φ、ω、κ 实现。

令 $\boldsymbol{R}_{\mathrm{body2wgs84}} = \boldsymbol{R}_{\mathrm{orbit2wgs84}} \boldsymbol{R}_{\mathrm{body2orbit}}$，$\begin{bmatrix} \bar{x} \\ \bar{y} \\ \bar{z} \end{bmatrix} = \boldsymbol{R}_{\mathrm{camera2body}} \begin{bmatrix} 0 \\ y \\ -f \end{bmatrix}$，则

$$\boldsymbol{R}_{\mathrm{body2wgs84}}^{-1} \begin{bmatrix} X - X_S \\ Y - Y_S \\ Z - Z_S \end{bmatrix}_{\mathrm{WGS84}} = m\boldsymbol{R}_U \begin{bmatrix} \bar{x} \\ \bar{y} \\ \bar{z} \end{bmatrix} \qquad (7.17)$$

令 $\begin{bmatrix} \bar{X} \\ \bar{Y} \\ \bar{Z} \end{bmatrix}_{\mathrm{body}} = \boldsymbol{R}_{\mathrm{body2wgs84}}^{-1} \begin{bmatrix} X - X_S \\ Y - Y_S \\ Z - Z_S \end{bmatrix}_{\mathrm{WGS84}}$，则有 $\begin{cases} \dfrac{\bar{X}}{\bar{Z}} = \dfrac{a_1\bar{x} + a_2\bar{y} + a_3\bar{z}}{c_1\bar{x} + c_2\bar{y} + c_3\bar{z}} \\[3mm] \dfrac{\bar{Y}}{\bar{Z}} = \dfrac{b_1\bar{x} + b_2\bar{y} + b_3\bar{z}}{c_1\bar{x} + c_2\bar{y} + c_3\bar{z}} \end{cases}$

$$(7.18)$$

通过一定数量的地面控制点，对式 (7.18) 法化求解偏置矩阵。

2. 考虑误差时间特性的偏置矩阵补偿

当卫星影像的几何定位精度呈现常量型系统误差时，利用前一节介绍的偏置矩阵能够有效地消除系统误差，明显地提高几何定位精度。

由于姿轨控制技术的难度较大，国内卫星在轨运行时的稳定控制与国外卫星具有一定差距，如国内卫星姿态稳定度设计多数在 10^{-3} °/s 量级。另外，部分国产遥感影像单景内部的姿轨误差可能存在与时间相关的特性。图 7.7 列举了对国内某卫星数据处理时发现的一种新特性的系统误差，图中横坐标为影像行（代表时间变化），纵坐标为残差。从图 7.7 上看，利用常量偏置矩阵经过几何检校后，该景影像的沿轨残差仍存在明显的随时间线性变化特性。由于常量偏置矩阵模型中并没有考虑误差的时间特性，因此，不能完全消除该误差而取得好的补偿精度。

本书在常量偏置矩阵中引入时间因子，顾及了姿轨等误差的时间特性，能够更好地消除姿轨、载荷安装等系统误差，避免外方位元素残留误差对后续内方位元素检校的影响，从而取得更高的几何定位精度 (V. R. P. et al.，2011)。

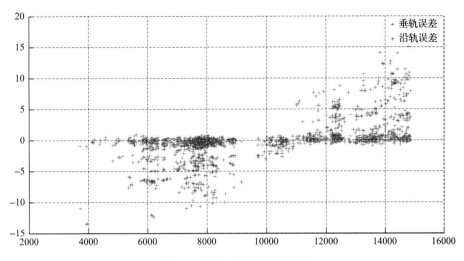

图 7.7 误差时间特性示意图

对于式(7.15)，令

$$\boldsymbol{R}_U = \boldsymbol{R}_{(\varphi+v_\varphi t)}\boldsymbol{R}_{(\omega+v_\omega t)}\boldsymbol{R}_{(\kappa+v_\kappa t)} = \begin{bmatrix} \cos(\varphi+v_\varphi t) & 0 & -\sin(\varphi+v_\varphi t) \\ 0 & 1 & 0 \\ \sin(\varphi+v_\varphi t) & 0 & \cos(\varphi+v_\varphi t) \end{bmatrix} \begin{bmatrix} 1 & 0 & 0 \\ 0 & \cos(\omega+v_\omega t) & -\sin(\omega+v_\omega t) \\ 0 & \sin(\omega+v_\omega t) & \cos(\omega+v_\omega t) \end{bmatrix} \begin{bmatrix} \cos(\kappa+v_\kappa t) & -\sin(\kappa+v_\kappa t) & 0 \\ \sin(\kappa+v_\kappa t) & \cos(\kappa+v_\kappa t) & 0 \\ 0 & 0 & 1 \end{bmatrix}$$

利用地面控制点同时解求 φ、ω、κ、v_φ、v_ω、v_κ。

7.3.2 内方位元素检校

理想光学成像模型满足透视原理：透视中心、像点及物方点满足共线条件。然而，由于传感器制作、加工、安装误差及实验室测量误差等的存在，用以决定成像像点位置的内方位元素往往存在误差，使得实际像点位置会偏离理想像点位置，最终降低几何定位精度。通常，内方位元素误差中存在阶数较高的镜头畸变误差，且对于多线阵 CCD 传感器影像而言，其对几何定位误差可能体现为局部系统性(每片 CCD 内为系统误差，不同片 CCD 间误差特性不一致)，这些误差均难以在影像的后续带控处理中被消除，从而影响国产影像的几何纠正精度。过去国产在轨卫星均没有完整、系统地开展内方位元素检校工作，因内方位元素误差的影响，几何纠正精度普遍只能达到3～4像元。因此，研究高精度内方位元素检校方法，消除国产在轨卫星的内方位元素误差影响，是提高国产卫星几何纠正精度的关键突破口。

1. 基于畸变模型的内方位元素检校

在航空和近景摄影测量中,满足共线条件方程的像点位置由内方位元素(主点、主距)和畸变(镜头光学畸变、像面变形等)共同确定，见式(7.19)。这些值一般由实验室摄影机标定确定。目前，航空和近景摄影测量中根据不同特性的成像系统特征构建了多种畸变模型，如常用的多项式参数模型、附加参数模型、有限元内插模型、混合畸变模型等(詹总谦，2006），基于这些畸变模型完成畸变检校。因成像环境及模式存在较大差异，星载光学在轨内方位元素检校与航空、近景摄像机标定存在一定区别，但由于光学镜头几何特性的相似性及成像几何原理的一致性，可以吸取航空、近景摄影测量的畸变检校经验，构建星载光学推扫成像传感器的内畸变模型。

$$
\left.\begin{aligned}
x - x_0 - \Delta x &= -f\,\frac{a_1\left(X - X_S\right) + b_1\left(Y - Y_S\right) + c_1\left(Z - Z_S\right)}{a_3\left(X - X_S\right) + b_3\left(Y - Y_S\right) + c_3\left(Z - Z_S\right)} \\
y - y_0 - \Delta y &= -f\,\frac{a_2\left(X - X_S\right) + b_2\left(Y - Y_S\right) + c_2\left(Z - Z_S\right)}{a_3\left(X - X_S\right) + b_3\left(Y - Y_S\right) + c_3\left(Z - Z_S\right)}
\end{aligned}\right\} \tag{7.19}
$$

式中，x_0, y_0, f 为相机的内方位元素；(X_S, Y_S, Z_S) 为摄站坐标；(X, Y, Z) 为物方空间坐标；(x, y) 为相应的像点坐标；$\begin{bmatrix} a_1 & a_2 & a_3 \\ b_1 & b_2 & b_3 \\ c_1 & c_2 & c_3 \end{bmatrix} = \boldsymbol{R} = \boldsymbol{R}_{\mathrm{J2000}}^{\mathrm{WGS84}} \boldsymbol{R}_{\mathrm{body}}^{\mathrm{J2000}} \boldsymbol{R}_U \boldsymbol{R}_{\mathrm{camera}}^{\mathrm{body}}$。

1) 单线阵 CCD 传感器内方位元素误差特性

根据内方位元素误差对几何定位精度的影响特性，可以将其分为线性误差和非线性误差。其中，线性误差包含主点偏移误差、主距误差、探元尺寸误差 (比例误差) 及 CCD 排列旋转误差；而非线性误差主要考虑光学镜头畸变 (径向畸变及偏心畸变)。

（1）线性误差

a. 主点偏移误差

由式 (7.20)，假定主点 (x_0, y_0) 的偏移误差为 $(\Delta x_0, \Delta y_0)$，则其引起的像点偏差为等量平移，即

$$
\left\{\begin{aligned}
\Delta x &= \Delta x_0 \\
\Delta y &= \Delta y_0
\end{aligned}\right. \tag{7.20}
$$

b. 主距误差

对式 (7.20) 左右两边微分计算后可化为

$$
\left.\begin{aligned}
\mathrm{d}x &= -\frac{a_1\left(X - X_S\right) + b_1\left(Y - Y_S\right) + c_1\left(Z - Z_S\right)}{a_3\left(X - X_S\right) + b_3\left(Y - Y_S\right) + c_3\left(Z - Z_S\right)} \times \mathrm{d}f + \mathrm{d}x_0 + \mathrm{d}\Delta x \\
\mathrm{d}y &= -f\,\frac{a_2\left(X - X_S\right) + b_2\left(Y - Y_S\right) + c_2\left(Z - Z_S\right)}{a_3\left(X - X_S\right) + b_3\left(Y - Y_S\right) + c_3\left(Z - Z_S\right)} \times \mathrm{d}f + \mathrm{d}y_0 + \mathrm{d}\Delta y
\end{aligned}\right\} \tag{7.21}
$$

假定式 (7.20) 中 (X, Y, Z) 对应的真实像主点坐标为 (x', y')，并假定主距真值为 f'，根据式 (7.21) 可化为

$$\left.\begin{array}{l} \mathrm{d}x = -\dfrac{x'}{f'} \times \mathrm{d}f + \mathrm{d}x_0 + \mathrm{d}\Delta x \\[3mm] \mathrm{d}y = --\dfrac{y'}{f'} \times \mathrm{d}f + \mathrm{d}y_0 + \mathrm{d}\Delta y \end{array}\right\}$$

因此，主距引起的像点偏差为

$$\begin{cases} \Delta x = -\dfrac{x'}{f'} \times \Delta f \\[3mm] \Delta y = -\dfrac{y'}{f'} \times \Delta f \end{cases}$$

c. 探元尺寸误差(比例误差)

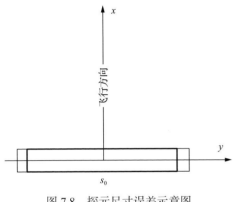

图 7.8　探元尺寸误差示意图

如图 7.8 所示为由于探元尺寸误差造成的像点位移。假定探元 s_0 位置为主点位置，则对线阵 CCD 上任意探元 s ，其像主点坐标为

$$\begin{cases} x = 0 \\ y = (s - s_0) \times \mathrm{pixelsize} \end{cases}$$

式中，pixelsize 为探元尺寸大小。

则由上式易知

$$\begin{cases} \Delta x = 0 \\ \Delta y = (s - s_0) \times \Delta \mathrm{pixelsize} \end{cases}$$

d. CCD 排列旋转角误差

由于卫星发射时的受力及在轨物理环境的剧烈变化，CCD 阵列的排列会发生变化，主要包含阵列旋转变化。如图 7.9 所示即为在轨后线阵 CCD 阵列排列的旋转变化。

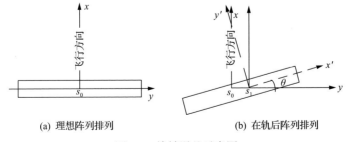

(a) 理想阵列排列　　　　　　(b) 在轨后阵列排列

图 7.9　旋转误差示意图

如图 7.9(b) 所示，现假定线阵列排列旋转角为 θ ，旋转中心在探元 s_1 位置，而主点位置仍为 s_0 。则对于任意探元 s ，在坐标系 $s_1x'y'$ 中有

$$\begin{cases} x' = 0 \\ y' = (s - s_1) \times \text{pixelsize} \end{cases} \tag{7.22}$$

依据图 7.9(b)的几何关系，其在 s_1xy 中的坐标为

$$\begin{cases} x = (s - s_1) \times \text{pixelsize} \times \sin\theta \\ y = (s - s_1) \times \text{pixelsize} \times \cos\theta \end{cases} \tag{7.23}$$

因 s_1xy 与 s_0xy 仅存在坐标平移关系，则 s 探元的像主点坐标为

$$\begin{cases} x = (s - s_1) \times \text{pixelsize} \times \sin\theta \\ y = (s - s_1) \times \text{pixelsize} \times \cos\theta + (s_1 - s_0) * \text{pixelsize} \end{cases} \tag{7.24}$$

比较式(7.22)与式(7.24)，有

$$\begin{cases} \Delta x = (s - s_1) \times \text{pixelsize} \times \sin\theta \\ \Delta y = (s - s_1) \times \text{pixelsize} \times (\cos\theta - 1) \end{cases} \tag{7.25}$$

(2)非线性误差

非线性误差主要为镜头光学畸变。镜头光学畸变差是指相机物镜系统设计、制作和装配引起的像点偏离其理想位置的点位误差，主要包含径向畸变、偏心畸变(李晓彤，2003)。

a. 径向畸变

径向畸变是由于镜头形状缺陷引起的，使像点沿径向产生偏差。它是对称的，对称中心与主点并不完全重合，但通常将主点视为对称中心(Brown，1971；Fraser，1997；张永军，2002)。

径向畸变可用下述奇次多项式表示(Juyang et al. 1992；Fryer，1986)：

$$\Delta r = k_1 r^3 + k_2 r^5 + k_3 r^7 + \cdots \tag{7.26}$$

将其分解到像平面坐标系的 x 轴和 y 轴上，则有

$$\begin{cases} \Delta x_r = k_1 \bar{x} r^2 + k_2 \bar{x} r^4 + k_3 \bar{x} r^6 + \cdots \\ \Delta y_r = k_1 \bar{y} r^2 + k_2 \bar{y} r^4 + k_3 \bar{y} r^6 + \cdots \end{cases} \tag{7.27}$$

上式中

$$\bar{x} = (x - x_0)$$
$$\bar{y} = (y - y_0)$$
$$r^2 = \bar{x}^2 + \bar{y}^2$$

k_1、k_2、k_3······为径向畸变系数。

b. 偏心畸变

星载光学成像系统通常由多个光学镜头组成，由于镜头制造及安装等误差的存在，多个光学镜头的中心不完全共线，从而产生偏心畸变，它们使得成像点沿径向方向和垂

直于径向的方向相对其理想位置都发生偏离(图 7.10)。

偏心畸变表达式如下(Brown，1971；Fraser，1997；Juyang et al.，1992；Fryer，1986)：

$$P(r) = \sqrt{P_1^2 + P_2^2} \cdot r^2 \tag{7.28}$$

将其分解到像平面坐标系的 x 轴和 y 轴上，则有

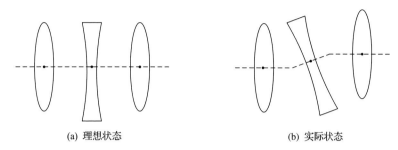

(a) 理想状态　　　　　　　　　　　(b) 实际状态

图 7.10　多个光学镜头中心不共线

$$\begin{aligned}
\Delta x &= P_1\left(r^2 + 2\cdot(x-x_0)^2\right) + 2\cdot P_2(x-x_0)\cdot(y-y_0) + O\left[(x-x_0, y-y_0)^4\right]\\
\Delta y &= P_2\left(r^2 + 2\cdot(y-y_0)^2\right) + 2\cdot P_1(x-x_0)\cdot(y-y_0) + O\left[(x-x_0, y-y_0)^4\right]
\end{aligned} \tag{7.29}$$

式中，P_1、P_2……为偏心畸变系数，偏心畸变在数量上要比径向畸变小得多。

2) 单线阵 CCD 内方位元素几何检校模型

根据以上分析的各种内方位元素误差规律，可得出单线阵 CCD 内方位元素误差对像点偏移的综合影响：

$$\begin{cases}
x = \Delta x_0 - \dfrac{x'}{f'}\times\Delta f + (s-s_1)\times\text{pixelsize}\times\sin\theta + k_1\bar{x}r^2 + k_2\bar{x}r^4 + k_3\bar{x}r^6\\
\quad + \cdots + P_1(r^2 + 2\bar{x}^2) + 2P_2\bar{x}\cdot\bar{y}\\
\Delta y = \Delta y_0 - \dfrac{y'}{f'}\times\Delta f + (s-s_0)\times\Delta\text{pixelsize} + (s-s_1)\times\text{pixelsize}\times(\cos\theta-1)\\
\quad + k_1\bar{y}r^2 + k_2\bar{y}r^4 + k_3\bar{y}r^6 + \cdots + P_2(r^2 + 2\bar{y}^2) + 2P_1\bar{x}\cdot\bar{y}
\end{cases} \tag{7.30}$$

对于线阵 CCD，考虑如下条件：

(1) 各像素主点坐标满足 $\bar{x} \approx 0$ (理想情况 $\bar{x}=0$)，$\bar{y}=(s-s_0)\times\text{pixelsize}$。

(2) 主距误差像点偏移 $\dfrac{y'}{f'}\times\Delta f$ 与探元尺寸误差像点偏移 $(s-s_0)\times\Delta\text{pixelsize}$ 规律一致，同时解求易因强相关而不稳定，可进行合并处理。

(3) 由于线阵 CCD 排列旋转角 θ 通常较小，$\sin\theta \approx \cos\theta-1 \approx 0$，可将旋转中心 s_1 近似于主点位置 s_0 处。这样，旋转角 θ 引起的垂轨像点偏 $(s-s_1)\times\text{pixelsize}\times(\cos\theta-1)$ 与探元尺寸误差像点偏移规律一致，可进行合并处理，以避免强相关引起的解的不稳定。

(4) 为避免镜头畸变参数过度化降低内方位元素检校精度，对径向畸变仅解求 k_1, k_2，偏心畸变解求 P_1、P_2（詹总谦，2006）。

综上考虑，单线阵 CCD 内方位元素误差对像点偏移的综合影响为

$$\begin{cases} \Delta x = \Delta x_0 + \bar{y} \times \sin\theta + k_1 \bar{x} r^2 + k_2 \bar{x} r^4 + P_1(r^2 + 2\bar{x}^2) + 2P_2 \bar{x} \cdot \bar{y} \\ \Delta y = \Delta y_0 + \bar{y} \times \Delta\text{pixelsize} + k_1 \bar{y} r^2 + k_2 \bar{y} r^4 + P_2(r^2 + 2\bar{y}^2) + 2P_1 \bar{x} \cdot \bar{y} \end{cases} \tag{7.31}$$

将式 (7.31) 代入式 (7.16)，有

$$\begin{bmatrix} X \\ Y \\ Z \end{bmatrix}_{\text{WGS84}} = \begin{bmatrix} X_S \\ Y_S \\ Z_S \end{bmatrix}_{\text{WGS84}} + m \boldsymbol{R}_{\text{orbit2wgs84}} \boldsymbol{R}_{\text{body2orbit}} \boldsymbol{R}_U \boldsymbol{R}_{\text{camera2body}} \begin{bmatrix} 0 - \Delta x \\ y - \Delta y \\ -f \end{bmatrix} \tag{7.32}$$

对式 (7.32) 法化求解各畸变参数，完成内方位元素几何检校。

3) 多线阵 CCD 内方位元素几何检校模型

星载光学传感器为获得大幅宽影像，通常采用多片 CCD 拼接的方案扫面成像，通常在相邻两片 CCD 间设定一定重叠探元，后续通过高精度拼接算法形成大幅宽的遥感影像。如图 7.11 所示，由于安装误差及卫星在轨 CCD 阵列排列变形，多片 CCD 位置会偏离理想位置，从而导致各片 CCD 具有各自的平移、旋转误差特性，需基于式 (7.31) 建立的单线阵 CCD 内方位元素模型分别考虑各片 CCD 内方位元素误差模型。

图 7.11　多片 CCD 排列位置偏差

图中，虚线表示多片 CCD 线阵排列的理想位置，实线为在轨真实位置。

考虑多片 CCD 装在同一个相机内部，各片主距误差及镜头光学畸变一致。同时，各片 CCD 材料相同，则因探元尺寸误差引起的比例偏差也相同。因此，仅需要建立各片 CCD 的平移偏差及旋转角误差。

(1) 平移偏差。多线阵 CCD 传感器中，相邻 CCD 间设定有一定的重叠像素，但由于安装误差及卫星在轨运行后的 CCD 阵列排列变化，重叠像素数目可能发生变化，从而造成各片 CCD 像点平移偏差。由于该偏差与主点偏移误差规律完全一致，可将其等效为主点偏移误差。即对每片 CCD 阵列解求一组主点偏移`误差。假定传感器由 n 片 CCD 拼接而成，则解求 n 组主点偏移误差 $\Delta x_{0\_i}, \Delta y_{0\_i}$。

(2) 旋转角误差。如图 7.12 所示，假定传感器焦面由 3 片 CCD 拼接而成，各片 CCD 旋转中心为 $s_{1\_i}, i \leqslant 3$。则对于第 i 片 CCD 上任意探元 s_i，假定旋转角为 θ_i，则旋转角引起的像点偏移为

图 7.12　多片 CCD 旋转角偏差

$$\begin{cases} \Delta x = (s_i - s_{1\_i}) \times \text{pixelsize} \times \sin\theta_i \\ \Delta y = (s_i - s_{1\_i}) \times \text{pixelsize} \times (\cos\theta_i - 1) \end{cases} \tag{7.33}$$

（3）内方位元素误差像点偏移的综合模型。根据上述分析，各片 CCD 镜头光学畸变、主距误差及探元尺寸误差均相同，不需区分。考虑到主距误差与探元尺寸误差规律一致，可以合并，最终得出多线阵 CCD 内方位元素误差像点偏移的综合模型：假定主点位置在 s_0 探元，各片 CCD 旋转中心为 $s_{1\_i}, i \leqslant n$。则对于第 i 片 CCD 上任意探元 s_i，假定旋转角为 θ_i：

$$\begin{cases} \Delta x = \Delta x_{0\_i} + (s_i - s_{1\_i}) \times \text{pixelsize} \times \sin\theta_i + k_1 \bar{x} r^2 + k_2 \bar{x} r^4 + P_1(r^2 + 2\bar{x}^2) + 2P_2 \bar{x} \cdot \bar{y} \\ \Delta y = \Delta y_{0\_i} + \bar{y} \times \Delta \text{pixelsize} + (s_i - s_{1\_i}) \times \text{pixelsize} \times (\cos\theta_i - 1) + k_1 \bar{y} r^2 + k_2 \bar{y} r^4 + \\ \quad P_2(r^2 + 2\bar{y}^2) + 2P_1 \bar{x} \cdot \bar{y} \end{cases} \tag{7.34}$$

式中，$(\Delta x_{0\_i}, \Delta y_{0\_i})$ 为第 i 片 CCD 上的主点偏移误差。

2. 基于指向角模型的内方位元素检校

研究表明，基于畸变模型的内方位元素检校方法(简称畸变标定)容易因参数过度化引起解的不稳定(詹总谦，2006)。对于星载光学影像的内方位元素检校，我们无法预知其存在的畸变类型，这使得如何选择合适的畸变模型成为一个难题；加之为多线阵 CCD，甚至多谱段的星载传感器建立完善的畸变模型难度较大。为避免此问题，本书提出以探元指向角综合表示内方位元素及畸变，采用标定各探元指向角的方法进行内方位元素检校。

如图 7.13 所示，$OXYZ$ 为传感器坐标系，ψ_x、ψ_y 即为探元指向角。其严密的定义如下式所示：

$$\begin{aligned} \frac{x - \Delta x - x_0}{-f} &= \tan\psi_x \\ \frac{y - \Delta y - y_0}{-f} &= \tan\psi_y \end{aligned} \tag{7.35}$$

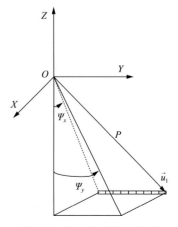

图 7.13　探元指向角示意图

这样，内方位元素标定即为解求每个探元 P 的指向角矢量 $\vec{u}_1(p) = (\tan\psi_y, \tan\psi_x, 1)^\text{T}$。在实际的内方位元素检校中，需解求一定数量的探元指向角，才能结合内插模型恢复完整的内方位元素。所以检校过程中需要数以百计的影像控制点，如果通过布设靶标获取，成本非常高，利用高精度配准算法从已有的 DOM 影像上获取控制点可以满足指向角标定需求。

指向角标定的几何模型依然以星载光学严密几何成像模型为基础。将式(7.35)代入式(7.36)，可以得到

$$
\begin{bmatrix} X \\ Y \\ Z \end{bmatrix}_{\text{WGS84}} = \begin{bmatrix} X_S \\ Y_S \\ Z_S \end{bmatrix}_{\text{WGS84}} + m \boldsymbol{R}_{\text{orbit2wgs84}} \boldsymbol{R}_{\text{body2orbit}} \boldsymbol{R}_U \boldsymbol{R}_{\text{camera2body}} \begin{bmatrix} \tan \psi_x \\ \tan \psi_y \\ 1 \end{bmatrix} \quad (7.36)
$$

在式(7.36)中，假定影像已经经过外方位元素定向，则可认为 $\boldsymbol{R}_U$ 已知，仅需要通过某一列上的若干地面控制点解求其对应的指向角 ψ_x、ψ_y 即可。为应用上方便，令

$$
\begin{bmatrix} x \\ y \\ z \end{bmatrix} = \boldsymbol{R}_{\text{camera2body}} \begin{bmatrix} \tan \psi_x \\ \tan \psi_y \\ 1 \end{bmatrix}, \quad \begin{aligned} \tan \psi_x &= \frac{x}{z} \\ \tan \psi_y &= \frac{y}{z} \end{aligned} \quad (7.37)
$$

式(7.37)中，ψ_x、ψ_y 为本体坐标系下的探元指向角，直接标定本体坐标系下的探元指向角。

假定对 ccd_i 列配准获得了 num 个点对，将此 num 个点作为 ccd_i 探元解求指向角的控制点，基于最小二乘求解。

$$
\text{令} \begin{bmatrix} \overline{X} \\ \overline{Y} \\ \overline{Z} \end{bmatrix} = \left(\boldsymbol{R}_{\text{orbit2wgs84}} \boldsymbol{R}_{\text{body2orbit}} \right)^{-1} \begin{bmatrix} X - X_s \\ Y - Y_s \\ Z - Z_s \end{bmatrix}, \quad \boldsymbol{R}_U = \begin{bmatrix} a_1 & a_2 & a_3 \\ b_1 & b_2 & b_3 \\ c_1 & c_2 & c_3 \end{bmatrix}, \quad \text{则}
$$

$$
\begin{cases} \dfrac{\overline{X}}{\overline{Z}} = \dfrac{a_1 \tan \psi_x + a_2 \tan \psi_y + a_3}{c_1 \tan \psi_x + c_2 \tan \psi_y + c_3} \\[4mm] \dfrac{\overline{Y}}{\overline{Z}} = \dfrac{b_1 \tan \psi_x + b_2 \tan \psi_y + b_3}{c_1 \tan \psi_x + c_2 \tan \psi_y + c_3} \end{cases} \quad (7.38)
$$

利用所有 ccd_j 列的 num 个控制点组建法方程：

$$
\boldsymbol{V} = \boldsymbol{Bx} - \boldsymbol{l}, \boldsymbol{W} \quad (7.39)
$$

其中，$\boldsymbol{B} = \begin{bmatrix} \dfrac{\partial f_x}{\partial \psi_x} & \dfrac{\partial f_x}{\partial \psi_y} \\[4mm] \dfrac{\partial f_y}{\partial \psi_x} & \dfrac{\partial f_y}{\partial \psi_y} \end{bmatrix}$；$\boldsymbol{l} = \begin{bmatrix} f_x^0 & f_y^0 \end{bmatrix}^{\text{T}}$；$\boldsymbol{x} = \begin{bmatrix} \psi_x & \psi_y \end{bmatrix}^{\text{T}}$；$\boldsymbol{W}$ 为权矩阵。

则 $x = \left(\boldsymbol{B}^{\text{T}} \boldsymbol{PB} \right)^{-1} \left(\boldsymbol{B}^{\text{T}} \boldsymbol{PL} \right)$。

指向角标定中，由于误匹配现象难以避免，会导致解求的部分指向角存在偏差。图 7.14 中以影像列为横坐标(像素)，以指向角为纵坐标(弧度)画出了探元指向角形状。由

图 7.14(a)看到，标定出来的沿轨指向角曲线中局部抖动明显，明显存在误匹配控制点的影响。为了消除该影响，可以对指向角进行平滑拟合，剔除解求错误的探元指向角。

对于线阵 CCD，因为 $x \approx 0$，所以 $\tan \psi_x$、$\tan \psi_y$ 均可近似认为完全取决于影像列 s，且多项式最高次数项取为 s^5 便能够充分考虑各种内方位元素误差。即

$$\begin{cases} \tan \psi_x = a_0 + a_1 s + \cdots + a_4 s^i \\ \tan \psi_y = b_0 + b_1 s + \cdots + b_4 s^j \end{cases} \tag{7.40}$$

利用标定出的所有探元指向角，通过最小二乘方法解求出 $a_0, a_1, a_2 \cdots\cdots$ 及 $b_0, b_1, b_2 \cdots\cdots$，便可通过式(7.40)获得所有探元的指向角(图 7.14)。

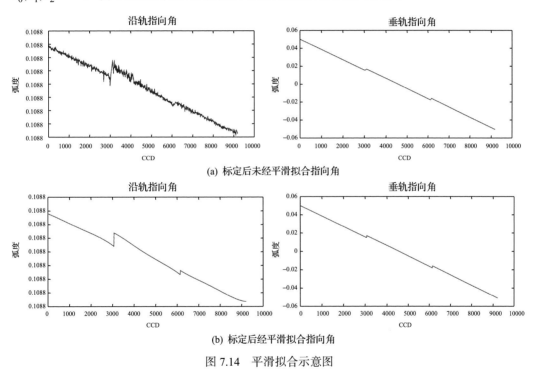

图 7.14　平滑拟合示意图

7.3.3　多区域内外方位元素联合检校

卫星在轨成像时，由于卫星自身扰动源及外界物理环境的干扰，难以保证其成像状态恒定不变。如果仅利用单景影像进行在轨内方位元素检校，其检校结果容易受到该景影像特有的误差源影响，从而降低内方位元素检校精度。由于相机内方位元素在一段时间内是稳定的，即同一相机在不同区域拍摄的影像对应相同的内方位元素。利用同一相机的多区域影像进行内方位元素联合标定，既可避免内方位元素检校受到个别影像特殊误差源干扰，又能增加多余观测数，从而获取更为稳定的标定结果。

无论选择畸变标定或是指向角标定，均可进行多区域联合内方位元素检校，且方法

相同。本书以指向角标定为例，阐述基于指向角标定模型的多区域联合内方位元素检校方法。

假定利用多区域的 N 景影像进行联合检校，各张影像在内方位元素检校之前均进行了偏置矩阵的解求，各自的偏置矩阵为 $\boldsymbol{R}_U^i, i \leqslant N$。利用各景影像的姿轨辅助数据及实验室标定的内方位元素，构建各自的严密几何成像模型，公式如下：

$$
\begin{bmatrix} X \\ Y \\ Z \end{bmatrix}_{\mathrm{WGS84}}^{i} = \begin{bmatrix} X_S \\ Y_S \\ Z_S \end{bmatrix}_{\mathrm{WGS84}}^{i} + m\boldsymbol{R}_{\mathrm{orbit2wgs84}}^{i} \boldsymbol{R}_{\mathrm{body2orbit}}^{i} \boldsymbol{R}_{U}^{i} \begin{bmatrix} \tan\psi_x \\ \tan\psi_y \\ 1 \end{bmatrix} \tag{7.41}
$$

在上式中，上标 i 即表示根据第 i 景影像辅助数据构建的相关模型参数，而无上标的所有模型参数则为所有景影像共用参数。

7.4 资源三号卫星前/正/后视相机检校实验

资源三号卫星三线阵全色相机设计为无畸变系统，且均利用多片 CCD 拼接视场扫面成像。图 7.15 为资源三号卫星三线阵焦面图，其中，中间粗线处线表示相邻两片 CCD 的重叠象元。

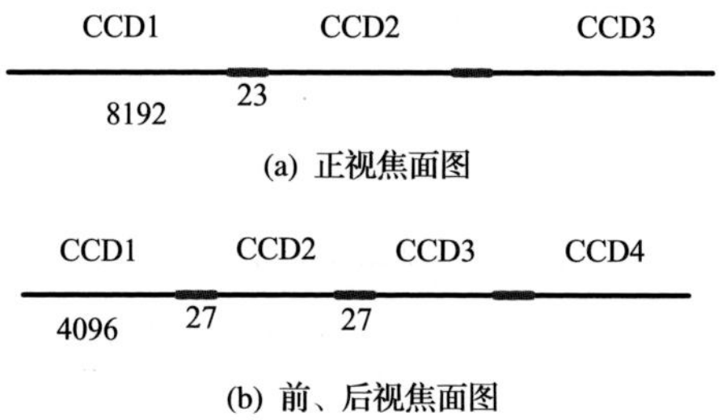

图 7.15 ZY-3 三线阵焦面图

资源三号卫星自 2012 年 1 月 11 日获得第一轨数据以来，三线阵影像的带控处理精度较高，体现了其相机的无畸变特性。在轨测试期间，为了验证资源三号卫星三线阵相机的无畸变特性，收集了相关地区的控制数据，进行了资源三号卫星三线阵相机的在轨几何检校。

7.4.1 数 据 说 明

利用登封检校场区域和天津范围的 1∶2000 DOM、DEM 作为联合检校的控制数据，其中，登封检校场数据采集于 2010 年，覆盖范围为 50 km×50 km；天津检校场数据采集于 2008 年，区域内均为平地，高差小于 12 m，如图 7.16 所示。联合几何检校中用到的资源三号卫星影像分别为成像于 2012 年 2 月 3 日的登封区域三线阵影像和成像于 2012 年 2 月 28 日的天津区域三线阵影像。

为了验证偏置矩阵的有效性，选取多个非检校区域资源三号影像与 GoogleEarth 上同区域点进行坐标比对来评价偏置矩阵的补偿效果。在试验中，选取 GoogleEarth 上几何精度更高的 Geoeye、IKONOS 图层作为参考。

利用 2012 年 2 月 18 日河北安平靶标区域的资源三号三线阵影像验证内方位元素检校的正确性和精确性。该区域覆盖了人工布设的 30 个靶标控制点，如图 7.17 所示，它们的地面坐标由 GPS 测得，精度优于 0.1 m，并通过高精度靶标提取算法获取像点坐标，靶标提取精度在 0.07～0.1 像素，利用该景 30 个靶标点验证了几何检校后的立体平差精度。

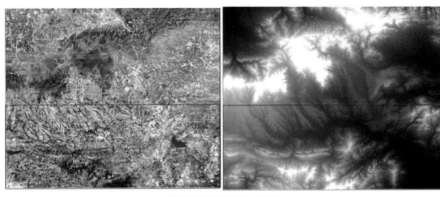

(a) 河南登封区域DOM、DEM

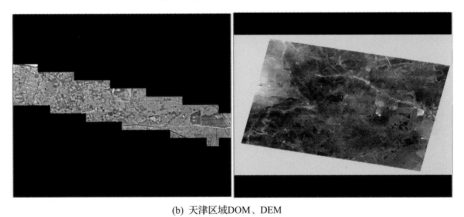

(b) 天津区域DOM、DEM

图 7.16　资源三号几何检校控制数据

图 7.17　河北安平靶标控制点（△控制点；○检查点）

7.4.2　处　理　流　程

图 7.18 所示为几何检校流程：

（1）基于相机安装、相机畸变等实验室测量参数，姿轨行时等成像几何参数，构建检校用几何定位模型。

（2）利用（1）中构建的几何定位模型，结合高精度 DOM 和 DEM 进行影像模拟，生成模拟影像。

（3）将卫星影像与（2）中生成的模拟影像进行高精度配准，获取密集分布的控制点。

（4）基于（1）中建立的检校用几何定位模型，采用（3）中获取的密集控制点进行外方位元素检校。

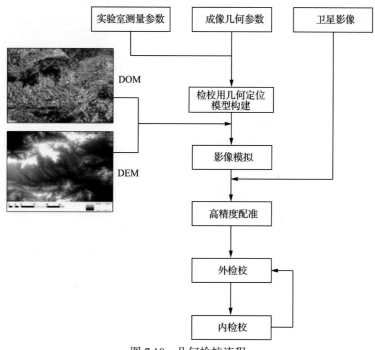

图 7.18　几何检校流程

（5）在（4）的基础上，进一步进行内方位元素检校。

（6）重复（4）和（5）步骤，直至前后两次外方位元素检校的偏置角差异小于一定阈值。

7.4.3　在轨外方位元素检校

基于常量偏置矩阵补偿原理［式（7-17）～式（7-19）所示］，利用河南、天津区域数据联合检校，分别得到河南景、天津景三线阵影像偏置矩阵，分别记前视、正视、后视影像为 FWD、NAD、BWD，检校结果如下。

1. 河南景、天津景外检校结果

1) 前视相机(FWD)

由表 7.1 可以看到，两景解求的偏置角均在 0.1°左右，该量级的姿态角误差是因为载荷安装角变化引起的。另外，河南、天津两景解求的偏置角很接近，最大差值仅在 3 角秒左右，可以认为，偏置矩阵吸收的确实是星上成像过程中稳定系统误差源，也可以说明资源三号卫星运行较为稳定。

表 7.1　FWD 外方位元素检校结果

项目	$\varphi/(°)$	$\omega/(°)$	$\kappa/(°)$
河南景	−0.10641136	0.10085723	0.17233273
天津景	−0.10654375	0.10031229	0.17321409
Δ	0.00013238	0.00054494	−0.00088136

由表 7.2 可知，河南景、天津景定位精度非常接近。由于在轨后相机安装矩阵的变化，前视影像的直接定位几何精度较差，沿轨约为 319 像素(319×3.5m)，垂轨向在 111 像素左右。由图 7.19(a)、图 7.20(a)可以看出，定位残差呈现明显的系统性，且沿轨误差明显大于垂轨误差。在图中，并没有发现定位残差随着时间的变化特性，可以预测经过常量偏置矩阵后，便能够有效地补偿相机安装误差。

表 7.2　FWD 外方位元素检校精度

项目		行/像素			列/像素		
		MIN	MAX	RMS	MIN	MAX	RMS
河南景	直接定位	291.0139	344.2842	319.3807	108.1923	115.5936	111.3282
	标定偏置	0.000014	0.705375	0.195977	0.000252	4.271648	1.6437
天津景	直接定位	289.617	336.3198	317.9341	105.0647	111.6538	108.4352
	标定偏置	0.000259	1.013741	0.266575	0.000131	4.427996	1.577734

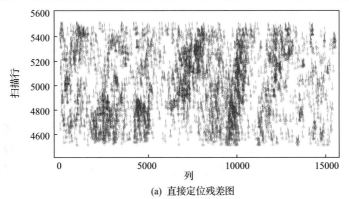

(a) 直接定位残差图

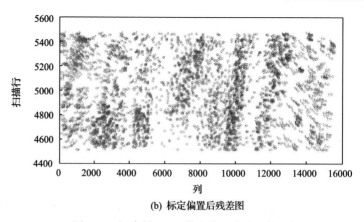

(b) 标定偏置后残差图

图 7.19　河南景 FWD 外方位元素检校结果

　　由表 7.2 看，解求两景的常量偏置矩阵后，其几何定位精度提升非常明显，沿轨向精度优于 1 个像素，定位残差主要在垂轨向上。由图 7.19(a)、图 7.20(a) 可以看到，标定偏置后的垂轨残差呈现两头大、中间小的趋势，具有一定的对称特性，比较符合内方位元素误差特性。

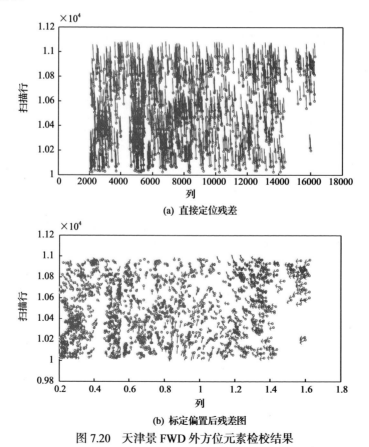

(a) 直接定位残差

(b) 标定偏置后残差图

图 7.20　天津景 FWD 外方位元素检校结果

为进一步观察标定偏置后的残差变化规律，用河南景数据为例，以列坐标为横轴，分别以垂轨残差、沿轨残差为纵轴，作出图 7.21。从图 7.21 中可看到，垂轨、沿轨误差均呈现较为明显的线性规律，且各片 CCD 间残差大小略有差异。由于镜头光学畸变均为高阶特征误差，可推测前视相机镜头畸变非常小。考虑内方位元素线性误差中，比例误差仅影响垂轨向精度，而旋转角误差既影响垂轨向精度，又影响沿轨向精度，且均为线性规律。因此，可推测前视相机中内方位元素误差不存在光学镜头畸变，而仅可能存在主点偏移、比例缩放及 CCD 排列旋转角误差。这样，通过标定偏置，很好地消除了载荷安装、姿轨系统误差，其定位残差是内方位元素误差引起的。

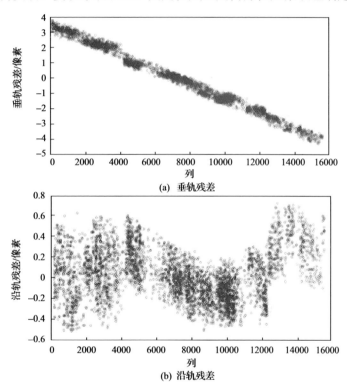

图 7.21 河南景 FWD 标定偏置后残差随列变化规律图

2) 正视相机（NAD）

由表 7.3 和表 7.4 可以看到，整体结果与 FWD 结果一致。载荷安装及姿轨系统误差均被很好地消除。下面仅仿照 FWD 对标定偏置后的几何定位残差进行分析，推测引起这些定位残差的误差因素，探测 NAD 影像可能存在的内方位元素误差。下面仍以河南景为例。

表 7.3 NAD 外方位元素检校结果

项目	$\varphi/(°)$	$\omega/(°)$	$\kappa/(°)$
河南景	−0.02939263	0.09934621	0.21604438
天津景	−0.02924865	0.09845504	0.21654412
Δ (°)	−0.00014398	0.00089117	−0.00049974

表 7.4　NAD 外方位元素检校精度

项目		行/像素			列/像素		
		MIN	MAX	RMS	MIN	MAX	RMS
河南景	直接定位	83.14969	170.6766	128.2284	419.1082	426.5091	422.1124
	标定偏置	0.000008	0.440353	0.123164	0.000041	3.716357	1.720785
天津景	直接定位	77.41062	159.3357	119.9012	415.3418	423.1676	418.3348
	标定偏置	0.000326	1.010742	0.307172	0.00322	4.075547	1.765868

　　由图 7.22 看到，垂轨、沿轨误差同样呈现较为明显的线性规律，且相邻 CCD 间残差大小存在阶跃，依据对 FWD 影像的分析，同样可推测 NAD 相机内方位元素可能存在主点偏移、比例缩放及旋转角误差。

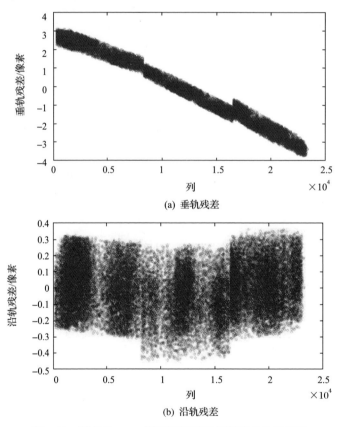

(a) 垂轨残差

(b) 沿轨残差

图 7.22　河南景 NAD 标定偏置后残差随列变化规律图

3) 后视相机（BWD）

　　从表 7.5、表 7.6 和图 7.23 的结果看，BWD 标定偏置结果与 FWD、NAD 结果一致，其偏置矩阵很好地补偿了载荷安装及姿轨系统误差，剩余的定位残差主要由内方位元素误差引起。且 BWD 内方位元素误差也主要可能包含主点偏移、比例缩放及旋转角误差。

表 7.5　BWD 外方位元素检校结果

项目	$\varphi/(°)$	$\omega/(°)$	$\kappa/(°)$
河南景	−0.14291135	0.10176044	0.16377587
天津景	−0.14309212	0.10085041	0.16263556
$\Delta/(°)$	0.00018077	0.00091003	0.00114030

表 7.6　BWD 外方位元素检校精度

项目		行/像素			列/像素		
		MIN	MAX	RMS	MIN	MAX	RMS
河南景	直接定位	411.8027	440.2532	426.5401	452.5337	472.2741	461.5091
	标定偏置	0.000014	0.579675	0.151927	0.000045	2.380589	0.914196
天津景	直接定位	409.871	435.8805	424.0243	451.581	473.0605	461.1649
	标定偏置	0.00005	0.582915	0.144368	0.00046	2.505126	0.929761

2. 外检校参数外推补偿结果

外方位元素检校中求取的偏置矩阵是用来补偿星上载荷安装误差及姿轨测量系统误差的，其目的在于消除星上稳定的外方位元素系统误差，从而提高卫星影像的系统定位精度。因此，为验证外方位元素检校结果的正确性、有效性，利用 2012 年 2 月 3 日登封景检校获得的正视影像偏置矩阵对其他时间和地点获取的资源三号正视影像进行补偿处理，利用 GoogleEarth 高分图层验证了安徽、江西、宁波、凉山、银川等区域三线阵影像中正视影像平面精度均优于 20 m，见表 7.7。该结果表明，偏置矩阵补偿了资源三号卫星相机安装及姿轨测量的系统误差，提升了资源三号三线阵无控定位精度。

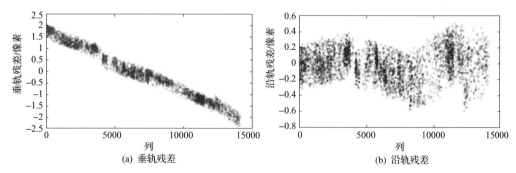

(a) 垂轨残差　　　　　　　　　(b) 沿轨残差

图 7.23　河南景 BWD 标定偏置后残差随列变化规律图

表 7.7　资源三号卫星正视相机偏置矩阵补偿精度

地区	成像时间(年.月.日)	平面精度/m
安徽省合肥市	2012.3.24	8.67185
江西省进贤县	2012.3.24	18.58814
浙江省宁波地区	2012.3.25	9.261451
四川省凉山地区	2012.3.26	7.061707
宁夏回族自治区银川市	2012.4.15	18.7204

7.4.4　在轨内方位元素检校

1. 河南景、天津景内检校结果

由表 7.4 可知，通过偏置标定后，垂直轨道方向存在接近两个像素的误差，2012 年 2 月 3 日登封景正视影像解求偏置矩阵以后的残差图（前、后视影像规律一致）如图 7.24 所示，其中，横坐标为影像列，纵坐标为垂轨、沿轨残差。

表 7.8　资源三号卫星前视内方位元素误差模型参数解求结果

垂轨平移/m	CCD1	−0.0000011176
	CCD2	0.0000029525
	CCD3	0.0000056164
	CCD4	0.0000086919
缩放		−0.0004107774
旋转角正弦值	CCD1	0.0000046770
	CCD2	0.0000379407
	CCD3	0.0000361821
	CCD4	−0.0000347190

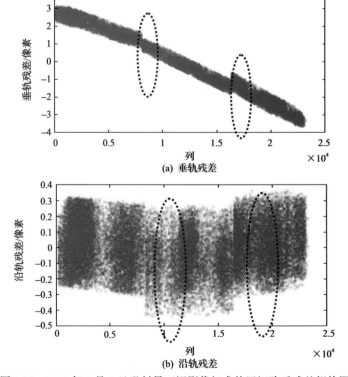

图 7.24　2012 年 2 月 3 日登封景正视影像解求偏置矩阵后残差规律图

表 7.9　资源三号卫星三线阵相机发射后主点和焦距变化量

相机	主点变化量/像元	焦距变化量/mm
NAD	0.72	−0.45
FWD	0.41	−0.69
BWD	0.24	−0.39

表 7.9 中，相对实验室测量值，前视各片 CCD 的平移变化量折算成光学系统视主点的变化量；整体缩放量对应光学系统焦距变化。

由于线阵 CCD 中 $x \approx 0$，且一般排列旋转角很小，因此，内方位元素误差主要影响垂轨方向，经过内方位元素几何检校后主要提升垂轨向精度。由表 7.11 可知，经过内方位元素检校后，沿轨向精度没有明显改善，但垂轨向精度提升明显，且两景均优于 0.3 像素。但 2012 年 2 月 28 日天津景几何检校后精度不及 2012 年 2 月 3 日登封景，这是由参考数据获取时相不一致导致的配准精度差异造成的。

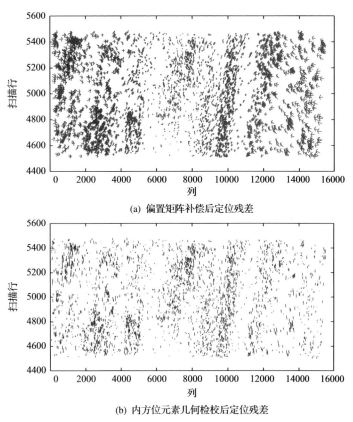

(a) 偏置矩阵补偿后定位残差

(b) 内方位元素几何检校后定位残差

图 7.25　2012 年 2 月 3 日登封景前视影像几何检校残差图

图 7.25 为 2012 年 2 月 3 日登封景几何检校后的定位残差图, 从图 7.25(a)中可以看到, 经过偏置矩阵解求后, 定位残差图呈现"两边大、中间小"的趋势, 具有一定的对称性; 而图 7.25(b)中, 进一步经过内方位元素几何检校后, 残差不存在明显的畸变特性, 分布随机。

表 7.10　资源三号卫星前视内方位元素几何检校精度

项目		行/像素			列/像素		
		MIN	MAX	RMS	MIN	MAX	RMS
河南景	直接定位	291.0139	344.2842	319.3807	108.1923	115.5936	111.3282
	标定偏置	0.000014	0.705375	0.195977	0.000252	4.271648	1.6437
	内检校	0	0.577984	0.16755	0.000107	0.589579	0.175885
天津景	直接定位	289.617	336.3198	317.9341	105.0647	111.6538	108.4352
	标定偏置	0.000259	1.013741	0.266575	0.000131	4.427996	1.577734
	内检校	0.000431	1.115739	0.272012	0.000243	0.962788	0.256184

2. 内方位元素检校精度验证

在内方位元素检校基础上, 利用河北安平区域靶标点验证整个几何检校后的立体平差精度(包含三视和两视情况), 采用高分光学影像中基于 RPC 模型的像面仿射模型作为立体平差模型, 一共设置三组平差条件, 平差结果如表 7.11 和表 7.12 所示。

表 7.11　内方位元素检校后前、后两视立体平差

精度　　方案	平面/m			高程/m		
	MIN	MAX	RMS	MIN	MAX	RMS
无控	11.019	12.604	11.722	6.332	8.045	7.396
六控	0.084	1.316	0.535	0.018	0.813	0.432
全控	0.031	0.915	0.338	0.007	0.962	0.425

表 7.12　内方位元素检校后前、正、后三视立体平差

精度　　方案	平面/m			高程/m		
	MIN	MAX	RMS	MIN	MAX	RMS
无控	10.123	11.834	10.963	6.022	8.876	7.768
六控	0.07	0.798	0.409	0.007	1.066	0.507
全控	0.024	0.832	0.296	0.026	1.011	0.432

(1)直接利用安平区域资源三号影像进行平差, 30 个靶标点均作为检查点;

(2)选取周边 6 个靶标点作为控制点, 其余 24 个靶标点作为检查点, 进行立体平差, 控制点分布如图 7.17 所示;

（3）将 30 个靶标点全部作为控制点，进行立体平差。

资源三号卫星设计的立体交会角约为 47°，对应基高比约为 0.88。靶标提取精度在 0.07～0.15 像素之间（提取精度与靶标清晰度和信噪比有关），根据摄影测量基高比与高程精度之间关系：

$$\Delta h = \frac{\Delta x}{(B/H)}$$

在靶标点区域，资源三号理论高程精度在 0.40～0.85 m。由表 7.11 和表 7.12，利用多检校场联合几何检校的结果进行带控立体平差中，最大高程误差优于 1 m，高程中误差优于 0.5 m，均接近在靶标条件下资源三号所能达到的理论精度，同时也验证了几何检校结果的可靠性。

在试验中，根据偏置矩阵补偿后的几何定位残差规律，确定了内方位元素误差仅存在主点偏移、探元尺寸误差及 CCD 排列缩放。为进一步验证资源三号三线阵相机不存在镜头光学畸变，利用 2012 年 2 月 3 日登封景、2012 年 2 月 28 日天津景同时解求主点偏移、探元尺寸误差、CCD 排列缩放及光学镜头畸变。同样采用靶标控制点立体平差进行验证，结果见表 7.13 和表 7.14。

表 7.13　解求镜头畸变后前、后两视立体平差

方案	平面/m			高程/m		
精度	MIN	MAX	RMS	MIN	MAX	RMS
无控	10.66	12.549	11.661	6.651	8.181	7.453
六控	0.024	1.706	0.820	0.004	0.683	0.378
全控	0.083	1.651	0.766	0.017	1.027	0.369

表 7.14　解求镜头畸变后前、正、后三视立体平差

方案	平面/m			高程/m		
精度	MIN	MAX	RMS	MIN	MAX	RMS
无控	10.04	12.437	11.240	5.41	7.718	6.534
六控	0.064	1.693	0.575	0.02	0.969	0.456
全控	0.05	1.65	0.510	0.003	1.048	0.370

对比表 7.11～表 7.13 与表 7.12～表 7.14，资源三号三线阵内方位元素模型中加入镜头畸变后，虽然立体平差高程精度略微提高，但是平面精度反而降低明显，说明加入镜头畸变模型后，内方位元素模型中参数过度化。因此，证实了资源三号卫星的相机内方位元素模型中仅解求主点偏移、探元尺寸误差及 CCD 排列缩放误差方案的正确性，验证了资源三号三线阵相机不存在镜头光学畸变。

因此，后续产品生产和在轨运行期间，利用包含主点偏移、比例缩放、CCD 排列的检校模型获得三线阵相机每个探元的指向角，构建的成像几何模型进行处理。

7.5 资源三号卫星多光谱相机检校实验

1. 数据说明

利用 7.4.1 介绍的数据对资源三号卫星多光谱相机进行在轨几何检校试验。河南景检校时段选在 1000～2000 行影像范围，配准获取控制点 2 433 个；天津景检校时段选在 5100～6100 行范围，配准获取控制点 1 186 个，所有控制点均匀分布。

2. 处理流程

图 7.26 所示为几何检校流程。

（1）基于相机安装、B1 谱段的相机畸变等实验室测量参数，姿轨行时等成像几何参数，构建检校用几何定位模型。

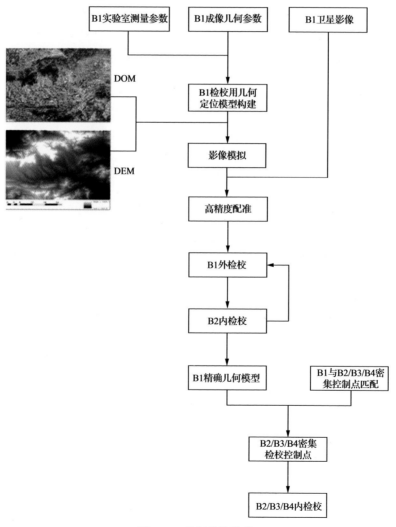

图 7.26 几何检校流程

(2)利用(1)中构建的几何定位模型,结合高精度 DOM 和 DEM 进行影像模拟,生成模拟影像。

(3)将卫星影像与(2)中生成的模拟影像进行高精度配准,获取密集分布的控制点。

(4)基于(1)中建立的检校用几何定位模型,采用(3)中获取的密集控制点进行外方位元素检校。

(5)在(4)的基础上,进一步进行内方位元素检校。

(6)重复(4)和(5)步骤,直至前后两次外方位元素检校的偏置角差异小于一定阈值。

(7)B2/B3/B4 谱段与 B1 谱段密集匹配,结合 B1 谱段标定后的精确几何模型,获得 B2/B3/B4 谱段的密集检校控制点。

(8)解算 B2/B3/B4 的内方位元素。

3. 在轨几何检校

利用河南景、天津景配准获取的所有控制点,对资源三号卫星多光谱影像进行联合在轨几何检校,分别求取两景各自的偏置矩阵及多光谱内方位元素(见表 7.15)。

图 7.27 对比了内方位元素检校前、后的残差规律图。由图 7.27(b)容易看出,基准谱段第 2、3 片 CCD 沿轨残差沿列呈现线性变化规律,可能由 CCD 阵列的排列旋转误差引起。从图 7.27(d)中看到,完成在轨内方位元素检校后,沿轨误差的变化趋势已被消除,精度得到提高。

表 7.15　资源三号卫星多光谱相机在轨几何检校

项目		行/像素			列/像素		
		MIN	MAX	RMS	MIN	MAX	RMS
河南景	直接定位	96.62003	122.8124	109.5717	104.4202	106.5123	105.4372
	标定偏置	0.000058	1.042988	0.236585	0.000201	0.53358	0.185569
	内检校	0.000017	0.563975	0.118371	0	0.462319	0.133251
天津景	直接定位	93.27653	117.0708	105.2232	104.6888	106.112	105.2835
	标定偏置	0.00039	0.714018	0.214425	0.000151	0.466359	0.177867
	内检校	0.00001	0.598235	0.162203	0.000007	0.518143	0.15819

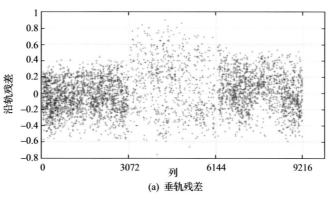

(a) 垂轨残差

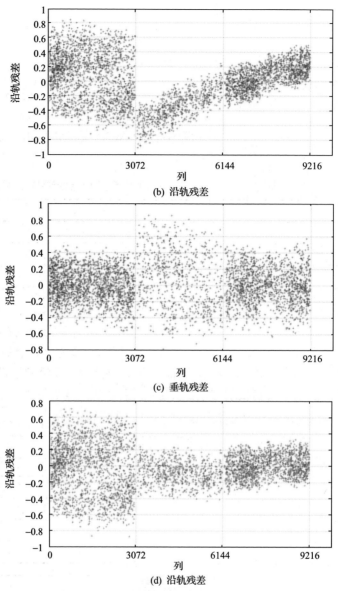

图 7.27　内方位元素检校前后残差对比

(a)和(b)为内检校前；(c)和(d)为内检校后

4. 在轨内方位元素检校精度验证

利用河北安平地区的 30 个靶标控制点验证资源三号多光谱相机在轨检校几何精度。采取其中 6 个靶标控制点进行外方位元素定向，消除河北景外方位元素误差；其余靶标点作为检查点验证外定向后几何精度。为充分体现内检校精度，设定了如下 4 种外定向情况进行精度对比。

(1)直接利用实验室标定内方位元素进行外方位元素定向；

（2）利用河南景、天津景基于畸变模型标定的内方位元素进行外方位元素定向；

（3）利用河南景、天津景基于指向角标定的内方位元素进行外方位元素定向，但指向角标定后的内方位元素没有经过平滑拟合步骤；

（4）用河南景、天津景基于指向角标定的内方位元素进行外方位元素定向，但指向角标定后的内方位元素经过平滑拟合步骤。

图 7.28　外定向控制点及检查点分布（▲GCPs；●检查点）

表 7.16　内检校精度验证

精度 外定向方案	行/像素			列/像素			Plane RMS（pixels）
	MAX	MIN	RMS	MAX	MIN	RMS	
a)	0.3842658	0.0617738	0.2291693	0.25195	0.0076856	0.08319	0.2438014
b)	0.128688	0.00282	0.0596346	0.313894	0.0015630	0.106231	0.1218249
c)	0.2457616	0.0099838	0.118989	0.371101	0.049297	0.192707	0.2264826
d)	0.1297299	0.0037579	0.072949	0.21301	0.002436	0.08919	0.1152233

由表 7.16 可知，直接利用实验室标定内方位元素进行外定向，其精度优于 0.4 像素，这证实了资源三号多光谱相机确实为小畸变系统。b)、c)、d) 相对 a) 精度均有提高，但由于没有剔除误匹配控制点对检校精度的影响，b)、c)、d) 中 c) 方案精度最低，验证了平滑拟合操作的必要性。通过 b) 和 d) 方案的精度对比，指向角标定方案能很好地考虑常见内方位元素误差，不仅简化内方位元素检校模型，且检校精度高。

5. 谱段配准精度验证

利用河南景、天津景标定的内方位元素，按资源三号卫星多光谱影像传感器纠正产品生成原理，生成河北景的传感器纠正影像。在传感器纠正影像的各个谱段上采用高精度靶标提取算法提取靶标像点坐标，通过比较各靶标在不同谱段上的像点坐标差，评价谱段间的配准精度。其中，多光谱传感器纠正影像的靶标提取精度优于 0.3 像素（图 7.29）。

由表 7.17，经过在轨内方位元素检校后，多光谱传感器校正影像垂轨向配准精度优于 0.2 像素，沿轨向优于 0.1 像素。

表 7.17　谱段配准精度评价（以第一谱段为基准）

精度 波段	列/像素		行/像素	
	MAX	RMS	MAX	RMS
B2	0.241704	0.1219071	0.216594	0.0683046
B3	0.220764	0.1169336	0.129194	0.0772708
B4	0.361197	0.1366373	0.117363	0.0882427

　　(a) 原始影像　　　　　　　　　　　　　　(b) 传感器纠正影像

图 7.29　多光谱传感器纠正影像放大图(第一谱段)

　　图 7.30 对比了内方位元素检校前、后生成的传感器校正影像融合产品。从图 7.30 左边可以看到，由于谱段配准精度较低，生成的传感器校正影像融合产品在特征线边缘处存在"伪彩色"现象，而检校后生成的传感器校正影像融合产品不存在该现象，体现了其较高的谱段配准精度。

　　因此，后续产品生产时，利用上述方法获取的四个谱段的内方位元素，实现谱段间的精确配准，并定期根据在轨运行情况，进行在轨标定。

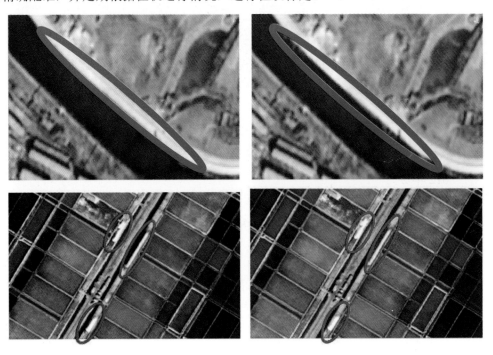

图 7.30　检校前后谱段配准精度对比

(左：检校前；右：检校后)

7.6　精度分析及总结

1. 几何精度趋势分析

采用 2012 年 2 月获取的资源三号卫星数据和地面检校控制数据，对资源三号卫星四台相机进行了精确的内外方位元素修正。图 7.31 是从 2012 年 2 月 14 日～2012 年 12 月 1 日资源三号卫星正视影像无控制定位精度。横坐标随时间推移，纵坐标是平面精度。

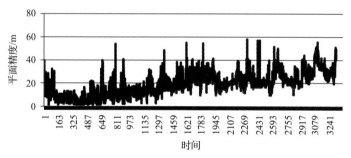

图 7.31　资源三号正视影像变化趋势图

在图 7.31 中，很明显，平面精度的总体降低趋势。为了补偿各种随时间推移的误差，生成了 2012 年 2 月、2012 年 6 月、2012 年 9 月 3 个不同时期的数据解算偏置矩阵，处理时选择成像时间相近的偏置矩阵。为了验证这种处理方式的有效性，采用黑龙江齐齐哈尔和湖北咸宁两个区域的数据，多次检校前和多次检校后进行几何精度评价，试验结果见表 7.18。

表 7.18 表明，多次检校后资源三号卫星直接定位精度的几何校正的地面明显改善。这是因为当卫星运行时，相机的安装状态会随着外部空间物理环境的变化而更新；当姿态测量达到一定的量时，系统误差积累最为明显，直接影响到卫星的直接定位精度，符合图 7.31 的变化趋势。这个误差需要在一段时间内每隔一段时间通过地面校准数据来消除。然而，有控制点情况下几何精度几乎没有变化，说明在一段时间内相机内方位相对变化不明显。

表 7.18 资源三号多次检校前后精度对比分析试验

试验区域	多次几何检校	验证形式	控制点数	检查点数	中误差/m		
					南北	东西	平面
黑龙江齐齐哈尔	处理前	无控制	0	74	23.713	19.081	30.437
		有控制	10	64	2.752	3.120	4.160
	处理后	无控制	0	74	8.748	5.125	10.139
		有控制	10	64	2.772	3.114	4.169
湖北咸宁	处理前	无控制	0	23	21.143	12.282	24.452
		有控制	9	14	0.331	0.411	0.527
	处理后	无控制	0	23	4.926	7.682	9.126
		有控制	9	14	0.316	0.411	0.519

2. 精度验证

为了验证资源三号卫星无控制和带控制的平差精度,选择了 10 个区域开展几何精度验证试验,试验结果见表 7.19。

表 7.19 显示了 10 个区域(主要是在中国)的统计结果,并计算出这些结果的平均值。资源三号无控制点平面和高程精度为 9.4 m 和 5.0 m,有控制点平面和高程是 2.9 m 和 2.0 m。事实上,不同区域的结果差异是比较大的。这是因为不同区域的控制点是采用不同的方式获得的。委内瑞拉和咸宁试验区的控制点采用静态 GPS 测量得到,具有较高的精度。然而控制其他试验区是由国家基础地理信息产品(1∶10000 DOM 与 DEM),其中有一个较低的精度。此外,影像获取时间与标定偏置矩阵的时间间隔长短影响几何精度,进一步提高标定频次能进一步提高标定精度。

利用上述技术,资源三号卫星影像的精度:

(1)在少量控制点条件下平面精度优于 3 m,高程精度优于 2 m,超过 1∶5 万地形图测绘的精度要求。可用于 1∶25 000 立体测绘,以及更新 1∶10 000 地形要素的更新;

(2)无控制点条件下平面精度优于 10 m,高程精度优于 5 m。可直接应用于 1∶5 万基础地理信息更新,甚至全球 1∶5 万无控的立体测图;

(3)资源三号卫星几何精度优于其他 2.5 m 分辨率的卫星,如法国 SPOT 5、日本 ALOS(Tadono et al.,2007)和印度 P5(Giribabu et al.,2013)(表 7.20)。

表 7.19 资源三号卫星多区域几何精度验证试验

试验区	轨道号	试验区域	南北/m	东西/m	平面/m	高程/m	检查点	控制点
1	2479	湖北咸宁	6.169	7.896	10.020	4.250	23	0
			0.376	0.429	0.571	1.219	19	4
2	351	甘肃兰州	6.066	1.699	6.299	5.021	8	0
			2.258	1.861	2.926	2.078	4	4

续表

试验区	轨道号	试验区域	南北/m	东西/m	平面/m	高程/m	检查点	控制点
3	350	委内瑞拉	3.823	6.042	7.150	3.710	8	0
			1.599	1.987	2.551	1.063	4	4
4	1749	齐齐哈尔	5.574	8.587	10.238	5.192	21	0
			2.595	2.512	3.612	1.343	12	4
5	4364	齐齐哈尔	10.716	3.675	11.329	2.720	35	0
			2.669	2.780	3.854	2.303	31	4
6	305, 381, 457	河北太行山	3.884	4.063	5.621	6.585	645	0
			1.882	1.839	2.631	2.364	634	11
7	381	河南登封	9.838	2.271	10.097	1.883	36	0
			1.583	2.059	2.597	1.583	32	4
8	609	河北安平	7.201	13.290	15.115	8.297	474	0
			1.291	1.110	1.703	1.494	470	4
9	3064 4699 4858	陕西渭南	5.301	5.198	7.425	8.657	63	0
			3.133	3.328	4.570	3.761	54	9
10	5033	江苏连云港	10.157	1.916	10.336	6.517	18	0
			2.705	3.040	4.070	2.791	14	4
平均					9.4/2.9	5.0/2.0		

表 7.20　资源三号卫星与其他同类卫星的对比

项目	GeoEye-1 (Fraser and Ravanbakhch, 2009)	SPOT 5 (Bouillona et al., 2013)	ALOS (Tadono et al., 2007)	IRS-P5 (Giribabu et al., 2013)	资源三号卫星
国家	美国	法国	日本	印度	中国
像元分辨率/m	0.41	2.5	2.5	2.5	正视 2.1 前视&后视 3.5
基高比	—	0.82	1.0	0.62	0.89
灰度量化等级/位	10	8	8	10	10
无控制点定位精度/m	3	50	10	150	10
有控制点定位精度/m	<1	3~5	2~3	3	2~3

参 考 文 献

柴登峰, 张登荣. 2007. 高分辨率卫星影像几何处理方法. 杭州: 浙江大学出版社.

陈雪芹, 耿云海. 2006. 陀螺/星敏感器在轨标定算法研究. 哈尔滨工业大学学报, 38(8): 1369-1373.

陈泽民, 马荣华. 2002. IKONOS 卫星遥感影像的精度分析. 遥感技术与应用, 17(1): 47-53.

丁剑, 瞿锋, 李谦, 等. 2010. 人卫激光测距中卫星预报需求分析. 测绘科学, 35(2): 5-7.

龚健雅. 2007. 对地观测数据处理与分析研究进展. 武汉: 武汉大学出版社.

巩丹超, 张永生. 2003. 有理函数模型的解算与应用. 测绘学院学报, 20(1): 39-42.

巩丹超. 2003. 高分辨率卫星遥感立体影像处理模型与算法. 郑州: 解放军信息工程大学博士学位论文.

郭金运, 孔巧丽, 常晓涛, 等. 2014. 低轨卫星精密定轨理论与方法. 北京: 测绘出版社.

韩保民. 2003. 星载 GPS 低轨卫星几何法定轨理论研究. 武汉: 中国科学院研究生院博士学位论文.

郝雪涛, 张广军, 江洁. 2005. 星敏感器模型参数分析与校准方法研究. 光电工程, 32(3): 5-8.

胡芬. 2010. 三片非共线 TDICCD 成像数据内视场拼接理论与算法研究. 武汉: 武汉大学博士学位论文.

胡国荣, 欧吉坤. 2000. 星载 GPS 载波相位相对定轨方法研究. 遥感学报, 4(4): 311-315.

胡国荣. 1999. 星载 GPS 低轨卫星定轨理论研究. 武汉: 中国科学院测量与地球物理研究所博士学位论文.

黄福铭. 2003. 航天器飞行控制与仿真. 北京: 国防工业出版社.

季善标, 朱文耀, 熊文清. 2000. 星载 GPS 精密测轨研究及应用. 天文学进展, 18(1):17-28.

蒋兴伟, 王晓慧, 彭海龙, 等. 2013. 海洋二号卫星精密定轨方案设计及实现. 中国工程科学, 15(7):19-24.

娇媛媛. 2007. 陀螺组合测量的卫星姿态确定方法研究. 长沙: 国防科学技术大学硕士学位论文.

李春艳, 李怀锋, 孙才红. 2006. 高精度星敏感器天文标定方法及观测分析. 光学精密工程, 14(4): 558-562.

李春艳. 2003. 利用神经网络技术实现星敏感器的星图识别. 大连: 辽宁师范大学硕士学位论文.

李德仁, 童庆禧, 李荣兴, 等. 2012. 高分辨率对地观测的若干前沿科学问题. 中国科学: 地球科学, 42(6): 805-813.

李德仁, 郑肇葆. 1992. 解析摄影测量. 北京: 测绘出版社.

李济生. 1995. 人造卫星精密轨道确定. 北京: 解放军出版社.

李杰. 2005. APS 星敏感器关键技术的研究. 长春: 中国科学院长春光学精密机械与物理研究所博士学位论文.

李立宏, 林涛, 宁永臣, 等. 2000. 一种改进的全天自主三角形星图识别算法. 光学技术, (26): 373-374.

李立宏, 徐洪泽, 张福恩. 2000. 一种改进全天自主栅格星图识别算法. 光学技术, (26): 205.

李立宏. 2000. 一种基于遗传算法的全天自主星图识别算法. 光电工程, 27(5): 15-18.

李平. 2006. 星敏感器测角精度改进的研究. 哈尔滨: 哈尔滨工程大学硕士学位论文.

李晓彤. 2003. 几何光学·像差·光学设计. 杭州: 浙江大学出版社.

梁泽环. 1990. 卡尔曼滤波器在卫星遥感影像大地校准中的应用. 环境遥感, 5(4): 301-307.

刘斌. 2011. 高分辨率光学卫星空地一体化定姿及姿态抖动下影像几何处理方法研究. 武汉: 武汉大学硕士学位论文.

刘斐, 吕大旻. 2013. 我国成功发射高分一号卫星. 中国航天, (05):10-13.

刘凤德, 邱懿, 李健. 2001. JX-4A 全数字摄影测量工作站中 IKONOS 立体影像的处理方法与应用. 遥感信息, (4): 26-29.

刘海原. 1998. SPOT 图像的几何纠正. 测绘学院学报, 15(1):33-35.

刘红新. 2006. CHAMP 卫星精密定轨研究. 上海: 同济大学博士学位论文.

刘经南, 赵齐乐, 张小红. 2004. CHAMP 卫星的纯几何定轨及动力平滑中的动力模型补偿研究. 武汉大学学报(信息科学版), 29(1): 1-6.

刘林. 1992. 人造地球卫星轨道力学. 北京: 高等教育出版社.

刘星. 2007. UKF 和 EKF 在卫星姿态确定中的应用研究. 成都: 中国科学院光电研究所硕士学位论文.

潘旺华. 2004. 基于多传感器信息融合的卫星姿态确定技术研究. 长沙: 国防科学技术大学硕士学位论文.

彭东菊. 2008. LEO 星载 GPS 精密定轨理论研究及其软件实现. 上海: 中国科学院上海天文台博士学位论文.

彭冬菊, 吴斌. 2007. 非差和单差 LEO 星载 GPS 精密定轨探讨. 科学通报, 52(6): 715-719.

秦显平. 2009. 星载 GPS 低轨卫星定轨理论及方法研究. 郑州: 解放军信息工程大学博士学位论文.

施闯, 赵齐乐, 楼益栋, 等. 2009. 卫星导航系统综合分析处理软件 PANDA 及研究进展. 航天器工程, 18(4): 64-70.

孙才红. 2002. 轻小型星敏感器研制方法和研制技术. 北京: 中国科学院国家天文台博士学位论文.

孙家抦, 舒宁, 关泽群. 1997. 遥感原理、方法和应用. 北京: 测绘出版社.

唐新明, 张过, 祝小勇, 等. 2012. 资源三号测绘卫星三线阵成像几何模型构建与精度初步验证. 测绘学报, 41(2): 191-198.

田蔚风. 1998. 卫星姿态测量系统信息处理技术研究. 上海: 上海交通大学博士学位论文.

王广君, 房建成. 2005. 一种星图识别的星体图像高精度内插算法. 北京航空航天大学学报, 31(5): 566-568.

王任享, 胡莘, 王新义, 等. 2012. "天绘一号"卫星工程建设与应用. 遥感学报, (S1): 2-5.

王任享. 1998. 利用卫星三线阵 CCD 影像进行光束法平差的数字模拟实验研究. 武汉测绘科技大学学报, 23(4): 304-309.

王晓东. 2003. 大视场高精度星敏感器技术研究. 北京: 中国科学院研究生院博士学位论文.

王新洲, 刘丁酉, 张前勇, 等. 2001. 谱修正迭代法及其在测量数据处理中的应用. 黑龙江工程学院学报, 15(2): 3-6.

王之卓. 1979. 摄影测量原理. 北京: 测绘出版社.

吴江飞. 2006. 星载 GPS 卫星定轨中若干问题的研究. 上海: 中国科学研究上海天文台博士学位论文.

吴显兵. 2004. 星载 GPS 低轨卫星几何法定轨及动力学平滑方法研究. 郑州: 解放军信息工程大学硕士学位论文.

肖文, 伊小素, 金靖, 等. 2003. 光纤陀螺在航天器/小卫星应用中的关键技术研究. 第五届全国光子学大会会议论文集, 第二分册: 纤维光学.

谢俊峰, 龚健雅, 江万寿. 2009. 一种改进的恒星相机在轨检校方法. 测绘科学, 34(2): 121-123.

谢俊峰, 江万寿, 龚健雅. 2011. 顾及星像点分布的恒星相机在轨检校. 北京航空航天大学学报, 37(10): 1271-1276.

须同祺, 李竞. 2006. http://www.chinabaike.com/article/baike/1000/2008/ 200805111438276_3.html.

徐建艳, 侯明辉, 于晋, 等. 2004. 利用偏移矩阵提高 CBERS 图像预处理几何定位精度的方法研究. 航天返回与遥感, 25(4): 25-29.

杨博, 王密. 2013. 资源一号 02C 卫星全色相机在轨几何定标方法. 遥感学报, (05): 1175-1190

杨大明. 2000. 空间飞行器姿态控制系统. 哈尔滨: 哈尔滨工业大学出版社.

杨晓明, 游晓斌. 2003. IKONOS 图像纠正的实验研究. 北京林业大学学报, 25(S1): 36-40.

袁修孝, 张过. 2003. 缺少控制点的卫星遥感对地目标定位. 武汉大学学报(信息科学版), 28(5): 505-509.

詹总谦. 2006. 基于纯平液晶显示器的相机标定方法与应用研究. 武汉大学博士学位论文.

张过, 袁修孝, 李德仁. 2007. 基于偏置矩阵的卫星遥感影像系统误差补偿. 辽宁工程技术大学学报, 26(4): 517-519.

张过. 2005. 缺少控制点的高分辨率卫星遥感影像几何纠正. 武汉: 武汉大学博士学位论文.

张辉, 田宏, 袁家虎, 等. 2005. 星敏感器参数标定及误差补偿. 光电工程, 32(9): 1-4.

张剑清, 张祖勋. 2002. 高分辨率遥感影像基于仿射变换的严格几何模型. 武汉大学学报(信息科学版), 27(6): 555-558.

张永军. 2002. 利用二维 DLT 及光束法平差进行数字摄像机标定. 武汉大学学报(信息科学版), 6(27): 571-576.

张永生, 刘军. 2004. 高分辨率遥感卫星立体影像 RPC 模型定位的算法及其优化. 测绘工程, 13(1): 1-4.

赵春梅, 程鹏飞, 益鹏举. 2011. 基于伪随机脉冲估计的简化动力学卫星定轨方法. 宇航学报, 32(4): 762-766.

赵春梅, 瞿锋, 程鹏飞, 等. 2008. 阿根廷圣胡安激光测距系统的 SLR 数据质量分析. 测绘学报, 37(03): 338-341.

赵春梅, 唐新明. 2013. 基于星载 GPS 的资源三号卫星精密定轨. 宇航学报, 34(9): 202-1206.

赵春梅. 2004. 星载 GPS 低轨卫星精密定轨及 Galileo 系统的仿真研究. 武汉: 中国科学院测量与地球物理研究所博士学位论文.

赵罡, 周旭华, 吴斌. 2012. 海洋二号卫星 SLR 精密定轨. 科学通报, 57(36): 3475-3483.

赵齐乐, 刘经南, 葛茂荣, 等. 2005. 用 PANDA 对 GPS 和 CHAMP 卫星精密定轨. 大地测量与地球动力学, 25(2): 113-122.

赵齐乐, 刘经南, 葛茂荣, 等. 2006. 均方根信息滤波和平滑及其在低轨卫星星载 GPS 精密定轨中的应用. 武汉大学学报(信息科学版), 31(1): 12-15.

赵齐乐. 2004. GPS 导航星座及低轨卫星的精密定轨理论和软件研究. 武汉: 武汉大学博士学位论文.

郑万波. 2003. 基于星敏感器的全天自主分层星识别算法研究. 长春: 中国科学院长春光学精密机械与物理研究所博士学位论文.

郑作亚. 2005. GPS 数据预处理和星载 GPS 运动学定轨研究及其软件实现. 上海: 中国科学院上海天文台博士学位论文.

中国气象科学数据共享服务网. http://cdc.nmic.cn/home.do.[下载 2007-3-1/2007-10-1].

中国资源卫星应用中心. 2004. 资源一号卫星 02 星在轨测试报告.

周朝阳. 2008. 基于陀螺和星敏感器的卫星姿态确定研究. 哈尔滨: 哈尔滨工业大学硕士学位论文.

周家香, 左廷英, 朱建军. 2004. IKONOS 地理数据的几何校正方法. 矿山测量, (4): 25-27.

周忠谟, 易杰军, 周琪. 1992. GPS 卫星测量原理与应用. 北京: 测绘出版社.

朱俊, 王家松, 陈建荣, 等. 2013. HY-2 卫星 DORIS 厘米级精密定轨. 宇航学报, 34(2): 163-169.

朱述龙, 史文中, 张艳, 等. 2004. 线阵推扫式影像近似几何校正算法的精度比较. 遥感学报, 8(3): 220-226.

祝小勇, 张过, 唐新明, 等. 2009. 资源一号 02B 卫星影像几何外检校研究及应用. 地理与地理信息科学, 25(3): 16-25.

祝欣欣. 2008 卫星几何检校场选址与几何检校方法研究. 武汉: 武汉大学硕士学位论文.

Ashkenazi V, Chen W, Hill C J, et al. 1997. Real-time autonomous orbit determination of LEO satellites using GPS. Proceedings of the 10th International Technical Meeting of the Satellite Division of The Institute of Navigation (ION GPS 1997): 755-761.

Baltsavias E, Pateraki M, Zhang L. 2001. Radiometric and Geometric Evaluation of IKONOS Geo Images and Their Use for 3D Building Modeling. Hanover: Proceedings of Joint ISPRS Workshop on High Resolution Mapping from Space.

Béatrice Berthelot, Richard Santer, Philippe Blanc, Sébastien Saunier, Sultan KOCAMAN. 2008-7-13. Calibration Test Sites Selection and Characterisation.

Bertiger W I, Bar-Sever Y E, Christensen E J, et al. 1994. GPS precise tracking of TOPEX/POSEIDON: Results and implications. Journal of Geophysical Research: Oceans (1978-2012), 99(C12): 24449- 24464.

Bertiger W, Bar-SeverY, et al. 2002. GRACE: Millimeters and Microns in Orbit. In: ION GPS, Portland: 2022-2030.

Bouillon A, Breton E, de Lussy F, et al. 2002. SPOT 5 HRG and HRS First In-flight Geometric Quality Results. Aghia Pelagia, Greece,4881:2112-223.

Bouillon A, Breton E, de Lussy F. 2003. SPOT 5 Geometric Image Quality. Toulouse：Proceedings of 2003 IEEE International Geoscience and Remote Sensing Symposium.

Bouillona A, Bernardb M, Gigordc A P. et al. 2013. SPOT 5 HRS geometric performances: Using block adjustment as a key issue to improve quality of DEM generation.Int. J. Remote Sens., 60(3):31-43.

Brown D C. 1971. Close-range camera calibration. PE&RS, 37(8): 855-866.

Burden R L J D. 1997. Faires, Numerical analysis，Brooks/Cole Publishing Company.

Chevrel M, Courtois M, Weill G. 1981. The SPOT satellite remote sensing mission. Photogrammetric Engineering and Remote Sensing, 47(8):1163-1171.

Curtis P, Kenneth K D, Suraphol U. 1997. Evalution of star identification techniques. Journal of Guidance Control and Dynamics, 20: 259-267.

Day T, Muller J P A L. 1988. Quality Assessment of digital elevation models produced by automatic stereomatchers from spot image Pairs. The Photogrammetric Record,12(72):797-808.

Dial G, Grodecki J. 2002. Block Adjustment With Rational Polynomial Camera Models. Washington DC: Proceedings of ACSM-ASPRS Annual Conference.

Dowman I, Dolloff J T. 2000. An evaluation of rational functions for photogrammetric restitution. International Archives of Photogrammetry and Remote Sensing, 33(B3/1; PART 3):254-266.

Ebner H, Kornus W, Ohlhof T. 1993. A simulation study on point determination for the MOMS-02/D2 space project using an extended functional model. International Archives of Photogrammetry and Remote Sensing, 29458-458.

Fraser C S, Hanley H B, Yamakawa T. 2001. Sub-meter Geopositioning with IKONOS GEO Imagery. Hanover: Proceedings of Joint ISPRS Workshop on High Resolution Mapping from Space.

Fraser C S, Hanley H B, Yamakawa T. 2002. High Precision Geopositioning from IKONOS Satellite Imagery. Washington DC: Proceedings ASPRS Annual Meeting.

Fraser C S, Hanley H B. 2003. Bias compensation in rational functions for IKONOS satellite imagery. Photogrammetric Eng. & Remote Sensing，69(1): 53-57.

Fraser C S. 1997. Digital camera self-calibration. ISPRS Journal of Photogrammetry and Remote Sensing, 52(4): 149-159.

Fraser C S, Ravanbakhsh M. 2009. Georreferencing accuracy of GeoEye-Iimagery, Photogramm. Eng.Rem.Sens., 75(6): 634-638.

Fryer J G. 1986. Lens distortion for close-range photogrammetry. PE&RS, 52(1): 51-58.

Gene Dial, Jacek Grodecki. 2002. Test Ranges for Metric Calibration and Validation of Satellite Imaging Systems.

GeoEye-1 Fact Sheet. 2010b. http://www.geoeye.com/CorpSite/assets/docs/brochures/GeoEye-1-Fact-Sheet. pdf [2016-01-31].

Giribabu D, Srinivasa Rao S Krishna Murthy Y V N. 2013. Improving CartoSat-1 DEM accuracy using synthetic stereo pair and triplet. Int. J. Remote Sens., 77: 31-43.

Giulio Tonolo F, Poli D. 2003. Georeferencing of EROS-A1 high resolution images with rigorous and rational function model. Hannover: ISPRS Workshop "High resolution mapping from space 2003".

Grodecki J, Dial G. 2002. IKONOS Geometric Accuracy Validation.

Grodecki J, Dial G. 2003. Block adjustment of highresolution satellite images described by rational functions. Photogrammetric Eng. & Remote Sensing, 69(1): 59-68.

Grodecki J. 2001. IKONOS stereo feature extraction-RPC approach. St. Louis: Proceedings of ASPRS, Conference.

Gunter. 1998. 卫星大地测量学. 北京：地震出版社.

Gupta R, Hartley R I. 1997. Linear Pushbroom Cameras. Pattern Analysis and Machine Intelligence, IEEE Transactions on, 19(9):963-975.

Hanley H B, Yamakawa T, Fraser C S. 2002. Sensor Orientation for High-Resolution Satellite Imagery. http://www.isprs.org/commission1/proceedings/paper/00090.pdf.

Helder D, Choi T,Rangaswamy M. 2003. In-Flight Characterization of Image Spatial Quality using Point Spread Functions.Image Processing LaboratoryElectrical Engineering DepartmentSouth Dakota State University.

Hong J, Dickerson J A. 2000. Neural-network autonomous star identification algorithm. Journal of Guidance,Control and Dynamics, 23(4): 728-735.

Hu Y, Tao C V. 2001. Updating Solutions of the Rational Function Model Using Additional Control Points for Enhanced Photogrammetric Processing. Hanover: Proceedings of ISPRS Joint Workshop "High Resolution Mapping from Space".

Hyung-Sup Jung, Kim S W, Won J S, et al. 2007. Line-of-Sight (LOS) vector adjustment model for geopositioning of SPOT 5 stereo images. Photogrammetric Engineering and Remote Sensing, 73 (11), 1267-1276.

Iwata T. 2005. Precision attitude and position determination for the Advanced Land Observing Satellite (ALOS). Enabling sensor and platform technologies for space borne remote sensing. Proceedings of SPIE, 5659: 34-50.

Jrggi A, Hugentobler U, Bock H. 2007. Precise orbit determination for GRACE using undifferenced or doubly differenced GPS data. Adv Space Res, 39: 1612-1619.

Jacobsen K. 2012. Airborne or Spaceborne Images for Topographic Mapping. Proceedings of the 32nd EARSeL Symposium Proceedings Advances in Geosciences, Mykonos Island, Greece, 21 May-24 May 2012. European Association of Remote Sensing Laboratories, 1-8.

Juang J N, Kim H Y, Junkins J L. 2003. An Efficient and Robust Singular Value Method for Star Recognition and Attitude Determination.

Juyang W, Paul C, Herniou M. 1992. Camera calibration with distortion models and accuracy evaluation. IEEE Transactions On Pattern Analysis And Machine Intelligence, 14(10): 965-979.

Kalispell M. 1987. Attitude Determination using vector observations and the singular value decomposition. Journal of the Astronautical Sciences, 36(3): 245-258.

Kang Z, Nagel P, Pastor R. 2003. Precise orbit determination for GRACE. Adv. Space Res., 31: 1875-1881.

Konecny G, Lohmann P, Engel H., et al. 1987. Evaluation of SPOT imagery on analytical photogrammetric instruments. Photogrammetric engineering and remote sensing, 53(9):1223-1230.

Kornus W, Lehner M, Blechinger F, et al. 1996. Geometric calibration of the Stereoscopic CCD-Linescanner MOMS-2P. International Archives of Photogrammetry and Remote Sensing, 31: 90-98.

Kratky V. 1989. On-line aspects of stereophotogrammetric processing of SPOT images. Photogrammetric engineering and remote sensing,55(3):311-316.

Kratky V. 1989. Rigorous photogrammetric processing of SPOT images at CCM Canada. ISPRS Journal of Photogrammetry and Remote Sensing,44(2):53-71.

Leprince S, Barbot S, Ayoub F, et al. 2007. Automatic and Precise Orthorectification,Coregistration, and Subpixel Correlation of Satellite Images, Application to Ground Deformation Measurements. IEEE Transactions on Geoscience and Remote Sensing, 45(6): 1529-1558.

Liu S J, Tong X H. 2008. Accuracy analysis of generalized imaging models for QuickBird stereo imagery. IEEE Conference Publications, 492-495.

Madani M. 1999. Real-Time Sensor-Independent Positioning by Rational Functions，Proceedings of ISPRS Workshop on Direct Versus Indirect Methods of Sensor Orientation, 1999, Barcelona, 64-75

Madani M. 1999. Real-Time Sensor-Independent Positioning by Rational Functions. Barcelona: Proceedings of ISPRS Workshop on Direct Versus Indirect Methods of Sensor Orientation.

Malcolm D S. 2001. In Quest of Better Atitudes. In Proceedings of the 11thAAS/AIAA Space Flight Mechanics Meeting. Santa Barbara, California, 2001: 2089-2117.

McGlone J C, Mikhail E M, Bethel J, et al. 2004. Manual of photogrammetry. 5nd ed. Bethesda, Maryland:American Society of Photogrammetry and Remote Sensing.

Migliaccio, Nunziata, Bruno, et al. 2007. Knab sampling window for InSAR data interpolation. Geo-science and Remote Sensing ,Letters, 4(3): 397-400.

Montenbruck O, Gill E. 2000. Satellite Orbits: Models, Methods and Applications, Heidelberg: Springer Verlag.

Mumtaz R, Palmer P. 2013. Attitude determination by exploiting geometric distortions in stereo images of DMC camera. Aerospace and Electronic Systems, IEEE Transactions on, 49(3):1601-1625.

Navulur K, Pacifici F, Baugh B. 2013. Trends in optical commercial remote sensing industry [Industrial Profiles]. Geoscience and Remote Sensing Magazine, IEEE,1(4):57-64.

Neumaier A. 1998. Solving ill-conditioned and singular linear system. SIAM Review, 40(3): 636-666.

OGC(OpenGIS Consortium). 1999. The OpenGIS Abstract Specification.-Topic 7: The Earth Imagery Case. http://www.opengis. org/ public/abstract/99-107.pdf.

Okamoto A, Akamatsu S. 1992. Orientation theory for satellite CCD line scanner imagery of moun-tainous terrain. International Archives of ISPRS, 29(B2): 205-209.

Okamoto A, et al. 1999. Geometric Characteristics Of Alternative Triangulation Models For Satellite Imagery. Proceedings of ASPRS-RTI, Annual Conference.

Okamoto A, Hattori S, Hasegawa H, et al. 1996. Orientation and free network theory of satellite CCD linescanner imagery. International Archives of Photogrammetry and Remote Sensing, 31(B3): 604-610.

Okamoto A. 1988. Orientation Theory of CCD Line-Scanner Images. International Archives of ISPRS，Kyoto, 27(B3): 609-617.

Orun A B, Natarajan K. 1994. A modified bundle adjustment software for SPOT imagery and photography: Tradeoff. Photo-grammetric Engineering and Remote Sensing, 60(12): 1431-1437.

Paderes F C, Mikhail E M, Fagerman J A. 1989. Batch and on-line evaluation of stereo SPOT imagery. Baltimore: Proceedings of the ASPRS-ACSM Convention.

Paladugu J, Dickerson J A. 2000. Neural-network autonomous star identification algorithm. Journal of Guidance,Control and Dynamics, 23(4): 728-735.

Paladugu L, Williams B, Schoen M. 2003. Star pattern Recognition for attitude determination using genetic algorithms. 17th AIAA/USU conference on Small Satellites logan.

Poli D. 2007. A rigorous model for spaceborne linear array sensors. Photogrammetric Engineering and Remote Sensing, 73(2):187-196.

Rao H R, Solaiappan A, Pandiyan R. 2002. High accuracy attitude determination methods for cartographic applications, Indian Cartographer. XXII INCA International Congress, 30 October_1 November, Ahmedabad, India: DAPI-04: 22-28.

Rim H J. 1992. TOPEX Orbit Determination using GPS Tracking System. Austin: The University of Texas.

Rothacher M. 1992. Orbits of satellite systems in space geodesy. Astronomical Institute University of Berne.

Samaan M A. 2003. Toward faster and more accurate star sensors using recursive centroiding and star identification. The Office of Graduate Studies of Texas A&M University, Texas A&M University. PHD: 25-32.

Scholl M S. 1993. Star field identification algorithm performance verification using simulated star fields. SPIE, 2019: 275-290.

Shan N H, Islam B. 2010. Attitude modeling using Kalman filter approach for improving the geometric accuracy of Cartosat-1 data products. Sensors & Transducers Journal, 118(7): 144-155.

Shi W G. 2003. Approximate Approaches for Geometric Corrections of High Resolution Satellite Imagery. Wuhan: Proceeding of Asian GIS Conference.

Susumu Hattori, Tetsu Ono. 2000. Clive Fraser and Hiroyuki Hasegawa，Orientation of High-resolution Satellite Images Based on Affine Projection. International Archives of ISPRS 2000 Congress，33(B3): 359-366.

Svehla D, Rothacher M. 2002. Kinematic and reduced-dynamic precise orbit determination of low earth orbiters. Advances in Geosciences, (1): 1-10.

Tadono T, Shimada M, Takaku J ,et al. 2007. Accuracy assessments of standard products of ALOS optical instruments and their high level products. Rem Sens. Intl Soc Optics Photon, 67440D-67440D-8.

Tadono T, Shimada M, Watanabe M, et al. 2004. Overview of ALOS research and science program//Remote Sensing. International Society for Optics and Photonics: 10-21.

Takanori Iwata. 2012. Precision on Board Orbit Model for Attitude Control of The Advabced Land Observing Satellite(ALOS). Presented at the 22nd International Symposium on Space Flight Dynamics, S?o José dos Campos, Brazil, February, 2011 Journal of Aerospace Engineering, Sciences and Applications, Jul. - Sep. 2012, Vol. IV, No 3 - DOI: 10.7446/jaesa.0403.06

Tang X M, Xie J F, Wang X, et al. 2015. High-Precision Attitude Post-Processing and Initial Verification for the ZY-3 Satellite,Remote Sens, 7: 111-134.

Tang X, Zhang G, Zhu X, et al. 2013. Triple linear-array image geometry model of ZiYuan-3 surveying satellite and its validation. In: t J. Image Data Fus., 4: 33-51.

Tao C V, Hu Y. 2000. Investigation of the Rational Function Model. Washington D C: Proceedings of ASPRS Annual Convention.

Tao C V, Hu Y. 2001. A comprehensive study of the rational function model for photogrammetric processing. Photogrammetric Engineering & Remote Sensing, 67(12): 1347-1357.

Tao C V, Hu Y. 2002. 3D Reconstruction Methods Based On The Rational Function Model. Photogrammetric Engineering & Remote Sensing, 68(7): 705-714.

Tetsu Ono, Susumu Hattori, Hiroyuki Hasegawa, et al. 2000. Digital mapping using high resolution satellite imagery based on 2D affine projection model. International Archives of Photogrammetry and Remote Sensing, 33(B3): 672-677.

Toutin T. 2004. Review article: Geometric processing of remote sensing images: models, algorithms and methods. International Journal of Remote Sensing, 25(10): 1893-1924.

Toutin T. 2004. Review Paper: Geometric processing of remote sensing images: models. algorithms and methods. http://www.ccrs.nrcan.gc.ca/ccrs/rd/sci_pub/bibpdf/13288.pdf.

Ulander L M H, Eriksson L, Smith-Jonforsen G, et al. 2006. ALOS calibration and validation activities in Sweden//Geoscience and Remote Sensing Symposium, 2006. IGARSS 2006. IEEE International Conference on，IEEE: 336-339.

Rupert V R P, M, Pablo D, et al. 2011. In-flight geometric calibration and orientation of Alos/PRISM imagery with a generic sensor model. Photogrammetric engineering and remote sensing, 77(5): 531-538.

Vehla D, Rothacher M. 2003. Kinematic and reduced-dynamic precise orbit determination of low earth orbiters. Advances in Geosciences, 1(1): 47-56.

Visser P N A M. 2005. ERS-2 orbit computations using CHAMP- or GRACE-based gravity field models. Advances in Space Research, 36: 454-459

Wahba G. 1965. A Least-Squares Estimate of Spacecraft Atitude. SIAM Review, 7(3):385-386.

Wang Y. 1999. Automated triangulation of linear scanner imagery. Hannover: Proc. Joint ISPRS Workshop on Sensors and Mapping from Space.

Weser T, Rottensteiner F, Willneff J, et al. 2008. Development and testing of a generic sensor model for pushbroom satellite imagery. The Photogrammetric Record, 23(123):255-274.

Wong K. 1975. Geometric and cartographic accuracy of ERTS-1 imagery. Photogrammetric Engineering and Remote Sensing, 41(5):621-635.

Xie J f, Tang X M, Jiang W S, et al. 2012. An autonomous star identification algorithm based on the directed circularity pattern. International Archives of the Photogrammetry, Remote Sensing and Spatial Information Sciences, Volume XXXIX-B1, 2012 XXII ISPRS Congress, 25 August～01 September 2012, Melbourne, Australia , 2012, 333-338.

Yang. 2000. Accuracy of Rational Function Approximation in Photogrammetry. Washington D C: Proceeding of ASPRS Annual Convention.

Yunck T P, Bertiger W I, Wu S C, et al. 1994. First assessment of GPS-based reduced dynamic orbit determination on Topex/Poseidon. Geophysical Research Letter, 21(7): 541-544.

Zhao C M, Tang X M, Wei Z B, et al. 2013. The Accuracy Verification for GPS Receiver of ZY-3 Satellite by SLR. Japan: 18th International Workshop on Laser Ranging.

致　　谢

历史翻到了 2016 年，资源三号卫星已平稳在轨运行 4 年有余，卫星全面实现了各项工程目标，为国家获取了海量卫星影像，在基础测绘、地理国情普查、海岛礁测绘、天地图平台建设等国家重大测绘工程，国土资源调查、生态环境监测、水利工程建设、城市建设与管理、农业林业调查、防灾减灾等行业应用，以及在导航服务等方面发挥了巨大作用，已经成为测绘领域不可或缺的数据源。

"卫星测绘系列专著"是资源三号卫星在测绘技术方面的结晶。首先，感谢国家测绘地理信息局党组对资源三号卫星的长期支持。没有局党组一贯的支持，就没有资源三号卫星今天的成绩。在这里我要特别感谢王春峰副局长，他是资源三号卫星的大总指挥，他始终扎扎实实，带领大家坚持测绘卫星的发展方向，与国家国防科技工业局、国家发展和改革委员会和财政部反复沟通，阐述资源三号卫星的重要意义和作用，并带领大家埋头苦干，在困难的时候给大家鼓劲，在最重要的时候一马当先，为资源三号卫星立下了不可磨灭的功勋。

我要感谢国家测绘地理信息局卫星测绘应用中心孙承志副主任。他是资源三号卫星应用系统的总指挥。回想起资源三号立项论证的日日夜夜，心潮非常澎湃。他经常和国土资源部、国家国防科技工业局、国家发展和改革委员会反复沟通和协调，负责成立了资源三号卫星项目办公室，组织筹建了卫星测绘应用中心，组织开展资源三号的立项论证，以及卫星在轨测试、工程验收等与卫星相关的所有工作。在资源三号立项最困难的时候，他与我并肩作战，相互鼓励，坚持发展测绘卫星，为资源三号卫星倾注了无限的感情。

感谢国家国防科技工业局的领导和同事。资源三号卫星的立项经历了 4 年时间，有许多问题需要协调，感谢国家国防科技工业局孙来燕原副主任、系统一司罗格原司长、李国平司长、赵文波副主任、高军处长、熊攀处长、彭伟处长，国家国防科技工业局上上下下对这颗卫星的立项、发射和应用倾注了大量的精力，李国平司长为资源三号的立项付出了巨大的努力。国家国防科技工业局还在卫星工程中专门拿出经费支持我国资源三号卫星测绘的发展。正是国家国防科技工业局的支持，使得卫星测绘技术得以整体突破。感谢国家发展和改革委员会、财政部的领导，没有他们对测绘的支持，资源三号卫星就难以顺利实施。

感谢支持资源三号卫星工程建设的所有院士专家。陈俊勇院士、李德仁院士、刘先林院士、宁津生院士、刘经南院士、张祖勋院士、李建成院士为资源三号卫星立项论证和建设应用付出了大量的努力，龚健雅院士实际上是资源三号卫星的领头人。他们对资源三号卫星倾注了巨大热情，为资源三号卫星的立项论证给予了大量的指导，对卫星测绘的技术研发和应用系统建设提出了许多宝贵建议，极大地推动了我国航天摄影测量的发展。徐冠华院士、王家耀院士、李小文院士、郭华东院士、周成虎院士、郭仁忠院士对资源三号卫星工程的建设和应用给予了大量的指导和帮助，加快了卫星测绘和应用技术的发展。王希季院士、孙家栋院士、王礼恒院士、叶培建院士对资源三号卫星的立项和研制都非常关心，给予了大量技术指导，加快了卫星工程的建设。

感谢国土资源部的领导，特别感谢高平副司长对资源三号的立项支持。科技部社会发展科技司、高新司、国家遥感中心领导对资源三号的建设给予了大力帮助，科技部社会发展科技司还专门支持了国产立体测图卫星的关键技术和应用示范项目。感谢局科技司与国际合作司、规划财务司、地理信息与地图司的领导对资源三号卫星的支持和努力。孙承志、吴岚对资源三号卫星的起步和立项论证发挥了关键性作用，陈常松为卫星应用系统的建设密切与国家发展和改革委员会沟通。

我要感谢中国航天科技集团公司和五院的领导和同事。感谢徐福祥院长对资源三号卫星的鼎力支持，是他的高瞻远瞩使得卫星顺利立项。感谢五院测绘卫星团队，他们是卫星研制的先锋队。我们和五院的同事就资源三号卫星的技术参数反复论证、反复沟通，有时甚至为一个参数要论证好几个月。特别感谢资源三号卫星工程大总师陈世平研究员、卫星总师曹海翊研究员和总指挥王祥研究员。感谢五院测绘卫星团队的刘希刚、张新伟、李少辉、金洋等同事。我还要感谢参与卫星前期论证的刘品雄研究员、徐鹏研究员、周胜利老师和谭梅处长。其实参与论证的还有东方红小卫星公司的李劲东院长等一大批专家。他们的论证使得资源三号的技术参数不断得以改进。

我要感谢508所的所有参与资源三号建设的同事。感谢三线阵相机总师高卫军、多光谱相机的总师范斌，是他们孜孜不倦、精益求精的态度铸就了资源三号高质量的传感器。感谢502所的所有参与卫星平台研制的专家。感谢陈超副所长和她的团队为我国高精度平台作出了巨大贡献，她们还在后期的姿态处理上开展了大量工作。感谢504所的所有参与资源三号卫星影像压缩的专家。

感谢武汉大学资源三号卫星工程研发团队。刘经南院士赵其乐教授团队为卫星轨道的论证做了大量工作，李建成院士闫利教授团队为资源三号 TDI CCD 的几何精度进行了大量分析。感谢郑晗部长组织武汉大学全面参与资源三号卫星应用系统建设工程。感谢闫军教授、郭丙轩教授前期所做的论证工作。感谢江万寿教授、张祖勋院士张永军教授团队在数据处理以及其他方面的支持。特别感谢张过教授团队，团队的蒋永华、汪韬阳、潘红波、陈振炜、黄文超等为资源三号作出了重要贡献。

感谢解放军信息工程大学的范大昭教授团队，范教授基本参与了卫星工程建设的全部过程，完成了大量的论证和技术研发工作。

感谢参与卫星工程建设的吴晓良研究员。他参与了卫星参数的论证和设计，指导首幅影像的制作。邱振戈研究员参与了卫星测绘的全部设计、技术研发和工程建设工作。

感谢中国测绘科学研究院的各位专家。翟亮副主任为工程的立项建议书、影像压缩设计立下了汗马功劳。赵春梅研究员为卫星的轨道预报、卫星定轨作出了重要贡献。肖金成参与了大量的卫星几何检校场建设的技术研究。

感谢民政部卫星减灾中心，感谢范一大主任、杨思全总工。感谢中国科学院遥感与数字地球研究所顾行发研究员、余涛研究员对资源三号立项和系统建设的支持。

感谢李朋德副局长、冯先光主任、王权主任、刘小波书记对本套系列专著的支持和鼓励。感谢中心业务处常晓涛处长、樊文峰副处长、周晓青副处长和业务处全体同事。周晓青副处长参与了资源三号卫星工程的全部组织管理，他是工程管理的总联系人。感谢研发部高小明主任、岳庆兴博士、谢金华博士、胡芬博士、薛玉彩博士和研发部全体同事。高小明参与了资源三号卫星应用系统调度和系统管理，为本套系列专著的编写付出了大量心血。岳庆兴博士完成了资源三号卫星仿真系统的开发。感谢基准检校部付兴科主任、祝小勇博士、谢俊峰博士、朱广彬博士、窦显辉和全体同事。付兴科研究员为资源三号辐射参数的设计提供了具体技术指导，祝小勇为卫星的几何检校完成了大量创新性工作，谢俊峰为卫星的姿态处理开展了大量研究和试验，朱广彬博士一直在从事卫星定轨系统的完善工作。感谢数据处理部王霞主任、周平博士、赵世湖博士、李洪洲和全体同事。王霞研究员统筹协调资源三号卫星影像产品的开发，周平博士负责集成了资源三号卫星数据预处理系统。感谢运行管理部汪汇兵主任、史绍雨高工、信晟、何昭宁、欧阳斯达、叶芳宏和全体同事。他们负责建立了资源三号卫星运行管理系统和数据管理系统，在卫星运行管理和数据管理方面作出了重要贡献。感谢分发服务部王华斌主任、李参海高工、王光辉、王鸿燕、王玉、王伶俐和全体员工。他们负责建立了资源三号卫星分发服务系统，向测绘行业、地学领域和全社会分发了约 2 亿 km^2 的产品。他们还开发了满足 1：5 万精度要求的影像控制点数据库，为资源三号卫星影像的正射纠正奠定了坚实基础。感谢中心的全体同仁，感谢所有卫星工程建设的参与者！

本套系列专著也集结了众多科研项目的成果，包括：科学技术部科技支撑计划项目"资源三号卫星立体测图技术和应用示范"（2011BAB01B00）；科学技术部国际合作项目"高分辨率立体测图卫星的地面几何检校联合试验研究"（2006DF717570）；国家基础测绘科技项目"高分辨率立体测图卫星应用系统论证"（1469990711111）。另外，国家国防科技工业局也在成像模型建立、数据处理、在轨测试、高分遥感测绘应用等多方面予以了项目支持。

资源三号卫星的成功得益于各级领导多位专家方方面面的支持和帮助。由于参与卫星测绘技术的人员众多，在这里本套系列专著作者对参与项目的所有人员表示衷心的感谢！由于论证、研发和应用的时间跨度较长，难免挂一漏万，请大家海涵！最后感谢资源三号卫星背后的无名英雄们！

作 者

2016 年 7 月 3 日